"十四五"职业教育国家规划教材

建筑装饰装修工程项目管理

主　编　任雪丹　王　丽
参　编　曹雅娴　马　政　薛　飞
主　审　迟桂芳

北京理工大学出版社
BEIJING INSTITUTE OF TECHNOLOGY PRESS

内 容 提 要

本书为"十四五"职业教育国家规划教材。全书共分11个模块，包括：组建建筑装饰工程项目经理部、建筑装饰装修工程合同管理、编制施工组织设计文件、建筑装饰装修工程项目进度控制、建筑装饰装修工程项目质量控制、建筑装饰装修工程项目成本控制、建筑装饰装修工程项目安全控制与现场管理、建筑装饰装修工程项目资源管理、建筑装饰装修工程项目信息管理、绿色建造与环境管理、单位工程施工组织设计实例。为了使读者更好地掌握相关知识，同时为了适应高等教育的特点，书中加入了大量案例和实训内容。

本书可作为高等院校土木建筑类相关专业的教材，也可作为建筑装饰装修施工培训及职业资格考试的参考资料。

版权专有　侵权必究

图书在版编目（CIP）数据

建筑装饰装修工程项目管理／任雪丹，王丽主编．—北京：北京理工大学出版社，2021.4（2024.7重印）

ISBN 978-7-5682-9332-7

Ⅰ．①建… Ⅱ．①任… ②王… Ⅲ．①建筑装饰—建筑工程—项目管理 Ⅳ．①TU767

中国版本图书馆CIP数据核字（2020）第252721号

责任编辑：钟　博		文案编辑：钟　博	
责任校对：周瑞红		责任印制：边心超	

出版发行／北京理工大学出版社有限责任公司

社　　址／北京市丰台区四合庄路6号

邮　　编／100070

电　　话／（010）68914026（教材售后服务热线）

　　　　　（010）68944437（课件资源服务热线）

网　　址／http://www.bitpress.com.cn

版 印 次／2024年7月第1版第5次印刷

印　　刷／北京紫瑞利印刷有限公司

开　　本／787 mm×1092 mm　1/16

印　　张／14

字　　数／337千字

定　　价／39.90元

图书出现印装质量问题，请拨打售后服务热线，负责调换

前　言

随着科技的进步和知识的更新，在职业教育教学课程改革的环境下，为了更好地培养建筑装饰装修项目管理人才，以适应现代社会的需求，我们组织编写了本书。同时为深入贯彻党的二十大报告，"必须牢固树立和践行绿水青山就是金山银山的理念，站在人与自然和谐共生的高度谋划发展。"建设现代化产业体系，加快建设"数字中国"，"推进文化自信自强，铸就社会主义文化新辉煌"等要求，本书引入了建筑装饰装修新技术、新工艺、新方法（如BIM技术、装配式建筑、绿色建筑等）和大国工程、大国工匠、名人事迹等案例。

本书依照国家标准《建设工程项目管理规范》(GB/T 50326—2017)和高等院校土木工程类相关专业教学标准，结合装饰施工员、质量员、建造师岗位技能与职业标准，以及全国职业院校技能大赛《建筑装饰技术应用赛项》比赛内容进行编写。在围绕建筑装饰装修工程项目管理的基本活动中质量、成本、进度、安全控制、合同、信息、生产要素、现场管理的内容展开编写的同时，还增加了绿色建造与环境管理、BIM技术、数字化施工、信息化管理等知识，符合时代要求。此外，将家国情怀、使命担当、工程伦理、创新意识、工匠精神、绿色施工理念、职业素养等思政元素潜移默化融入课程，符合职业教育培养德智体美劳全面发展的技术技能型人才的要求。

本书由内蒙古建筑职业技术学院任雪丹、王丽担任主编，内蒙古建筑职业技术学院曹雅娴、内蒙古兴泰建设集团有限公司马政，内蒙古中实置业发展有限公司薛飞参与编写。具体编写分工如下：任雪丹编写模块4、模块10、模块11，王丽编写模块1、模块6～模块9，曹雅娴编写模块2，马政与任雪丹共同编写模块3，薛飞编写模块5；呼和浩特市城发供热有限责任公司林广杰，中房新雅建设有限公司内蒙古分公司、内蒙古自治区建筑业协会专家委员会副主任翟慧泉提供了部分案例，在此一并表示感谢！内蒙古建筑职业技术学院迟桂芳教授对本书的编写提出了很多宝贵意见,并对全书进行了审定,在此表示衷心感谢!

本书在编写过程中,参考和引用了国内外大量文献资料,在此表示感谢。由于编者水平有限,书中难免存在不足和疏漏之处,敬请各位读者批评指正。

编　者

目 录

模块1 组建建筑装饰工程项目经理部 ……… 3

1.1 建筑装饰装修工程项目管理基础知识 ……………………………………… 3

 1.1.1 建筑装饰装修工程项目及项目管理的概念和特征 ……………………… 3

 1.1.2 建筑装饰装修工程项目管理的过程、内容和程序 ………………………… 5

1.2 建筑装饰装修工程项目管理组织 …… 6

 1.2.1 组织的概念 ……………………… 6

 1.2.2 建筑装饰装修工程项目管理组织机构的设置及其作用 ……………… 6

 1.2.3 建筑装饰装修工程项目管理组织形式 ………………………………… 7

 1.2.4 建筑装饰装修工程项目经理部的设立与解体 ……………………… 10

模块2 建筑装饰装修工程合同管理 …… 13

2.1 工程合同与工程合同管理 …………… 13

 2.1.1 工程合同的基本概念 …………… 13

 2.1.2 工程合同的作用 ………………… 13

 2.1.3 工程合同管理的概念 …………… 14

 2.1.4 工程合同管理的目标 …………… 15

 2.1.5 工程合同管理的程序 …………… 15

2.2 建筑装饰装修工程合同的审查与签订 ……………………………………… 16

 2.2.1 建筑装饰装修工程合同的审查 … 16

 2.2.2 建筑装饰装修工程合同的签订 … 17

2.3 建筑装饰装修工程合同的履行 ……… 18

 2.3.1 合同履行的基本原则 …………… 18

 2.3.2 合同履行中承包商的准备工作 … 20

 2.3.3 合同履行中双方的职责 ………… 21

2.4 建筑装饰装修施工索赔 ……………… 23

 2.4.1 索赔的基本概念 ………………… 23

 2.4.2 发生施工索赔的因素 …………… 23

 2.4.3 施工索赔的依据和证据 ………… 24

模块3 编制施工组织设计文件 ………… 30

3.1 施工组织设计的基本内容和程序编制 ……………………………………… 30

 3.1.1 建筑装饰装修施工组织总设计的基本内容和编制程序 …………… 30

 3.1.2 单位装饰装修施工组织设计的基本内容和编制程序 ……………… 30

3.2 编写工程概况 ………………………… 32

 3.2.1 建筑装饰装修施工组织总设计的工程概况 ………………………… 32

 3.2.2 单位装饰装修施工组织设计的工程概况 …………………………… 32

3.3 编写施工部署和施工方案 …………… 34

 3.3.1 施工组织总设计的施工部署 …… 34

 3.3.2 单位工程施工组织设计的施工方案 ·· 37

3.4 编写施工进度计划和资源需用量
  计划······44
  3.4.1 施工进度计划······44
  3.4.2 资源需用量计划······45
3.5 编制施工准备工作计划······48
  3.5.1 技术准备······48
  3.5.2 施工现场准备······50
  3.5.3 劳动力、材料、机具和加工半成品
    准备······50
  3.5.4 与分包协作单位配合工作的联系
    和落实······50
3.6 绘制建筑装饰施工平面图······51
  3.6.1 建筑装饰施工平面图的内容······52
  3.6.2 建筑装饰施工平面图的绘制要求······52
3.7 技术措施及技术经济指标······59
  3.7.1 技术措施······59
  3.7.2 技术经济指标······61

模块4 建筑装饰装修工程项目进度控制···66

4.1 进度计划的类型······66
  4.1.1 建设工程项目进度计划系统······66
  4.1.2 进度计划的编制依据、编制内容和编
    制步骤······67
  4.1.3 进度计划的编制方法······67
  4.1.4 组织施工的方式······67
4.2 编制进度计划——横道图······70
  4.2.1 横道图表示方法······70
  4.2.2 流水施工参数······71
  4.2.3 流水施工的基本组织······72
4.3 有节奏流水施工······74
  4.3.1 固定节拍流水施工······74
  4.3.2 异节奏流水施工······75
4.4 无节奏流水施工······80
  4.4.1 无节奏流水施工的特点······80
  4.4.2 流水步距的确定······80

4.4.3 求工期······80
4.5 网络计划······83
  4.5.1 网络图基础知识······83
  4.5.2 网络图逻辑关系······84
  4.5.3 线路、关键线路和关键工作······85
4.6 网络图的绘制······85
  4.6.1 双代号网络图的绘制······85
  4.6.2 单代号网络图的绘制······88
4.7 网络计划时间参数计算······90
  4.7.1 网络计划时间参数的概念······90
  4.7.2 双代号网络计划时间参数的计算······91
  4.7.3 单代号网络计划时间参数的计算······95
4.8 双代号时标网络计划······101
  4.8.1 时标网络计划的编制方法······101
  4.8.2 网络计划中时间参数的判定······102
4.9 进度控制的步骤和措施······104
  4.9.1 进度控制的步骤······104
  4.9.2 进度控制的措施······105

模块5 建筑装饰装修工程项目质量控制···112

5.1 建筑装饰装修工程项目质量控制
  基础知识······112
  5.1.1 建筑装饰装修工程项目质量
    的概念······112
  5.1.2 建筑装饰装修工程项目质量控制
    的原则······114
  5.1.3 建筑装饰装修工程项目质量的影响
    因素······114
5.2 建筑装饰装修工程项目的全面质量
  管理······115
  5.2.1 全面质量管理的概念······115
  5.2.2 全面质量管理的工作方法······116
  5.2.3 全面质量管理的基础工作······116
  5.2.4 质量保证体系······117
  5.2.5 全面质量管理的常用数理统计方法······119

5.3 建筑装饰装修工程项目的质量控制实施 …… 120
  5.3.1 建筑装饰装修工程项目质量总目标设定 …… 120
  5.3.2 建筑装饰装修工程项目质量保证计划 …… 121
  5.3.3 建筑装饰装修工程项目质量保证计划的具体实施 …… 127
  5.3.4 建筑装饰装修工程项目质量的持续改进 …… 131
  5.3.5 建筑装饰装修工程项目质量的政府监督 …… 132

模块6 建筑装饰装修工程项目成本控制 …… 136
6.1 建筑装饰装修工程项目成本控制基础知识 …… 136
  6.1.1 建筑装饰装修工程项目成本的概念与构成 …… 136
  6.1.2 建筑装饰装修工程项目成本控制的特点及意义 …… 137
6.2 建筑装饰装修工程项目成本控制过程 …… 138
6.3 降低建筑装饰装修工程项目成本的途径 …… 141
  6.3.1 建筑装饰装修工程项目成本控制的措施 …… 141
  6.3.2 建筑装饰装修工程项目成本控制的要点 …… 141
  6.3.3 建筑装饰装修工程项目各阶段降低成本措施的实施 …… 142

模块7 建筑装饰装修工程项目安全控制与现场管理 …… 146
7.1 建筑装饰装修工程项目安全控制 …… 146
  7.1.1 建筑装饰装修工程项目安全控制的基础元素 …… 146
  7.1.2 建筑装饰装修工程项目安全控制基础知识 …… 147
  7.1.3 建筑装饰装修工程项目安全控制的实施 …… 148
7.2 建筑装饰装修工程项目现场管理 …… 152
  7.2.1 建筑装饰装修工程项目现场管理的概念、内容与建筑装饰装修施工作业计划 …… 152
  7.2.2 建筑装饰装修工程项目现场管理的准备工作 …… 153
  7.2.3 施工现场检查、施工调度及交工验收 …… 154

模块8 建筑装饰装修工程项目资源管理 …… 160
8.1 建筑装饰装修工程项目资源管理基础知识 …… 160
  8.1.1 建筑装饰装修工程项目资源管理的概念 …… 160
  8.1.2 建筑装饰装修工程项目资源管理的内容 …… 160
  8.1.3 建筑装饰装修工程项目资源管理的方法 …… 161
  8.1.4 建筑装饰装修工程项目资源管理的一般程序 …… 161
8.2 建筑装饰装修工程项目人力资源管理 …… 162
  8.2.1 人力资源管理计划 …… 162
  8.2.2 人力资源配置 …… 162
  8.2.3 人力资源控制 …… 163
  8.2.4 人力资源考核 …… 163
8.3 建筑装饰装修工程项目材料管理 …… 163
  8.3.1 建筑装饰装修工程项目材料管理任务 …… 164

8.3.2 建筑装饰装修工程项目材料管理计划……164
8.3.3 建筑装饰装修工程项目材料采购供应管理……164
8.3.4 建筑装饰装修工程项目材料运输与库存管理……165
8.3.5 建筑装饰装修工程项目材料现场管理……165
8.3.6 建筑装饰装修工程项目材料管理考核……166

8.4 建筑装饰装修工程项目机械设备管理……167
8.4.1 机械设备管理的具体任务及制度……167
8.4.2 机械设备管理计划……168
8.4.3 机械设备管理任务……168
8.4.4 机械设备的保养、修理和报废……169
8.4.5 机械设备管理考核……170

8.5 建筑装饰装修工程项目技术管理……170
8.5.1 技术管理内容……171
8.5.2 技术档案管理……171
8.5.3 技术管理考核……171

8.6 建筑装饰装修工程项目资金管理……171
8.6.1 资金管理计划……171
8.6.2 资金控制……172

模块9 建筑装饰装修工程项目信息管理……174
9.1 建筑装饰装修工程项目信息管理……174
9.1.1 建筑装饰装修工程项目信息管理的内涵、特点……174
9.1.2 建筑装饰装修工程项目信息管理的方法……177
9.2 建筑装饰装修工程项目管理信息系统……179

9.2.1 建筑装饰装修工程项目管理信息系统的内涵……179
9.2.2 建筑装饰装修工程项目管理信息系统的功能与意义……179
9.3 建筑装饰装修工程项目文档资料管理……180

模块10 绿色建造与环境管理……183
10.1 绿色建造……183
10.1.1 绿色建造计划的编制……183
10.1.2 绿色建造计划的实施……185
10.2 绿色建筑评价……185
10.2.1 一般规定……186
10.2.2 安全耐久性评价……187
10.2.3 健康舒适评价……190
10.2.4 生活便利评价……191
10.2.5 资源节约评价……192
10.2.6 环境宜居评价……196
10.3 环境管理……200
10.3.1 环境管理的目的、基本原则和主要内容……200
10.3.2 环境管理的措施……201

模块11 单位工程施工组织设计实例……207
一、工程概况……207
二、施工部署……207
三、施工方案……210
四、主要工程项目生产加工及施工工艺……210
五、质量保证措施……212
六、工期保证措施……213
七、幕墙成品保护措施及方法……213
八、现场安全及文明施工措施……214

参考文献……216

项目案例

工程名称：某学校虚拟仿真实训中心装修工程。
工程地址：×××省×××市×××区青少年生态园南侧。
基本概况：本项目为虚拟仿真实训中心建筑面积共计×××m²（自行计算）。
建设单位：×××开发有限责任公司。
装饰施工单位：×××建筑装饰工程公司。
装饰设计单位：×××建筑装饰工程公司设计院（施工图纸见附图）。
监理单位：×××建筑工程监理有限公司。
基础装饰工程造价：约240万元。
工程范围：实训中心装修工程、强弱电改造工程、部分电器设备安装工程。
合同开工日期：2020.7.01。
合同竣工日期：2020.11.01。

实训中心装修项目内容

空间	装修内容
公共实训中心	吊顶：轻钢龙骨石膏板、穿孔石膏板、白色透光软膜、刮腻子乳胶漆 地面：4 mm自流平、灰色PVC塑胶地板 墙面：镀锌方钢龙骨穿孔铝板、仿木漆、黑胡桃木挂板 踢脚线：不锈钢踢脚
建筑安全教育中心	吊顶：轻钢龙骨石膏板、金属网 地面：4 mm自流平、灰色PVC塑胶地板 墙面：蓝色金属网隔断、刮腻子乳胶漆 踢脚线：不锈钢踢脚
大数据教学监控中心	吊顶：轻钢龙骨石膏板、300×1200矿棉板、烤漆铝板、刮腻子乳胶漆 地面：4 mm自流平、灰色PVC塑胶地板 墙面：浅色木挂板、白色烤漆饰面板、刮腻子乳胶漆、饰面板暖气罩、实木复合烤漆柜体 踢脚线：不锈钢踢脚
专业实训中心 （供热通风与空调技术）	吊顶：轻钢龙骨石膏板、300×1200矿棉板、刮腻子乳胶漆 地面：4 mm自流平、灰色PVC塑胶地板 墙面：背漆玻璃、金属隔断、玻璃隔断、镜面玻璃、刮腻子乳胶漆、饰面板暖气罩、实木复合烤漆柜体 踢脚线：不锈钢踢脚

续表

空间	装修内容
专业实训中心（市政交通工程技术）	吊顶：轻钢龙骨石膏板、浅色柚木挂板、600×600 矿棉板、烤漆铝板、刮腻子乳胶漆 地面：4 mm 自流平、灰色 PVC 塑胶地板 墙面：浅色柚木挂板、背漆玻璃、烤漆铝板、刮腻子乳胶漆 踢脚线：不锈钢踢脚
专业实训中心（智能建筑）	吊顶：轻钢龙骨石膏板、300×1 200 矿棉板、刮腻子乳胶漆 地面：4 mm 自流平、灰色 PVC 塑胶地板 墙面：背漆玻璃、金属隔断、玻璃隔断、镜面玻璃、饰面板暖气罩、刮腻子乳胶漆、实木复合烤漆柜体 踢脚线：不锈钢踢脚
专业实训中心（风景园林设计）	吊顶：轻钢龙骨石膏板、烤漆铝板、600×600 矿棉板、奥松板色氟碳漆、刮腻子乳胶漆 地面：4 mm 自流平、灰色 PVC 塑胶地板 墙面：奥松板色氟碳漆、背漆玻璃、穿孔铝板、饰面板暖气罩、刮腻子乳胶漆、实木复合烤漆柜体 踢脚线：不锈钢踢脚
创新研发中心一	吊顶：轻钢龙骨石膏板、300×1 200 矿棉板、刮腻子乳胶漆 地面：4 mm 自流平、灰色 PVC 塑胶地板 墙面：刮腻子乳胶漆、实木复合烤漆柜体 踢脚线：不锈钢踢脚
创新研发中心二	吊顶：轻钢龙骨石膏板、烤漆铝板、300×1 200 矿棉板、刮腻子乳胶漆 地面：4 mm 自流平、灰色 PVC 塑胶地板 墙面：背漆玻璃、镜面玻璃、刮腻子乳胶漆、实木复合烤漆柜体 踢脚线：不锈钢踢脚
创新研发中心三、4 人办公室	吊顶：轻钢龙骨石膏板、烤漆铝板、300×1 200 矿棉板、刮腻子乳胶漆 地面：4 mm 自流平、灰色 PVC 塑胶地板 墙面：玻璃隔断、背漆玻璃、刮腻子乳胶漆、实木复合烤漆柜体、钢化玻璃门 踢脚线：不锈钢踢脚
12 人办公室	吊顶：轻钢龙骨石膏板、300×1 200 矿棉板、刮腻子乳胶漆 地面：4 mm 自流平、灰色 PVC 塑胶地板 墙面：背漆玻璃、刮腻子乳胶漆、实木复合烤漆柜体 踢脚线：不锈钢踢脚
走廊	吊顶：轻钢龙骨石膏板、格栅吊顶、镀锌方管喷白色氟碳漆、浅色柚木挂板、有色吸音毡、刮腻子乳胶漆 地面：4 mm 自流平、灰色 PVC 塑胶地板 墙面：浅色柚木挂板、烤漆铝板、铝方通隔断、烤漆饰面板、不锈钢板、刮腻子乳胶漆 踢脚线：不锈钢踢脚

模块 1　组建建筑装饰工程项目经理部

知识目标

了解建筑装饰装修工程项目及项目管理的概念和特征，掌握项目管理的过程、内容和程序，掌握建筑装饰装修工程项目的组织形式及项目部的设立与解体。

课件：建筑装饰装修工程项目管理基础知识

素质目标

能根据建筑装饰装修工程特点进行项目部组建，培养学生爱岗敬业、团结协作的职业素养，增强文化自信。坚守中华文化立场，推动中华文化更好走向世界。

1.1　建筑装饰装修工程项目管理基础知识

1.1.1　建筑装饰装修工程项目及项目管理的概念和特征

1. 建筑装饰装修工程项目

建筑装饰装修工程项目是指在一定工期内、一定预算条件下，为了保护建筑物的主体结构、完善建筑物的使用功能和美化建筑物，采用装饰装修材料或饰物对建筑物的内、外表面及空间进行的各种处理的一次性活动。

文化自信：管理思想的由来

需要说明的是，按传统的划分方法，建筑装饰装修工程是建筑工程中一般土建工程的一个分部工程。随着经济的发展和人们生活水平的提高，人们工作、居住条件和环境的日益改善，房屋装饰装修迅速发展，建筑装饰装修业已经发展成为一个新兴的、比较独立的行业，传统的分部工程随之独立出来，单独设计施工图纸、单独计价。目前，已将原来意义上的装饰装修分部工程统称为建筑装饰装修工程，从而产生了建筑装饰装修工程项目。

建筑装饰装修工程项目的主要内容如下：

（1）抹灰工程。抹灰工程是将各种砂浆、装饰性水泥、石子浆等涂抹在建筑物的墙面、地面、顶棚等表面上的工程。抹灰工程是最为直接，也是最初始的装饰装修工程。抹灰工程一般按使用材料和装饰效果可分为一般抹灰、装饰抹灰和特种砂浆抹灰。

（2）门窗工程。门窗是建筑物的眼睛，在塑造室内外空间艺术形象中起着十分重要的作用。门窗经常成为重点装饰装修的对象。门窗工程主要包括木门窗、金属门窗、复合门窗的制作和安装。

（3）幕墙工程。幕墙工程是用挂件将幕墙材料悬挂于外墙面上的一种装饰装修工程。幕墙主要起到装饰美观和保护外墙面的作用。根据幕墙材料的不同，幕墙一般可分为玻璃幕墙、金属幕墙、石材幕墙。

(4)饰面板(砖)工程。饰面板(砖)工程是在建筑物内外墙面、地面、柱面镶贴或挂贴饰面材料的一种装饰装修工程。其主要包括饰面板、饰面砖工程。

(5)楼地面工程。楼地面工程是在楼地面基层上铺贴各种饰面层的一种装饰装修工程。根据饰面层材料的不同,楼地面可以有很多种类,如水磨石楼地面、木地板楼地面、瓷砖楼地面、地毯、塑胶地面等。

(6)吊顶工程。吊顶工程是在建筑物结构层下部悬吊,由骨架及饰面板组成的装饰构造层。吊顶工程包括整体面层吊顶、块材面层吊顶、格栅吊顶的骨架制作及饰面板安装。

(7)轻质隔墙工程。轻质隔墙工程是用轻质材料对建筑物平面进行划分,形成较小的空间。轻质隔墙主要包括骨架隔墙、板材隔墙、活动隔断、玻璃隔墙等。

(8)涂饰工程。涂饰工程是在基层面上进行刷涂、滚涂、喷涂,抹涂各种涂料(包括油漆)的一种工程。其施工方法简单、造价低、质量轻、便于维修更新,因此,得到了较广泛的使用。

(9)裱糊工程与软包工程。裱糊工程是指在室内平整光洁的墙面、顶棚面、柱体面和室内其他构件表面,用壁纸、墙布等材料裱糊的装饰装修工程;软包工程是指在墙面、柱面等基层表面软包上各种软包材料,如人造革或装饰布等。软包墙面具有较好的吸声、保温效果,并具有质感舒适、美观大方等优点。

2. 建筑装饰装修工程项目管理

建筑装饰装修工程项目管理是在项目生命周期内,用系统工程理论、观点和方法,进行有效的预测、计划、决策、组织、协调、控制等。

建设工程管理涉及参与工程项目的各方对工程的管理,即包括投资方、开发商、设计方、施工方、供货方和项目使用期的管理方的管理。

爱国情怀:长城建造中的管理责任制

施工方作为项目建设的一个重要参与方,受业主方的委托,承担工程建设任务,所以,施工方项目管理至关重要。施工方必须树立为项目建设服务,为业主提供建设服务的理念。另外,合同也规定了施工方的任务和义务。因此,施工方项目管理不仅应服务于施工方本身的利益,也必须服务于项目的整体利益。

建筑装饰装修工程作为一个工程项目的从属部分,具有独立的施工条件,属于单位工程或多个分部工程的集合,是施工项目。因此,从严格意义上讲,建筑装饰装修工程项目管理就是建筑装饰装修施工项目管理,具有施工项目管理的特征。具体表现在以下几个方面:

(1)建筑装饰装修工程项目的管理主体是建筑装饰企业,建设单位(业主)和设计单位都不能进行施工项目管理,由业主或监理单位进行的工程项目,管理中涉及的装饰施工阶段管理仍属于建设项目管理,不能作为建筑装饰装修工程项目管理。

(2)建筑装饰装修工程项目管理的对象是建筑装饰装修施工项目,项目管理的周期也就是装饰装修施工项目的生命期。

(3)建筑装饰装修工程项目管理要求强化组织协调工作。建筑装饰装修施工项目生产活动的特殊性、项目的一次性、施工周期长、资金多、人员流动性大等特点,决定了建筑装饰装修工程项目管理中的组织协调工作最为艰难、复杂、多变,必须通过强化组织协调的办法才能保证项目顺利进行。

1.1.2 建筑装饰装修工程项目管理的过程、内容和程序

1. 建筑装饰装修工程项目管理的过程

建筑装饰装修工程项目管理是指由装饰施工企业对可能获得的工程项目开展工作。建筑装饰装修工程项目管理的全过程包括以下 5 个阶段：

(1)投标签约阶段；
(2)施工准备阶段；
(3)施工阶段；
(4)验收、交工与竣工结算阶段；
(5)用后服务阶段。

建筑装饰装修工程项目管理全过程如图 1-1 所示。

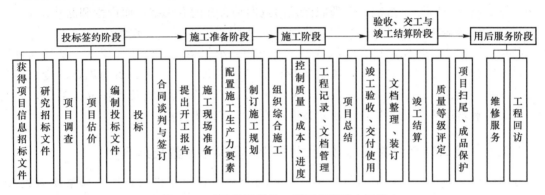

图 1-1 建筑装饰装修工程项目管理全过程

2. 建筑装饰装修工程项目管理的内容

建筑装饰装修工程项目管理的内容与程序应体现企业管理层和项目管理层参与的项目管理活动。项目管理的每一过程都应体现计划、实施、检查、处理(PDCA)的持续改进过程。

项目管理的内容应包括编制"项目管理规划大纲"和"项目管理实施规划"、项目进度控制、项目质量控制、项目安全控制、项目成本控制、项目人力资源管理、项目材料管理、项目机械设备管理、项目技术管理、项目资金管理、项目合同管理、项目信息管理、项目现场管理、项目组织协调、项目竣工验收、项目考核评价、项目回访保修等。

规矩规范：建设工程项目管理规范

3. 建筑装饰装修工程项目管理的程序

建筑装饰装修工程项目管理的程序：编制项目管理规划大纲，编制投标书并进行投标，签订施工合同，选定项目经理，项目经理接受企业法定代表人的委托组建项目经理部，企业法定代表人与项目经理签订"项目管理目标责任书"，项目经理部编制"项目管理实施规划"，进行项目开工前的准备，施工期间按"项目管理实施规划"进行管理，在项目竣工验收阶段进行竣工结算，清理各种债权债务，移交资料和工程，进行技术经济分析，作出项目管理总结报告并报送企业管理层有关职能部门，企业管理层组织考核委员会对项目管理工作进行考核评价并兑现"项目管理目标责任书"中的奖惩承诺，项目经理部解体，在保修期前企业管理层根据"工程质量保修书"的约定进行项目回访保修。

1.2　建筑装饰装修工程项目管理组织

1.2.1　组织的概念

组织有两种含义。组织的第一种含义是作为名词出现的，是指组织机构。组织机构是按一定的领导体制、部门设置、层次划分、职责分工、规章制度和信息系统等构成的有机整体，也是社会人的结合形式，可以完成一定的任务，并为此处理人和人、人和事、人和物的关系。组织的第二种含义是作为动词出现的，是指组织行为（活动），即通过一定的权力和影响力，为了达到一定的目标，对所需资源进行合理配置，处理人和人、人和事、人和物关系的行为（活动）。组织的管理职能是通过两种含义的有机结合而产生和起作用的。

建筑装饰装修工程项目管理组织是指为进行工程项目管理、实现组织职能而进行组织系统的设计与建立、组织运行和组织调整三个方面。组织系统的设计与建立，是指经过筹划、设计，建立一个可以完成工程项目管理任务的组织机构，建立必要的规章制度，划分并明确岗位、层次、部门的责任和权力，建立和形成管理信息系统及责任分担系统，并通过一定岗位和部门内人员的规范化活动和信息流通实现组织目标。

1.2.2　建筑装饰装修工程项目管理组织机构的设置及其作用

建筑装饰装修工程工程项目管理组织机构与企业管理组织机构是局部与整体的关系。组织机构设置的目的是进一步发挥项目管理功能，提高项目整体管理效率，以达到项目管理的最终目标。因此，企业在推行项目管理中合理设置项目管理组织机构是一个至关重要的问题。高效率的组织体系和组织机构的建立是工程项目管理成功的组织保证。

建筑装饰装修工程项目管理组织机构的作用如下：

(1) 组织机构是工程项目管理的组织保证。项目经理在启动项目实施之前，首先要做好组织准备，建立一个能完成管理任务、令项目经理指挥灵便、运转自如、效率很高的项目组织机构——项目经理部，其目的是提供进行工程项目管理的组织保证。

(2) 形成一定的权力系统，以便进行集中统一指挥。组织机构的建立，首先是以法定的形式产生权力。权力是工作的需要，是管理地位形成的前提，是组织活动的反映。没有组织机构，便没有权力，也没有权力的运用。工程项目组织机构的建立要伴随着授权，以便权力的使用能够实现工程项目管理的目标。要合理分层，由于层次多，权力分散；层次少，权力集中，所以，要在规章制度中将工程项目组织的权力阐述清楚，固定下来。

(3) 形成责任制和信息沟通体系。责任制是工程项目组织中的核心问题。没有责任也就不称其为项目管理机构，也就不存在项目管理。一个项目组织能否有效地运转，取决于是否有健全的岗位责任制。工程项目组织的每个成员都应肩负一定责任，责任是项目组织对每个成员规定的一部分管理活动和生产活动的具体内容。

信息沟通是组织力形成的重要因素。信息产生的根源在组织活动之中，下级（下层）以报告的形式或其他形式向上级（上层）传递信息；同级不同部门之间为了相互协作而横向传递信息。

综上所述，可以看出建筑装饰装修工程项目管理组织机构非常重要，在项目管理中是一个焦点。一个项目经理建立了理想有效的组织系统，项目管理就成功了一半。

1.2.3　建筑装饰装修工程项目管理组织形式

一个组织以何种结构方式处理层次、跨度、部门设置和上、下级关系，涉及组织结构的类型，即组织形式。工程项目组织的形式与企业的组织形式是不可分割的。组织形式确立的主要依据是项目的管理主题、项目的承包形式、组织自身情况。工程项目管理组织形式有工作队式、部门控制式、矩阵制式、事业部制式等。

1. 工作队式项目组织

如图 1-2 所示，工作队式项目组织是指主要由企业中有关部门抽出管理力量组成工程项目经理部的方式。项目经理在企业内招聘，企业职能部门处于服务地位。

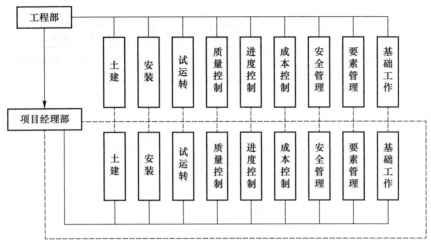

图 1-2　工作队式项目组织

工作队式项目组织形式的特点如下：

(1) 项目管理班子成员来自各职能部门，并与原所在部门脱钩。原部门负责人员仅负责业务指导及考察，但不能随意干预其工作或调回人员。项目与企业的职能部门关系弱化，减少了行政干预。项目经理权力集中，运用权力的干扰少，决策及时，指挥灵活。

(2) 各方面的专家现场集中办公，减少了无原则争论纠缠、不负责的推诿等待时间，办事效率高。

文化自信：管理组织小故事

(3) 由于项目管理成员来自各个职能部门，在项目管理中配合工作，有利于取长补短，培养一专多能人才并发挥作用。

(4) 职能部门的优势不易发挥，削弱了职能部门的作用。

(5) 各类人员来自不同部门，专业背景不同，可能会产生配合不利的情况。

(6) 各类人员在项目寿命周期内只能为该项目服务，对稀缺专业人才不能在企业内调剂使用，导致人员浪费。

(7) 项目结束后，所有人员均回原部门和岗位，人员有时会产生"临时性"的意识，影响工作情绪。

工作队式项目组织适用于大型项目以及工期要求紧迫，要求多工种、多部门密切配合的项目。因此，其要求项目经理素质要高，指挥能力要强，有快速组织队伍及善于指挥来自各方人员的能力。

2. 部门控制式项目组织

如图1-3所示，部门控制式项目组织并不打乱企业的现行建制，只是将项目委托给企业的某一专业部门或某一施工队，由被委托的单位负责组织项目实施。

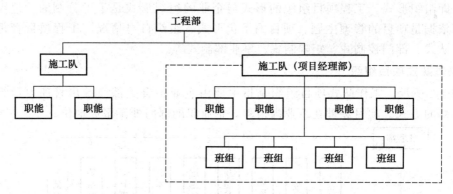

图1-3　部门控制式项目组织

部门控制式项目组织的特点如下：

(1) 由于各类人员均来自同一专业部门或施工队，互相熟悉，关系协调，易发挥人才作用。

(2) 从接受任务到组织运转启动所需时间短。

(3) 职责明确，职能专一，关系简单。

(4) 不能适应大型项目管理。

(5) 不利于精简机构。

部门控制式项目组织一般适用于小型的、专业性较强、不需要涉及众多部门的工程项目。

3. 矩阵制式项目组织

如图1-4所示，矩阵制式项目组织是指结构形式呈矩阵的组织。其项目管理人员由企业有关职能部门派出并进行业务指导，接受项目经理的直接领导。

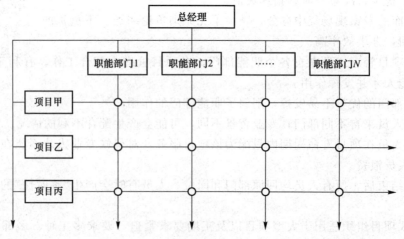

图1-4　矩阵制式项目组织

矩阵制式项目组织的特点如下：

(1)矩阵中的每个成员或部门接受原部门负责人和项目经理的双重领导。部门负责人有权根据不同项目的需要和忙闲程度，在项目之间调配本部门人员。专业人员可能同时为几个项目服务，特殊人才可充分发挥作用，大大提高了人才利用率。

(2)项目经理对调配到本项目经理部的成员有控制和使用权，当感到人力不足或某些成员不得力时，可以要求职能部门给予解决。

(3)项目经理中的信息来自各个职能部门，便于及时沟通，加强业务系统化管理，发挥各项目系统人员的信息、服务和监督的优势。

(4)由于人员来自职能部门，且仍受职能部门控制，故凝聚在项目上的力量减弱，往往难以充分发挥各人员的作用。

(5)各人员受双重领导，当领导双方意见不一致时，各人员将无所适从。

矩阵制式项目组织适用于同时承担多个需要进行项目管理工程的企业。在这种情况下，各项目对专业技术人才和管理人员都有需求，加在一起数量较大，采用矩阵制式项目组织可以充分利用有限的人才对多个项目进行管理，特别有利于发挥优秀人才的作用。矩阵制式项目组织适用于大型、复杂的工程项目。因大型、复杂的工程项目要求多部门、多技术、多工种配合实施，在不同阶段，对不同人员，在数量和搭配上均有不同的需求。

4. 事业部制式项目组织

企业成立事业部，事业部对企业内来说是职能部门，对企业外来说享有相对独立的经营权，可以是一个独立单位。事业部可以按地区设置，也可以按工程类型或经营内容设置。其形式如图1-5所示。

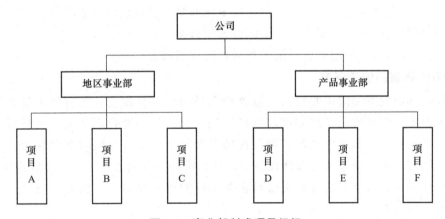

图1-5 事业部制式项目组织

在事业部下设置项目经理部。项目经理由事业部选派，一般对事业部负责，有的可以直接对业主负责，这是根据其授权程度决定的。

事业部制式项目组织适用于大型经营性企业的工程承包，特别适用于远离公司本部的工程承包。需要注意的是，一个地区只有一个项目，没有后续工程时，不宜设立地区事业部，也就是说它适合在一个地区内有长期市场或在一个企业有多种专业化施工力量时采用。在这种情况下，事业部与地区市场同寿命，地区没有项目时，该事业部应予撤销。

1.2.4 建筑装饰装修工程项目经理部的设立与解体

建筑装饰装修工程项目经理部是由项目经理在企业的支持下组建并领导，进行项目管理的组织机构。

1. 项目经理部的一般规定

(1)对于大、中型工程项目，承包人必须在施工现场设立项目经理部；对于小型工程项目，可由企业法定代表人委托一个项目经理部兼管，但不得削弱其项目管理职责。

(2)项目经理部直属于项目经理的领导，接受企业业务部门的指导、监督、检查和考核。项目经理部在项目竣工验收、审计完成后解体。

2. 项目经理部的设立

项目经理部按以下步骤进行设立：

(1)根据企业批准的项目管理规划大纲确定项目经理部的管理任务和组织形式。

(2)确定项目经理部的层次，设立职能部门与工作岗位。

(3)确定人员、职责、权限。

(4)由项目经理根据项目管理目标责任书进行目标分解。

(5)组织有关人员制定规章制度和目标责任考核、奖惩制度。

3. 项目经理部的组织形式

项目经理部的组织形式应符合下列规定：

(1)大、中型项目宜按矩阵制式项目组织设置项目经理部。

(2)远离企业管理层的大、中型项目宜按事业部制式项目组织设置项目经理部。

(3)小型项目宜按部门控制式项目组织设置项目经理部。

(4)项目经理部的人员配置应满足工程项目管理的需要。

4. 项目经理部的规章制度

项目经理部的规章制度主要包括项目管理人员岗位责任制度，项目技术管理制度，项目质量管理制度，项目安全管理制度，项目计划、统计与进度管理制度，项目成本核算制度，项目材料、机械设备管理制度，项目现场管理制度，项目分配与奖罚制度，项目例会及施工日志制度，项目分包及劳务管理制度，项目组织协调制度，项目信息管理制度。

当项目经理部自行制定的规章制度与企业现行的有关规定不一致时，应报送企业或其授权的职能部门批准。

5. 项目经理部的解体

项目经理部是一次性具有弹性的现场生产组织机构。项目竣工后，项目经理部应及时解体并做好善后工作。项目经理部的解体由项目经理部提出解体申请报告，经有关部门审核并批准后执行。

(1)项目经理部解体的条件。

①工程已经交工验收，并已经完成竣工结算。

②与各分包单位已经结算完毕。

③《项目管理目标责任书》已经履行完毕，经承包人审计合格。

④各项善后工作已经与企业部门协商一致，并办理有关手续。

(2)项目经理部解体后的善后工作。
①项目经理部剩余材料的处理。
②由于工作需要项目经理部自购的通信、办公等小型固定资产的处理。
③项目经理部的工程结算、价款回收及加工订货等债权债务的处理。
④项目的回访和保修。
⑤整个工程项目的盈亏评估、奖励和处罚等。
项目经理部解体、善后工作结束后，必须做到人走场清、账清、物清。

模块小结

本模块从建筑装饰装修工程项目管理的概念、特征到项目管理内容、过程和程序进行了讲解，使学生了解建筑装饰装修工程项目管理的基础知识，然后讲述了项目的组织形式和项目经理部的组建及解体，使学生掌握各组织形式的特点及适用范围，能针对具体工程选择正确的组织形式。

实训训练

实训目的：组建项目经理部。
实训要求：根据工程特点选择正确的组织形式组建项目经理部。
实训题目：
××某学校虚拟仿真实训中心工程项目，××施工单位与甲方签订建筑装饰装修施工合同后，委派你为该工程项目经理，请你选择正确的组织形式组建项目经理部，绘制项目组织机构图。

习题

一、单选题

1. 下列关于工程项目管理特点的说法中错误的是（　　）。
    A. 对象是施工项目　　　　　　　　B. 主体是建设单位
    C. 内容是按阶段变化的　　　　　　D. 要求强化组织协调工作
2. 以下不属于工程项目管理内容的是（　　）。
    A. 工程项目的生产要素管理　　　　B. 工程项目的合同管理
    B. 工程项目的信息管理　　　　　　D. 单体建筑的设计
3. 下列选项中，不属于工程项目管理组织主要形式的是（　　）。
    A. 部门控制式　　　　　　　　　　B. 工作队式
    C. 线性结构式　　　　　　　　　　D. 事业部制式

4. 兼有部门控制式和工作队式两种组织形式优点的项目组织形式是(　　)。
   A. 部门控制式　　　　　　　　B. 工作队式
   C. 矩阵制式　　　　　　　　　D. 事业部制式
5. 工作队式项目组织适用于(　　)。
   A. 小型的、专业性较强的项目
   B. 平时承担多个需要进行项目管理工程的企业
   C. 大型项目、工期要求紧迫的项目
   D. 大型经营性企业的工程承包项目

二、简答题
1. 建筑装饰装修工程项目组织机构组织的形式有哪些？其特征是什么？
2. 建筑装饰装修工程项目经理部的解体应具备哪些条件？

模块 2　建筑装饰装修工程合同管理

知识目标

了解建筑装饰装修工程合同的基本概念、作用；掌握建筑装饰装修工程合同的订立、履行、施工索赔等内容；学会以法律手段管理建筑饰装修工程的施工。

课件：建筑装饰装修工程合同管理

素质目标

能对建筑装饰装修工程合同进行管理，培养学生诚实守信、遵守规矩规则的职业素养。

建筑装饰装修工程是一项极其复杂的综合性工程，其整个生产过程涉及社会的各行各业，从工程项目的立项到工程竣工的验收，再到投产使用，需要经过可行性研究、勘察、设计、施工等多个阶段。在上述阶段中涉及多方的参与，各方单位不可避免地存在着相互协调、相互支持、相互制约的问题。要想满足以上要求，保证工程顺利进行，签订建筑装饰装修工程合同是一个极其重要的保证措施。

2.1　工程合同与工程合同管理

2.1.1　工程合同的基本概念

根据《中华人民共和国合同法》第二条的规定，合同是指平等主体的自然人、法人、其他组织之间设立、变更、终止民事权利义务关系的协议。工程合同是指工程建设中的各个主体之间，为达到一定的目标而明确各自权利义务关系的协议。

对于工程合同，有广义和狭义两种不同的理解。广义的工程合同并不是一项独立的合同，而是一个合同体系，是一个工程项目在实施过程中所有与建筑活动有关的合同的总和。其包括勘察设计合同、施工合同、监理合同、咨询合同、材料供应合同、工程担保合同等。其合同主体包括业主、勘察设计单位、施工单位、监理单位、中介机构、材料设备供应商、保险公司等。这些合同互相依存，互相约束，共同促使工程建设的顺利开展。狭义的工程合同仅指施工合同，即业主与施工承包商就施工任务的完成签订的协议。

诚实守信：契约精神小故事

2.1.2　工程合同的作用

1. 确立了工程实施和管理的主要目标

工程合同在工程实施前签订，并确定了工程所要达到的目标，以及和目标相关的所有主要细节的问题。

(1)工程质量及工程规模、功能等基本属性的要求。这些要求应是十分详细、具体、便于直接实施的,如材料、设计、施工等的质量标准、技术规范,建筑面积等。

(2)工程价格。工程价格包括工程总价格、各分项工程的单价和总价等。

(3)工期要求。工期要求包括工程开始、工程结束及一些主要工序的实施日期。

2. 明确了双方的权利义务关系

工程合同一经签订,合同双方结成了一定的经济关系,由此引发了一系列的权利与义务的分配。权利与义务是相辅相成的,又是紧密对应的。一方所享有的权利,往往就是对方所应承担的义务,认真遵守这些关系才能确保各方的合法利益。

工程合同是协调各方利益分配、调整利益冲突的主要手段。首先,工程合同为各方明确了责、权、利,减少了利益冲突发生的可能性;其次,工程合同中的违约责任使合同双方不敢轻易违反约定,有利于工程合同的履行。

3. 制定了双方行为的法律准则

工程过程中的一切活动都在工程合同中进行了详细的规定,工程建设的过程就是各方履行工程合同义务的过程。工程合同一经签订,只要工程合同合法,双方就必须全面地完成工程合同规定的责任和义务。

4. 联系起工程建设各方主体

一个工程往往有几个甚至几十个参与单位。专业分工越细,工程参加者越多,相互之间的联系及关系的协调就越重要。科学的合同管理可以协调和处理各方面的关系,使相关的各合同和合同规定的各工程活动之间不相矛盾,在各方面形成一个完整、有序的体系,以保证工程的有序实施。

规矩规范:《建设工程施工合同(示范文本)》(GF—2017—0201)

5. 提供了双方解决争端的依据

由于双方经济利益不一致,在工程建设过程中发生冲突是普遍的。合同争端是经济利益冲突的表现,它可能起因于主观上的履约行为不当、合同执行的误解,也可能起因于客观环境的变化,使某一方无法正确地履行合同。但无论由于哪一种原因,一旦出现争端,双方应争取尽快、尽量友好地协商解决,否则将影响工程建设的继续进行。而工程合同条文中规定的双方权利、义务及合同争端的解决方式的约定即可以成为争端解决途径选择和各自所应承担责任判定的依据。

2.1.3 工程合同管理的概念

工程合同管理是指各级工商行政管理机关、住房城乡建设主管部门和金融机构,以及业主、承包商、监理单位依据法律和行政法规、规章制度,采取法律的、行政的手段,对建设工程合同关系进行组织、指导、协调及监督,保护施工合同当事人的合法权益,处理施工合同纠纷,防止和制裁违法行为,保证施工合同的贯彻实施等一系列活动。

工程合同管理可分为两个层次:第一层次是国家机关及金融机构对建设工程合同的管理,即工程合同的外部管理;第二层次是建设工程合同的当事人及监理单位对建设工程合同的管理,即工程合同的内部管理。其中,外部管理侧重于宏观的管理,而内部管理是关于合同评审、订立、实施的具体管理。本书讲述的主要是工程合同的内部管理。

2.1.4 工程合同管理的目标

1. 质量控制

质量控制一向是工程项目管理中的重点,因为质量不合格意味着生产资源的浪费,甚至意味着生产活动的失败。对于建筑产品更是如此。由于建筑活动耗费资金巨大、持续时间长,一旦出现质量问题将导致建成物部分或全部失效,造成财力、人力资源的极大浪费。建筑活动中的质量又往往与安全紧密联系在一起,不合格的工程可能会对人的生命健康造成危害。工程合同管理必须将质量控制作为目标之一,并为之制订详细的保证计划。

2. 成本控制

在自由竞争的市场经济中,降低成本是增强企业竞争力的主要措施之一。在成本控制这个问题上,业主与承包商是既有冲突,又必须协调的。合理的工程价款为成本控制奠定基础,是合同中的核心条款。另外,为成本控制而制订具体的方案、措施也是合同的重要内容。

3. 工期控制

工期是工程项目管理的重要方面,也是工程项目管理的难点。工程项目涉及的流程复杂,消耗的人力、物力多,再加上一些不可预见因素,这些都增加了工期控制的难度。

施工组织计划对于工期控制十分重要。承包商应制订详细的施工组织计划,并报业主备案。一旦出现变更导致工期拖延,应及时与业主、监理协商。各方协调对各个环节、各个工序进行控制,最终圆满完成项目目标。

4. 各方保持良好关系

业主、承包商和监理三方的工作都是为了工程建设的顺利实施,因此,三方有着共同的目标。但在具体实施过程中,各方又都有着自己的利益,不可避免要发生冲突。在这种情况下,各方都应尽量与其他各方协调关系,确保工程建设的顺利进行;即使发生争端,也要本着互利互让、顾全大局的原则,力争形成对各方都有利的局面。

2.1.5 工程合同管理的程序

(1)合同评审。合同订立前,应进行合同评审,完成对合同条件的审查认定和评估工作,以招标方式订立合同时,应对招标文件和投标文件进行审查认定和评估。

(2)合同订立。依据合同评审和谈判结果按程序和规定订立合同。

(3)合同实施计划。规定合同实施工作程序,编制合同实施计划,如合同的总体安排、合同的分解等内容。

(4)合同实施控制。合同实施控制是指管理机构应按约定全面履行合同,并对合同实施控制。其包括合同的交底、跟踪诊断、反馈协调等工作。

(5)合同管理总结。项目管理机构应进行项目合同管理评价,总结合同订立和执行过程中的经验和教训,提出总结报告。

2.2 建筑装饰装修工程合同的审查与签订

2.2.1 建筑装饰装修工程合同的审查

工程合同确定了当事人双方在工程项目建设和相关交易过程中的权利、义务和责任关系，合同中的每项条款都与双方的利益相关，影响到双方的成本、费用和合同收益。在工程合同正式签订前，合同双方必须高度重视合同审查工作，应委派有丰富的合同工作经验的专家认真细致地对合同文件进行全面的分析，判断其内容是否完整、各项合同条款表述是否准确无歧义，系统地分析合同文本中的问题和风险，明确各方的权利、义务和责任，针对分析的结果提出相应的对策，然后通过合同谈判，由合同双方具体协商，对合同条款和其他合同文件进行修改、补充。应有效防止在工程合同实施过程中才发现合同中缺少某些重要的条款和条款含混不清、规定不明确等问题，从而引发工程合同纠纷，进而妨碍工程的顺利实施。工程合同审查主要包括以下内容。

1. 合同的合法性审查

合同的订立必须遵守法律法规，否则会导致合同全部或部分无效。合同的合法性审查通常包括以下几个方面：

(1) 审查合同双方当事人的缔约资格。当事人双方应具有发包和承包工程项目、签订工程合同的资质、资格和权利；

(2) 审查工程项目是否具备招标投标、订立和实施合同的条件；

(3) 审查工程合同的内容和所要求的实施行为及其后果是否符合法律法规的要求。

2. 合同的完备性审查

合同的完备性审查是指审查工程合同的各种合同文件是否齐备。建筑装饰装修工程合同的组成文件很多，因此，要特别注意这些文件是否齐备，是否包含了有助于有效确立当事人双方工程合同权利义务关系的技术、经济、商务、贸易和法律等各类文件。

3. 合同条款的审查

首先要审查合同条款是否对合同履行过程中的各种问题进行了全面、具体和明确的规定，有无遗漏。若有遗漏，需要补充有关条款。审查合同条款是否存在以下情况：

(1) 合同条款之间存在矛盾性，即不同条款对同一具体问题的规定或要求不一致；

(2) 有过于苛刻的、单方面的约束性条款，导致当事人双方在合同中的权利、义务与责任不平衡；

(3) 条款中隐含较大的履约风险；

(4) 条款用语含糊，表述不清；

(5) 对当事人双方合同利益有重大影响的默示合同条款等。

如果存在以上问题，需要工程合同当事人双方通过协商对合同条款进行修改、补充、明确，达成一致意见，避免在履行合同的过程中引起合同纠纷，妨碍工程的顺利实施。

合同审查是一项综合性很强的工作，要求合同管理人员必须熟悉与工程建设相关的法律、法规，精通合同条款，对工程项目的环境条件有全面的了解，有丰富的工程合同管理经验。通过合同审查，有效帮助当事人双方订立更加完善、权利义务与责任分配和风险分配更加合理的合同。

2.2.2 建筑装饰装修工程合同的签订

合同的签订是指承包方、发包方双方当事人在谈判中经过相互协商，最后就各方的权利义务和责任达成一致意见的过程，签约是双方意志统一的表现。

1. 合同签订的基本原则

(1)合法原则。签订经济合同必须遵守国家的法律，必须符合国家政策和计划的要求，这就要求在签订工程合同时必须符合国家现行法律法规和政策的要求，这也是签订承包合同的双方当事人所必须共同遵守的基本准则。

(2)平等自愿原则。合同的当事人都是具有独立地位的法人，它们之间的地位平等，只有在充分协商，取得一致意见的前提下，合同才有可能成立并生效，合同当事人一方不得将自己的意志强加给另一方，当事人依法享有自愿订立施工合同的权利，任何单位和个人不得非法干预。

(3)公平诚实信用原则。发包人与承包人的合同权利义务要对等，不能有失公平。施工合同是双务合同，因此，双方都享有合同权利，同时承担相应的义务。在订立施工合同时，要求当事人要实事求是地向对方介绍自己签订合同的条件、要求和履约能力，充分表达自己的真实意愿，不得有隐瞒、欺诈的成分。

(4)签订书面合同原则。经济合同除即时能结清者外，其他均应采用书面形式，不能采用口头协商，签订书面合同后发生纠纷时有据可查，便于仲裁和处理。

2. 合同签订的基本条件

签订建筑装饰装修工程合同应具备以下基本条件：

(1)建筑装饰装修工程的设计图纸、工程概预算已通过审查，并经有关部门批准。

(2)签订建筑装饰装修工程合同的当事人双方，均具有法人资格和有履行合同的能力。

(3)施工现场条件已基本具备，例如新建建筑的主体已完工、改造工程的土建部分已完成、结构构件强度以满足装饰装修施工的要求、装饰装修施工队伍可随时进入施工现场等。

3. 合同签订的注意事项

签订工程合同是一件履行法律、明确职责、确定任务的大事，不可有半点疏忽。因此，在签订建筑装饰装修工程合同时，应注意以下事项：

(1)必须遵守国家的现行法规。建筑装饰装修工程项目种类繁多，材料品种非常复杂，大部分要求工期比较紧，因此，在签订工程合同时，应根据工程的具体情况，由当事人协商订立各项条款。但是，所签订的所有条款都必须符合国家的相关法律规定。

(2)必须确认合同的真实性和合法性。签订建筑装饰装修工程合同时应注意建筑装饰装修工程项目的合法性，即签订合同的装饰装修工程项目是否经过招标投标管理部门批准；同时，应注意当事人的真实性，防止那些不具备法人资格、没有管理能力和施工能力的单位或个人充当施工方；另外，要认真检查施工条件，如装饰装修施工条件是否具备(包括土建工程完成情况，水、电、暖、通风、空调、消防系统等专业的完成情况、作业情况等)。

(3)明确合同依据的规范标准。发包方和承包方所签订的建筑装饰装修工程合同,必须依据国家颁发的有关定额、取费标准、工期定额、质量验收规范、标准执行,并经双方当事人共同核定清楚、双方共同认可后签约。

(4)合同条款必须确切、具体。双方所签订的合同,是在履行过程中共同遵守的条文,也是在发生矛盾和争执时解决问题的依据。因此,在签订合同时不仅要求条款内容齐全,没有遗漏,而且要求合同的条款不能含糊其辞、模棱两可。只有这样,在履行合同时才能做到有据可依、条款明确、执行顺利。

4. 合同签订后的审查

为了进一步加强建筑装饰装修工程合同的宏观管理与监督,进一步培育、发展和规范我国的建筑装饰装修市场,许多地区的住房城乡建设主管部门会同工商行政管理机构,成立了建筑装饰装修工程合同管理的专门机构,负责本地区建筑装饰装修工程合同的审查、签证及监督管理工作,对签订的建筑装饰装修工程合同都要进行审查。合同审查的范围主要包括以下几个方面:

(1)签订的合同是否有违反法律、法规和合同签订原则的条款;
(2)签订合同的双方是否具备相应的资质和履行合同的能力;
(3)签订的合同条款是否完备,内容是否准确,有无矛盾之处;
(4)工程的工期、质量和合同价款等主要内容是否符合相关规定。

通过对签订合同的审查,还可以发现合同中存在的内容含糊、概念不清之处,或未能完全理解的条款,并对其加以仔细研究,认真分析,采取相应的处理措施,以减少合同中的风险和失误,有利于合同双方合作愉快,促进建筑装饰装修工程项目顺利施工的进行。

对于一些重大工程项目或合同关系和内容复杂的工程,合同审核的结果应经律师和合同法律专家核对评价,在其指导下进行审查后才能正式签订双方之间的施工合同。

2.3 建筑装饰装修工程合同的履行

建筑装饰装修工程合同的履行是指当事人双方按照建筑装饰装修工程合同条款的规定全面完成各自义务的活动。

合同履行的过程,即完成整个合同中双方规定任务的过程,也是一个工程项目从准备、施工、竣工、试运行直到维修期结束的全过程。履行合同时必须遵循全面履行、实际履行等原则,认真执行合同中的每一条款,在工程项目的实施阶段,合同中的双方当事人及监理工程师要严格履行彼此之间的职责、权利和义务。

2.3.1 合同履行的基本原则

合同履行的原则是当事人在履行合同过程中应当遵循的基本原则或准则,对当事人履行合同具有重大的指导意义,是当事人履行合同行为的基本规范。建筑装饰装修工程合同履行的原则主要有以下几个方面。

1. 实际履行原则

当事人订立合同的目的是满足一定的经济利益,满足特定的生产经营活动的需要。当事人一定要按合同约定履行义务，不能用违约金或赔偿金来代替合同的标的。例如，建筑装饰装修工程项目的施工质量不符合现行国家强制性标准的规定，施工企业不能支付违约金了事，必须对工程不合格部位进行返工或修理，使其达到国家强制性标准的规定。

2. 全面履行原则

建筑装饰装修工程合同当事人应当严格按合同约定的装饰装修工程的范围、数量、质量、标准、价格、方式、地点、期限等完成合同义务。全面履行原则对合同的履行具有重要的意义，它是判断合同各方是否违约及违约时应当承担何种违约责任的根据和尺度。

3. 协作履行原则

合同当事人各方在履行合同过程中，应当互谅、互助，尽可能为对方履行合同义务提供相应的便利条件。

4. 诚实信用原则

诚实信用原则是指当事人在签订和执行合同时，应诚实，恪守信用，实事求是，以善意的方式行使权利并履行义务，不得回避法律和合同，以使双方所期待的正当利益得以实现。

对施工合同来说，业主在合同实施阶段应当按合同规定向承包方提供施工场地，及时支付工程款，聘请工程师进行公正的现场协调和监理；承包方应当认真计划，组织好施工，努力按质按量在规定时间内完成施工任务，并履行合同所规定的其他义务。在遇到合同文件没有作出具体规定或规定矛盾或语义含糊时，双方应当善意地对待合同，在合同规定的总体目标下公正行事。

5. 情事变更原则

情事变更原则是指在合同订立后，如果发生了订立合同时当事人不能预见并不能克服的情况，改变了订立合同时的基础，使合同的履行失去意义或者履行合同将使当事人之间的利益发生重大失衡，应当允许受不利情况影响的当事人变更合同或者解除合同。情事变更原则实质上是按照诚实信用原则履行合同的延伸，其目的是消除合同因情事变更所产生的不公平后果。理论上一般认为，主张情事变更原则应当具备以下条件：

(1)有情事变更的事实发生，即作为合同环境及基础的客观情况发生了异常变动。

(2)情事变更发生于合同订立后履行完毕之前。

(3)该异常变动无法预料且无法克服。如果合同订立时，当事人已预见该变动将要发生，或当事人能予以克服的，则该原则不适用。

(4)该异常变动不可归责于当事人。如果异常变动的原因是一方当事人的过错或异常变动是当事人应当预见的，则应由其承担风险或责任。

(5)该异常变动应属于非市场风险。如果该异常变动是市场中的正常风险，则当事人不能主张情事变更原则。

(6)情事变更将使维持原合同显失公平。

在建筑装饰装修工程合同中，建筑装饰装修材料涨价常常是承包方要求增加合同价款的理由之一。如果合同对材料没有包死，则补偿差价是合理的。如果合同已就工程总价或材料价格一次包死，若发生建筑装饰装修材料涨价，对于是否补偿差价，应当判断建筑装饰装修材料涨价是属于市场风险还是情事变更。可以认为，通货膨胀导致物价上涨及国家产业政策的调整或国家定价物资调价造成的物价大幅度上涨，属于情事变更，涨价部分应当由发包方合理负责一部分或全部承担，处于不利地位的承包方可以主张增加合同价款。如果建筑装饰装修材料涨价属于正常的市场风险，则由承包方自行负担。

2.3.2 合同履行中承包商的准备工作

当建筑装饰装修工程合同签订后，承包商应当根据工程的实际情况，竭尽全力做好开工的准备工作，并尽可能争取早日开工，应避免因开工准备不足而妨碍工程的进行。准备工作内容包括以下几个方面。

1. 人员与组织的准备

人员与组织的准备是合同履行准备工作中的核心内容，也是能否全面履行合同和实际履行合同的决定性因素。其主要工作内容如下：

（1）项目经理人选的确定。项目经理是项目施工的直接组织者与领导者，其能力与素质直接关系到项目管理的成败，因此，要求项目经理必须具备有较强的组织管理能力和市场竞争意识，掌握扎实的专业知识与合同管理知识，具有丰富的现场施工经验和较强的协调能力，并且能吃苦耐劳，敢于拼搏。

（2）项目经理部人员的选择。项目经理部是项目管理的中枢，其人员组成的原则是：充分支持专业技术组合优势，力求精简、高效，由项目经理全权负责。

（3）施工作业队伍的选择。选择信誉好、能确保工期质量，并能较好地降低工程成本的施工作业队伍与分包单位，与之签订协议，明确他们的责、权、利，进行必要的技术交底及相关业务技能培训。

2. 施工前的准备工作

在建筑装饰装修工程正式开工前，施工企业应当认真、全面地做好施工前的准备工作，这些准备工作主要包括以下几个方面：

（1）与建设单位（业主）协商，按照施工合同中所规定的开工日期，使施工作业队伍提前进入施工现场，以便开展工作。

（2）与设计单位、建设单位取得联系，尽快领取经过会审的施工图纸及其他有关技术文件，进一步熟悉施工图，以便确定施工方法、施工顺序。

（3）根据建筑装饰装修工程的规模和特点，以及施工作业队伍的实际情况，修建施工现场的生活及生产营地。

（4）根据施工合同中的具体条款规定，组织有关人员编制施工进度计划、材料设备采购进场计划、施工人员调配计划、分期付款计划及工程分批交付使用计划等。

（5）如果工程规模较大、工期要求较紧、施工工艺复杂，需要有关施工企业承担施工任务，应由总承包商与分包单位签订好有关分包合同。

（6）如果在工程合同中有保险和保修规定条款，应在正式开工前办理好有关保险和保修的签订手续。

（7）在工程施工过程中，必然需要大量的人力、物力和财力，所以，施工企业应筹措足够的流动资金，这是确保工程施工顺利进行的保证。

（8）工程合同中的所有条款都是在施工中必须遵循的，若违背合同中的条款规定，很可能因违反合同而造成损失。因此，有关人员应当组织全部施工人员学习合同文件，吃透合同中的条款精神，以便正确履行合同。

2.3.3　合同履行中双方的职责

在建筑装饰装修工程合同中，明确合同当事人双方的权利、义务和职责，同时，也对业主委托的监理工程师的权利、职责的范围做好明确、具体的规定。一般情况下，监理工程师的权利、义务和职责，在业主与监理单位签订的监理委托合同中也有明确与具体的规定。在合同履行中各方的职责分别如下。

1. 业主的职责

在建筑装饰装修工程合同履行中，业主及其所指定的业主代表负责协调监理工程师和承包商之间的关系，并根据工程施工中的实际情况，对重要问题作出决策。业主在合同实施中的具体职责如下：

(1) 指定业主代表，委托监理工程师，并以书面形式通知承包商，如果是国际贷款工程项目则还需要通知贷款方。

(2) 在建筑装饰装修工程正式开工前，办理工程开工所需要的各种报建手续。

(3) 根据装饰装修工程的规模、特点、工期、质量要求等，负责批准承包商发包部分工程的申请。

(4) 为保证工程的顺利和按期完成，负责及时提供装饰装修施工图纸，或批准承包商负责装饰装修施工图纸的设计。

(5) 根据建筑装饰装修工程合同的规定，在承包商有关手续和开工准备工作齐备后，及时向承包商拨付预支工程款项。

(6) 根据在工程施工中所出现的问题，按照实际和需要及时签发工程变更命令，并确定这些变更的单价与总价，以便工程竣工结算。

(7) 对于在工程施工过程中所产生的疑问，及时答复承包商的信函，并进行技术存档，以便进行工程竣工验收所用。

(8) 根据建筑装饰装修施工的进展情况，及时组织有关部门和人员进行局部验收及竣工验收。

(9) 及时批准监理工程师上报的有关报告，主持解决工程合同变更和纠纷处理。

2. 监理工程师的职责

监理工程师是独立于业主与承包商之外的第三方，受业主的委托并根据业主的授权范围，代表业主对工程进行监督管理，主要负责工程的进度控制、质量控制和投资控制及协调工作。其具体职责如下：

(1) 协助业主评审投标文件，提出决策建议，并协助业主与中标者协商签订承包合同。

(2) 按照合同的要求，全面负责对工程的监督、管理和检查，协助现场各承包商的关系。

(3) 审查承包商的施工组织设计、施工方案和施工进度计划并监督实施，督促承包商按期或提前完成工程，进行进度控制。

(4) 负责有关工程图纸的解释、变更和说明，发出图纸变更命令，并解决现场施工所出现的设计问题。

(5) 监督承包商认真执行合同中的技术规范、施工要求和图纸设计规定，以确保装饰装修质量能满足合同要求。及时检查装饰装修工程质量,特别是隐蔽工程质量,及时签发现场验收合格证书。

(6)严格检查材料、半成品、设备的质量和数量。

(7)进行投资控制。负责审核承包提交的每月完成的工程量及相应的月结算财务报表,处理价格调整中的有关问题并签署合同支付款数额,及时报业主审核支付。

(8)做好施工日记和质量检查记录,以备检查时使用,根据积累的工程资料,整理工程档案。

(9)在装饰装修工程快结束时,核实最终工程量,以便对工程的最终支付,参加工程验收或受业主委托负责组织竣工验收。

(10)协助调解业主与承包商之间的各种矛盾,当承包商或业主违约时,按合同条款的规定处理各类问题。

(11)定期向业主提供工程情况汇报,并根据工地发生的实际情况及时向业主呈报工程变更报告,以便业主签发变更命令。

这里需要特别指出的是,监理工程师受业主委托,履行施工合同中规定的职责,行使合同中规定或隐含的权利,但监理工程师不是签订合同的一方,无权变更合同,也无权解除合同规定的承包商的义务,除非业主另有授权。

3. 承包商的职责

在合同履行中承包商的职责主要包括以下几项:

(1)制订工程实施计划,呈报监理工程师批准。

(2)按照合同要求采购工程所需要的材料、设备,按照有关规定提供检测报告或合格证书,并接受监理工程师的检查。

(3)进行施工放样及测量,呈报监理工程师批准。

(4)制订各种有效的质量保证措施并认真执行,根据监理工程师的指示,改进质量保证措施或进行缺陷修补。

(5)制订安全施工、文明施工等措施并认真执行。

(6)采取有效措施,确保工程进度。

(7)按照合同规定完成有关的工程设计,并呈报监理工程师批准。

(8)按照监理工程师指示,对施工的有关工序,填写详细的施工报表,并及时要求监理工程师审核确认。

(9)做好施工机械的维护、保养和检修,以保证施工顺利进行。

(10)及时进行场地清理、资料整理等工作,完成竣工验收。

4. 承包商的义务

除上述的基本要求外,承包商还必须履行以下强制性义务:

(1)执行监理工程师的指令。

(2)接受工程变更要求。

(3)严格执行合同中有关期限的规定(主要是指开工日期、竣工日期、合同工期等)。

(4)必须信守价格承诺。

2.4 建筑装饰装修施工索赔

2.4.1 索赔的基本概念

索赔是指在合同实施过程中，合同当事人一方因为对方不履行或者未能正确履行合同义务，以及其他非自身责任的因素而遭受损失时，依据法律、合同规定及惯例，向对方提出要求赔偿的权力。

在工程建设中，索赔有广义和狭义之分。广义的索赔包括承包商向业主提出的索赔及业主向承包商提出的索赔；狭义的索赔特指承包商向业主提出的索赔，而将业主向承包商提出的索赔称为反索赔。

索赔是一种正当的权利要求，也是承包商保护自己的一种有效手段。由于施工现场条件、气候条件的变化，施工进度、物价的变化，以及合同条款、规范、标准文件和施工图纸的变更、差异、延误等因素的影响，工程承包中不可避免地出现索赔事件。只要发生了超出原合同规定的意外事件而使承包商遭受损失，且该事件的发生也不能归责于承包商，则无论是在时间上还是在经济上，只要承包商认为不能从原合同的规定中获得该损失的补偿，他们均可向业主主张自己的权利。

2.4.2 发生施工索赔的因素

施工单位在履行承包合同的过程中，会经常发生一些额外的费用支出，如发包方修改设计、额外增加工程项目、要求加快施工进度、提高工程质量标准等，以及设计图纸和招标文件中出现与实际不符的错误等，这类支出不属于合同规定的承包人应承担的义务，即可以根据合同中有关条款的规定，通过一定的程序，要求建设单位给予适当的补偿，称为施工索赔。

在工程建设的实施过程中，索赔是经常发生的。工程项目各方参加者属于不同的单位，它们的总目标虽然一致，但经济利益并不相同。施工合同是在工程实施前签订的，合同规定的工期和价格，是以对环境状况和工程状况进行预测，同时，假设合同各方面都能正确地履行合同中所规定的责任为基础的。工程实践证明，在工程实施过程中，常常会由于以下几个方面的原因产生索赔：

(1)由于业主(包括业主的项目管理者)没能正确地履行合同义务，应当给予的补偿。例如，未及时提供施工图纸；未及时交付由业主负责的材料和设备；下达了错误的指令，或提供错误的图纸、招标文件；所提要求超出合同中的有关规定，不正确地干预承包商的施工过程等。

(2)由于业主(包括业主的代理人)行使合同规定的权力，而增加了承包商的费用和延长了施工工期，按合同规定应给予的补偿。例如，增加工程量；增加合同内的附加工程；要求承包商完成合同中未注明的工作；要求承包商做合同中未规定的检查项目，而检查的结果表明承包商的工程(或材料)完全符合合同的要求等。

(3)由于某一承包商完不成合同中规定的责任，造成连锁反应的损失，也应当给予补偿。例如，由于设计单位未及时交付施工图纸，造成了土建、安装、装饰装修工程的中断或推迟，土建、安装和装饰工程的承包商可以向业主提出赔偿。

(4)工程合同存在缺陷。合同缺陷常常表现为合同文件规定不严谨甚至矛盾,合同中有遗漏或错误,包括合同条款中的缺陷、技术规范中的缺陷及设计图纸的缺陷等。在此情况下,工程师有权作出解答。如果承包商按此解释执行而造成成本增加或者工期延误,则承包商可以据此提出索赔。

(5)监理工程师的指令原因。监理工程师指令通常表现为工程师为了保证合同目标顺利实施,或者为了降低因意外事件对工程所造成的影响,而指令承包商加速施工、进行某项工作、更换某些装饰材料、采取某种措施或者暂停施工等。对于监理工程师的指令原因造成的承包商成本增加、工期拖延,承包商有权提出索赔。

(6)工程合同发生变更。工程合同发生变更,常常表现为设计变更、施工方法变更、增减工程量及合同规定的其他变更。对于因业主或者工程师方的原因产生变更而使承包商遭受损失,承包商可以提出索赔要求,以弥补自己所不应承担的损失。

(7)法律法规发生变更。法律法规变更通常是直接影响工程造价的某些法律法规的变更,如税收变化、利率变化及其他收费标准的提高等。如果国家法律法规变化导致承包商施工费用增加,则业主应向承包商补偿该增加的支出。

(8)第三方的影响。第三方的影响通常表现为与工程有关的其他第三方问题所引起的对本工程的不利影响,如银行付款延误、由于运输原因装饰装修材料未能按时抵达施工现场等。

(9)施工环境的巨大变化,也会导致施工索赔,例如,战争、动乱、市场物价上涨、法律政策变化、地震、洪涝灾害、反常的气候条件、异常的其他情况等。对此应按照合同规定应该延长工期,调整相应的合同价格。

索赔可能是由上述某一种原因引起的,也可能是综合影响因素造成的。在干扰事件出现后,工程师应当对承包商提出的索赔认真分析,分清楚各自应承担的责任,以保证索赔更加合理公正。

2.4.3 施工索赔的依据和证据

施工索赔要有依据和证据,每一项施工索赔事项的提出都必须做到有理、有据、合法,也就是说施工索赔事项是工程合同中规定的,要求施工索赔是完全正当的。提出索赔事项必须依据国家及有关主管部门的法律、法规、条例及双方签订的工程合同,同时,必须有完备的资料作为凭据。

1. 施工索赔的依据

当承包商在施工过程中遇到上述原因所导致的干扰事件而遭受损失后,承包商就可以根据责任原因,寻找索赔的依据,向业主提出索赔。索赔的依据是进行索赔的理由,工程施工索赔的依据,主要包括装饰装修工程合同中的有关条款,以及《中华人民共和国建筑法》《中华人民共和国合同法》、建筑装饰装修法规中的具体规定。承包商在索赔报告中必须明确施工索赔要求是按照合同的哪一条款提出的,或者是依据何种法律的哪一条规定提出的。索赔的理由主要通过合同分析和法律法规分析寻找。

2. 施工索赔的证据

建筑装饰装修工程施工索赔的依据:一是合同,二是资料,三是法规。每一项施工索赔事项的提出都必须做到有理、有据、合法。也就是说,索赔事项是工程合同中规定的,提出施工索赔是有理的;提出施工索赔事项,必须有完备的资料作为凭据(有据);如果施工索赔发生争议,能依据法律、条例、规程规范、标准等进行处理。

在上述依据中,合同是双方事先签订的,法规是国家主管部门统一制定的,只有资料是动态的。资料随着施工的进展不断积累和发生变化,因此,施工单位与建设单位在签订施工合同时,要注意为施工索赔创造条件,这将有利于解决施工索赔的内容写进合同条款,并注意建立科学的管理体系,随时收集、整理工程在施工过程中的有关资料,确保资料的准确性和完备性,满足工程施工索赔管理的需要,为施工索赔提供翔实、正确的凭据。这是工程承包单位不可忽视的重要日常工作。施工索赔的依据主要包括以下几个方面:

(1)招标文件、工程合同签字文本及其附件。这些均是经过双方签证认可、最基本的书面资料,也是最容易执行的施工索赔的依据。当施工单位发现施工中实际与招标文件等资料不符时,可以此向业主(或监理人员)要求施工索赔。

(2)经签证认可的工程图纸、技术规范和实施性计划。这些是施工索赔最直接的资料,也是施工索赔主要的依据,如各种施工进度表,工程工期是否延误可以在施工进度表中很容易地反映出来。施工单位对开工前和施工中编制的施工进度表都应妥善保存,监理工程师和施工分包企业所编制的施工进度表,也应设法收集齐全,作为施工索赔的依据。

(3)合同双方的会议纪要和来往信件。建设单位与施工总承包单位,施工总承包单位与设计单位、分包单位之间,经常因工程的有关问题进行协调和商议,施工单位应派专人或直接参加者做会议记录,将一致意见和未确定事项认真记下来,以此作为施工过程中执行的依据,也作为施工索赔的资料。

有关工程的来往信件,包括某一时期工程进展情况的总结及与工程有关的当事人和具体事项,这些信件中的有关内容和签发日期,对计算工程延误时间很有参考价值,所以必须全部妥善保存,直到合同履行完毕、所有施工索赔事项全部解决为止。

(4)与建设单位代表的定期谈话资料。建设单位委托的监理工程师及工程师代表,对合同及工程的实际情况最为清楚,施工单位有关人员定期与他们交谈是大有好处的,在交谈中可以摸清施工中可能发生的意外情况,以便做到事前心中有数。一旦发生进度延误,施工单位可以提出延误原因,并能以充分的理由说明延误是由建设单位造成的,为施工索赔提供依据。

(5)施工备忘录。凡施工中发生的影响工期或工程资金的所有重大事项,应当按年、月、日顺序编号,汇入施工备忘录存档,以便查找。例如,工程施工中送停电和送停水记录、施工运输道路开通或封闭的记录、自然气候影响施工正常进行的记录,以及其他的重大事项记录等。

(6)工程照片或录像。保存完整的工程照片或录像,能有效真实地反映工程的实际情况,是最具有说服力的资料。因此,除工程标书或合同中规定需要定期拍摄的工程照片外,施工单位也应注意自己拍摄一些必要的工程照片或录像。特别是涉及变更、修改和隐蔽部分的工程照片或录像,既可以作为施工索赔的资料,又可以作为证明施工质量合格的凭据,还可以作为工程阶段验收和竣工验收的依据。所有工程照片或录像都应标明日期、地点和内容简介。

(7)工程进度记录。工程进度记录是工程施工过程中活动的记载,能真实直接地反映各个时期的各项主要工作和发生的事项。其主要包括各种施工进度表、施工日志和进度日记等。

①各种施工进度表。开工前和施工过程中编制的所有工程进度表都必须妥善保存,业

主代表和分包商编制的进度表也要收集入档,这些施工进度表都是工程施工活动内容的有力证明。

②施工日志。施工日志是业主的驻工地代表和承包商都必须按日填写的工作记录。业主的责任是检查工程质量、工程进度,提供关于气候、施工人数、设备使用和部分工程局部竣工的情况。承包商也应对上述情况做详尽的业务记录,以便用它来调整、平衡或纠正业主作为正式文件所提出的各项资料和数据。

③进度日记。进度日记是项目经理应当保存的一份准确无误的记录资料,它用简明扼要的文字记录每天工作进度情况、例行的公事和发生的异常情况。其中,还应包括有业主代表参加的所有工程会议,以及与分包商、材料供应商召开的会议。工程进展情况的记录应当翔实,以备检查和作为发出函件的依据。对于工地的气候条件、工作条件、设备性能和运转情况等也要简明记载。如有可能,应由项目工程师、质检代表等复核进度日记,以保证记录的质量和完整。

(8)检查与验收报告。由监理工程师签字的工程检查和验收报告,反映出某单项工程在某特定阶段的施工进度和工程质量,并记载了该单项工程竣工和验收的具体时间、内容、人员。一旦出现工程索赔事项,可以有效地利用这些监理工程师签过字的资料。

(9)工资单据和付款单据。工人或雇用人员的工资单据,是工程项目管理中一项非常重要的财务开支凭证,工资单上数据的增减能反映工程内容的增减情况和起止时间。各种付款单据中购买材料设备的发票和其他数据证明,能提供工程进度和工程成本资料。当出现施工索赔事项时,以上资料是合理索赔的重要依据。

(10)其他有关资料。除以上所述的在施工过程中应收集的资料外,还有许多需要收集的其他有关资料,如监理工程师填制的施工汇总表、财务和成本表、各种原始凭据、施工人员计划表、施工材料和机械设备使用报表、实施过程的气象资料、工程所在地官方物价指数和工资指数、国家有关法律和政策文件等。

3. 确定施工索赔数额的原则

施工索赔的目的不外乎延长工期或赔偿损失。无论是出于哪一种目的,都应提出比较确切的施工索赔数额。施工索赔数额的确定应当遵循两个原则:一是要实事求是,发生什么索赔事项,就提出什么索赔,实际损失多少,就要求赔偿多少;二是要计算准确,这需要熟练地运用计算方法和计价范围。

4. 施工索赔的程序

建筑装饰装修工程在施工过程中,如果发生了施工索赔事项,一般可按下列步骤进行索赔:

(1)索赔意向通知。施工索赔事项发生后,应首先与建设单位代表(监理工程师)通话或直接面谈,即先打招呼,使建设单位有思想准备。

(2)提出索赔申请。索赔事件发生后的有效期内(一般为28 d),承包商要向监理工程师提出书面索赔申请,并抄送业主。其内容主要包括索赔事件发生的时间、实际情况及影响程度,同时提出索赔依据的合同条款等。

(3)编制索赔文件。索赔事件发生后,承包商应立即收集证据,寻找合同依据,进行责任分析,计算出索赔的数额,经审核无误后,即可编制索赔文件,由施工承包单位法人代表签字,送交建设单位代表(监理工程师)。

(4)索赔事件处理。建设单位代表接到施工索赔文件后,根据提供的索赔事项和依据,进行认真审核，了解和分析合同实施情况，考察其索赔依据和证据是否完整、可靠，索赔数额计算是否准确。经审核无误并经签名后，即可签发付款证明，由业主支付赔偿款项，施工索赔即告结束。

在审核施工索赔文件时，如果建设单位代表对索赔文件内容有疑义，施工承包单位应作出口头或书面解释，必要时应补充凭证资料，直到建设单位代表承认索赔有理。如果建设单位代表拒不接受施工索赔，则应对施工单位说服交涉，直到达成协议，说服交涉后仍不能达成协议的，则可按合同规定提请仲裁机构调解仲裁或向人民法院提起诉讼。

5. 索赔报告的编写

索赔报告是承包商向业主提出索赔要求的书面文件，由承包商编写。工程施工索赔报告编写的质量往往是施工索赔成败的关键，所以，工程施工索赔报告应当按照其基本要求、编写格式和内容认真进行编写。

(1) 索赔报告的基本要求。

①索赔事件应真实。这是索赔的基本要求，索赔的处理原则即赔偿实际损失，所以，索赔事件是否真实直接关系到承包商的信誉和索赔能否成功。如果承包商提出不真实、不合情理、缺乏根据的索赔要求，工程师应予以拒绝或者要求承包商进行修改。同时，这可能影响工程师对承包商的信任程度，造成在今后的工作中即使承包商提出的索赔合情合理，也会因缺乏信任而索赔失败，所以，在索赔报告中所指出的干扰事件，必须具备充分而有效的证据予以证明。

②责任划分应清楚。一般来说，施工索赔是针对对方责任所引起的干扰事件而作出的，所以索赔时，对干扰事件产生的原因，以及承包商和业主应承担的责任应作客观分析，只有这样，索赔才算公正、合理。

③有合同文件支持。承包商应在索赔报告中直接引用相应的合同条款，同时，应强调干扰事件、对方责任、对工程的影响，以及与索赔之间的直接因果关系。

④编写质量要高。索赔报告应简明扼要、责任清楚、条理清晰，各种结论、定义准确，有逻辑性，索赔证据和索赔值的计算应详细准确。

(2) 索赔报告的格式和内容。工程施工索赔报告是进行工程索赔的关键性书面文件，既不需要过多的无用叙述，又不能缺少必要的内容。根据众多工程施工索赔的实践经验，在一般情况下，索赔报告主要包括致业主的信件、索赔报告正文和索赔事件附件3个部分。

①致业主的信件。在信件中简要介绍索赔要求、干扰事件的经过及索赔的理由等。

②索赔报告正文。索赔报告的内容一般按照常规进行编写，承包商可以设计统一格式的索赔报告，以使索赔处理比较正规、方便。对于工程单项索赔，通常要写入的内容有索赔事件题目、事件陈述、合同依据、事件影响、结论、成本增加、工期拖延、各种证据材料等。对于综合索赔，索赔报告的编写比较灵活，其主要内容如下：

a. 索赔事件题目。索赔事件题目实际上就是对索赔事件的高度概括，即简要说明针对什么提出索赔，索赔事件题目要简单、明确、概括。

b. 索赔事件简介。索赔事件简介主要叙述干扰事件的起因、事件经过、事件过程中双方的活动及行为，应特别注意强调对方不符合约定的行为，或没有履行合同义务的情况。这里要清楚地写明事件发生的时间、地点、在场人员和事件结果等。

c. 申请索赔的理由。申请索赔的理由就是总结上述事件，同时引用合同条款或合同变更及补充协议条款，以证明对方的行为违反合同，或者指出对方的要求超出合同规定，造成索赔事件的发生,有责任对由此造成的损失进行补偿。申请索赔的理由是索赔报告中的核心内容,是索赔能否成功的关键。因此,申请索赔的理由要真实、充分、有理、有据,有足够的道理使对方信服、承认,达到合理补偿的目的。

d. 索赔事件影响。简要说明索赔事件对承包商在施工过程中的不利影响,重点围绕出现上述索赔事件所造成的成本增加及工期延误进行说明。需要特别强调的是,成本增加及工期延误必须与上述索赔事件有直接的因果关系。

e. 索赔事件结论。索赔事件结论说明上述索赔事件对工程产生的不良影响所造成的承包商的工期延长和费用增加;通过详细的索赔计算,列出工期延长的时间和费用增加的数额,以及给其他方面带来的影响,提出具体的索赔要求。

③索赔事件附件。索赔事件附件也是索赔报告的重要组成部分,有时索赔是否成功,关键在于索赔事件附件。所谓索赔事件附件,即索赔报告中所列举的事实、理由、经过、影响的证明文件,计算索赔的依据、方法的证明文件。

模块小结

本模块主要介绍了建筑装饰装修工程合同的基本概念、作用和管理的程序;重点论述了建筑装饰装修工程合同的审查、签订、履行,施工索赔等内容,合同当事人一方因为对方不履行或者未能正确履行合同义务,以及其他非自身责任的因素而遭受损失时,学会使用法律手段管理建筑装饰装修工程的施工并依据合同规定及惯例,向对方提出赔偿要求。

实训训练

实训目的:掌握建筑装饰装修施工索赔。
实训要求:索赔证据充分,索赔程序正确,索赔报告内容准确。
实训题目:
××某学校虚拟仿真实训中心工程,××施工单位与甲方签订了建筑装饰装修施工合同。在合同履行过程中,由于发生了百年不遇大雨,造成部分墙面装修被雨水浸泡,工期延长。作为施工单位项目经理,请你编写一份格式正确、内容完整的索赔报告。

习 题

一、填空题

1. 建筑装饰装修工程合同签订的基本原则有_____原则、_____原则、_____原则及签订书面合同原则。

2. 工程合同审查包括合同_____审查、_____审查和合同条款的审查。

3. 工程进度记录是工程施工过程中活动的记录,能真实直接反映各个时期的各项主要工作和发生的事项,主要包括各种进度表、_____和_____等。

二、单选题

1. 建筑装饰装修工程合同中,不属于业主职责的是( )。
   A. 指定业主代表,委托监理工程师,并以书面形式通知承包商
   B. 开工前办理工程开工所需要的各种报建手续
   C. 制订安全施工、文明施工等措施
   D. 及时组织有关部门和人员进行局部验收及竣工验收
2. 在工程建设监理活动中,监理单位是( )。
   A. 业主的代理人   B. 业主的委托人
   C. 施工合同的当事人   D. 绝对独立的第三人
3. 建筑装饰装修工程项目的施工质量不符合现行国家强制性标准的规定,施工企业不能支付违约金了事,必须对工程不合格部位进行返工或修理,使其达到国家强制性标准的规定,这属于合同履行中的( )原则。
   A. 全面履行   B. 实际履行
   C. 协作履行   D. 诚实信用

三、多选题

1. 施工单位可以提出索赔的情形有( )。
   A. 业主未及时交付施工现场
   B. 未及时交付由业主负责的材料和设备
   C. 增加工程量
   D. 设计单位未及时交付施工图纸
   E. 施工单位采用不合格材料导致质量问题
2. 施工索赔的依据主要包括( )。
   A. 招标文件   B. 施工进度表
   C. 业主与施工单位有关工程的来往信件 D. 工人或雇用人员的工资单据
   E. 工程照片及录像
3. 工程合同管理的目标是( )。
   A. 对工程进行质量控制   B. 为了成本控制制订具体的方案、措施
   C. 对工程进行工期控制   D. 协调其他各方关系
4. 索赔按目的划分包括( )。
   A. 费用索赔   B. 单项索赔   C. 工期索赔   D. 合同内索赔

四、简答题

1. 工程合同的作用有哪些?
2. 简述施工索赔的程序。
3. 合同履行的基本原则包含哪些内容?
4. 简述工程合同中承包商的责任与义务。

模块 3　编制施工组织设计文件

知识目标

熟悉编制建筑装饰装修施工组织设计的步骤；熟练掌握建筑装饰装修施工组织设计的内容、每一部分内容具体的编写方法、各部分内容的相互关系。

素质目标

能编制单位工程装饰装修施工组织设计文件，增强学生民族自豪感，培养学生遵纪守法、诚实守信等道德准则和行为规范意识，提高全社会文明程度。

爱国情怀：上海中心大厦施工组织

3.1　施工组织设计的基本内容和程序编制

3.1.1　建筑装饰装修施工组织总设计的基本内容和编制程序

建筑装饰装修施工组织总设计的内容一般包括工程概况、施工总体部署和总体工程施工方案、施工准备工作计划、施工总体（综合）进度计划、各项资源需用量计划（劳动力、装饰装修施工机械、主要装饰装修材料等）、施工总体平面图、技术经济指标等部分。

建筑装饰装修施工组织总设计的编制程序如图 3-1 所示。

3.1.2　单位装饰装修施工组织设计的基本内容和编制程序

对一个新建的建筑工程来说，建筑装饰装修施工仅属于整个工程的其中几个分部（装饰、门窗、楼地面）。但在现代建筑装饰装修工程中，除上述几个分部工程外，还包括建筑施工外的一些项目，如家具、陈设、厨餐用具等，以及与之配套的水、暖、电、卫、空调工程，在一些高档建筑中，电气部分不仅有强电系统（动力用电、照明用电），还

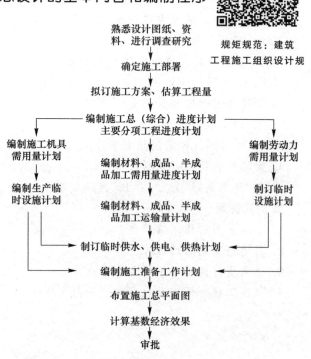

图 3-1　建筑装饰装修施工组织总设计的编制程序

有弱电系统。目前，弱电系统主要包括以下内容：

(1)楼宇自控系统(BAS)包括冷热源、新风、空调、给水排水、送风、排风、照明、动力、变配电、电梯等楼宇机电设备的自动控制。

(2)消防自控系统(FAS)包括火灾探测和自动报警系统、消防设备联动控制系统和消防通信管理系统，以及水喷淋和气体灭火系统。

(3)安防监控系统(SCS)包括闭路电视监控、侵入报警系统和门警系统。

(4)电视系统(CATV)包括卫星接收系统，有线、无线电视网接入系统，图文电视系统，数据通信系统。

(5)综合布线系统(PDS)包括大楼内电话、计算机网络、会议电视及楼宇自控系统通信的综合布线等。

(6)计算机网络系统(CN)包括自动化办公、信息管理与服务、组织与管理等计算机网络系统。

(7)广播音响系统(BMS)包括为厅堂、通道、客房提供背景音乐的系统和受消防控制中心管理的紧急广播系统，以及舞台音响系统。

(8)车库管理系统(PCS)包括出入管理、自动计费、车位指示等智能化车库管理系统。

弱电系统施工比较复杂、专业技术要求高、配合性强，在编制单位装饰装修施工组织设计时，应充分考虑这些项目与装饰装修施工的关系，合理安排工序，给设备安装留出时间，以免产生相互影响或交叉施工的破坏。

单位装饰装修施工组织设计的基本内容包括工程概况、施工方法、施工准备工作计划、施工平面图、施工进度计划、施工机具计划、主要材料计划、消防安全文明施工及施工技术质量保证措施、成品保护措施等。根据工程的复杂程度，有些项目可合并或简单编写。单位装饰装修施工组织设计编制程序如图 3-2 所示。

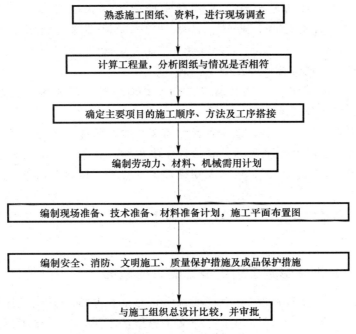

图 3-2 单位装饰装修施工组织设计编制程序

3.2 编写工程概况

工程概况即对工程一般状况的描述,尽管对于不同层次的施工组织设计文件,描述的内容不尽相同,侧重点也不相同,但均要求准确。

3.2.1 建筑装饰装修施工组织总设计的工程概况

(1)建筑装饰装修工程概况主要包括装饰装修工程的名称、地点、建筑装饰装修标准;施工总期限及分期分批投入使用的项目和规模,建筑装饰装修施工标准;建筑面积、层数;主要建筑装饰装修材料及设备、管线种类;属于国内外订货的材料设备、数量;总投资、工作量、生产流程、工艺特点;工程改造内容,主要房间名称及材料作法、建筑装饰风格及特征;新技术、新材料应用情况及复杂程度;建筑总平面图和各项单位工程(或厅、堂)工程设计交图日期及已完的建筑装饰装修设计方案;主要工种工程量、本工程的特点等。

课件:编写工程概况

(2)建筑装饰装修工程所在地区的特征主要包括气象、交通运输、地方材料供应、劳动力供应及生活设施情况;可作为施工用的现有建筑;水、暖、电、卫设施的情况等。

【例3-1】 某施工组织总设计的工程概况。

某国际大酒店是某实业股份有限公司与某政治学院合作兴建的一幢超高层综合性商业建筑,主要由一个五星级宾馆、一个高级写字楼区、一套商业服务中心设施、一座辅助工作楼群4大部分组成。其总投资为5亿元人民币,总建筑面积约为10.3万 m^2,其中,主建筑面积约为9万 m^2,分为50个水平层,总高度为190.5 m以上(含顶部灯塔)。

该建筑位于某市中区南北干道××路和东西干道××路交会处的东南角,南衔××省图书馆,北连国际电影城,西临××路,所在地段为某市商业、服务业、金融业的中枢。

本施工组织设计所包括功能分区如下:

①一楼大堂:约4 000 m^2,包括酒店大堂、自助餐厅、酒吧区、花店、消防监控室、财务部、保安部、写字楼通道、电梯厅等。

②一夹层茶寮:约2 000 m^2,包括茶寮、商务中心、银行、电梯厅等。

③二楼跑马廊:包括大堂跑马廊、自动扶梯跑马廊、电梯厅、空调房等。

④五楼宴会厅:约3 800 m^2,包括大宴会厅、贵宾房、国际会议中心、休息厅、酒吧、衣帽台等。

⑤室外部分:包括室外广场、裙房外墙石材干挂、雨篷网架、广场柱干挂石材、车道、大堂门厅等。

3.2.2 单位装饰装修施工组织设计的工程概况

施工组织设计中的"工程概况"是总说明部分,是对拟装饰装修工程所作的一个简明扼要、突出重点的文字介绍。有时,为了弥补文字介绍的不足,还可以附图或采用辅助表格加以说明。在单位装饰装修施工组织设计中,应重点介绍工程的特点及其与项目总体工程的联系。

(1)工程装饰概况主要介绍：拟进行装饰装修工程的建设单位、工程名称、性质、用途；建筑物的高度、层数，拟装饰的建筑面积，本单位装饰工作的范围、装饰标准、主要装饰工作量，主要房间的饰面材料，设计单位，装饰设计风格，与之配套的水、电、风主要项目，开、竣工时间等。

(2)建筑地点的特征应介绍：装饰装修工程的位置、地形、环境、气温、冬雨期施工时间、主导风向、风力大小等。如本项目只是承接了该建筑的一部分装饰，则应注明拟装饰装修工程所在的层、段。

(3)施工条件包括：装饰现场条件，材料成品、半成品，施工机械，运输车辆，劳动力配备和企业管理等情况。

下面是单位装饰装修工程概况实例。

【例3-2】 ××省××大厦位于××省××市中心，广场北侧为××路中段，是一座以银行业务办公为主体，兼顾餐饮、住宿、娱乐、商业等功能的多功能综合大厦。其由××省勘察设计院设计，由××省六建总包，负责土建及设备安装施工，由北京××建筑装饰装修工程有限公司进行室内外装饰设计与施工。为适应××城市建设发展规划及提高银行的形象，大厦的室内装修档次为三星级标准。

该建筑为框架结构，主楼地上27层、地下2层，副楼地上21层、地下2层，总建筑面积为41 000 m²，大厦的主要设备均选用先进的智能化设备，电话、计算机采用具有世界先进水平的综合布线系统、CPU系统，提供了与国际国内信息高速公路接轨的条件。

本工程装饰部位是各层室内装饰及1～4层外立面墙面装饰。1层功能分布为主楼营业区、宾馆区、办公区、商场区四个区域；2层功能分布为银行主营业厅、银行办公室、代保管业务库、账表库；3层为信息室及电教室、库房、中心计算机房；4层主要是会议室及娱乐区，有舞厅、贵宾室、包厢；5层以上为办公室及套间，大、小会议室等。

室内由北京××建筑装饰装修工程有限公司设计室设计。建筑结构、设备电气、供暖、电梯各专业设计与施工有处于同步状态的现象，应根据实际情况，按照业主的要求和设计师研究施工方案和组织设计。

室外装修作法：主楼、副楼、1～4层外墙以花岗石材为主体，配以西丽红花岗石材作窗套筒子板。用干挂工艺进行施工，西墙作悬挑铜架铝塑板雨篷，南墙作轻钢龙骨铝塑板雨篷。

室内装饰作法：首层银行营业厅墙面为进口雅士白石材墙面，营业柜台台面为进口雅士白石材台面，大花绿石作踢脚及大线条收边，地面为进口的彩虹石材地面，营业厅内为650 mm×650 mm防滑通体砖地面，采用轻钢龙骨石膏板造型吊顶。首层宾馆大堂墙面为进口的雅士白石材墙面、柱面，地面为进口彩虹石材地面，顶棚为轻钢龙骨石膏板造型吊顶，中间悬吊船形大吊灯及满天星筒灯。商场前厅墙面为进口雅士白石材墙面，地面为进口彩虹石材，顶棚为轻钢龙骨石膏板造型吊顶，悬吊飞碟形吊顶。

2层办公室地面及代保管业务库地面采用650 mm×650 mm通体砖地面、墙面乳胶漆、榉木塑板，吊顶为矿棉板顶棚，舞厅地面分别为拼花石材地面及高档地毯地面，墙面以进口壁布及高级细木装饰，吊顶为轻钢龙骨石膏板造型吊顶，贵宾厅墙面为软包及木作墙面，地面铺地毯，采用轻钢龙骨石膏板造型吊顶。

重要机房如电话房、计算机房、中控室采用进口矿棉吸声板活动吊顶、进口彩色喷涂墙面、抗静电活动地板架空地面。

本工程自2018年7月1号开工至2018年12月30日竣工，工程总价为1 700万元。

小结：编写工程概况时，一定要简明扼要，介绍清楚即可。

课堂实训

实训目的：掌握工程概况的编写。

实训要求：教师根据学情选择布置实训题目，学生4~5人为一组，写作时间为15~20分钟，完成工程概况的编制。完成后每组代表上台阅读，其他组须对其所写内容、格式进行讨论。

实训题目：

1. 本校拟对教学楼重新进行装修改造，具体的装修时间、装修内容、装修部位，学生可自行给出，要求学生熟悉所要装修的空间，并在此基础上写出工程概况。

2. 根据项目案例结合附图，编写该学校虚拟仿真实训中心装饰装修工程概况。

3.3 编写施工部署和施工方案

3.3.1 施工组织总设计的施工部署

施工部署主要是对整个建设项目的施工进行全面安排的一个总体规划。其内容包括施工任务的组织分工和安排、重点单位工程施工方案、主要工种工程项目的施工方案和施工现场规划。

1. 施工任务的组织分工和安排

建立并明确机构体制，建立统一的工程指挥系统；确定综合的或专业的施工组织；划分各施工单位的任务项目和施工区域；明确穿插施工的项目及其施工期限。其具体内容包括各种管理目标、材料供应计划、施工程序、项目管理总体安排等。

2. 明确重点工程的施工方案

根据设计方案或施工图，明确各单位工程中采用的新材料、新工艺、新技术及拟采用的施工方法，例如大跨度结构的吊顶、高层玻璃幕墙的安装，外墙干挂石材、复杂设备的安装，管线的安装，大型玻璃采光顶的安装，室内外大型装饰物的安装等，并研究制定装饰施工工艺和质量标准。

【例3-3】 某工程施工组织文件中的施工部署和施工方案(节选)。

1. 工程分析和存在问题

某酒店位于××市中山区××广场，隶属于××市××广场酒店有限公司，按涉外五星级酒店的标准设计。

前期工程是按写字楼的功能和要求设计、布局并部分施工，因此，原专业给水排水、消防、空调、电气等系统施工时需要拆除、改造、重建，并与本次装饰装修施工交叉进行，这对双方施工都存在一些影响。工程的材料供应也是可能影响工期进度和质量的潜在因素。垂直运输(12月份电梯停驶)问题，石材、地板、地砖与地毯标高处理，墙地面空鼓修整和地面大面积剔凿工作，以及现场勘察中发现的一些问题都会直接或间接影响总体施工的进度和质量。针对这些问题在整体施工部署阶段将予以充分考虑并逐项解决。

2. 施工准备和安排

(1)在现场定位放线及施工总体安排前必须要解决的具体问题。

①每层服务间的二面隔墙要打掉，准备在砖砌墙之前集中人力将隔墙打掉，为砌墙留出时间。

②地面空鼓现象较严重，管井凿通后又增加了空鼓，这将造成全面空鼓，必须全部打凿。组织工人，分成6段平行打凿，每天将打凿完成后的垃圾及时清理掉。

③现场原来的建筑垃圾很多，此项目将按照甲方的要求进行处理，以最快的速度清理完毕。

④核心筒的抹灰层空鼓现象较严重，达到60%，将影响壁纸的铺贴，必须将其打掉，这将和地面空鼓的剔凿一体处理并与不空鼓的墙面连接好，使其不开裂。

⑤浴缸下水与楼板下大梁相碍，处理方法有：一是将浴缸调头；二是将浴缸下水由原来的侧排水改为下排水；三是改动浴缸尺寸。

对于地面标高问题，会同甲方、监理和技术人员在开工前现场制定出处理办法。

(2)现场放线定位。根据甲方提供的施工图，结合现场实际情况，首先在最高层(施工范围内)的楼层平面找出相应的轴线。因为每层平面都是圆形，而 $R7.8$ m处为圆形剪力混凝土墙，圆心在电梯间内，取每根中轴线找到每层相应的管道井及中心位置，由此垂直向下层层打孔推移中点，悬挂垂线，将每层地面的有关轴线弹出，通过测量获得各楼层偏差的准确数据，为装饰施工和机电设备管井打孔提供必要条件。

(3)施工阶段划分。根据现场勘探结果和对施工工期的考虑，准备将6～23层划分为6个施工段，每3层为一段，每段自成体系，进行流水施工(流水作业中包括机电交接时间)，6个施工段平行施工，施工顺序为自23层向下。总工期为162 d，不包含春节时间，若春节放假，工期顺延。每小段高峰时间装修人员将达到236人。

(4)管理系统和人力资源。公司自承接样板房工程开始便考虑到将来大面积施工的项目班子人选及施工队的组建。因每小段高峰时施工人员将达到236人，6段总人数高峰时为1 416人(含部分专电分包人员)，所以，队伍抽调人员均参加过多种不同风格装饰装修工程，侧重于施工过五星级酒店的人员。在开工前，公司将统一组织对施工人员的培训和教育工作，并经过安全考试合格后方可施工。在施工中所有员工都将统一服装标识，以利于辨认，各层配备对讲机以便及时联络、协调。施工人员安排统一生活区、食堂、宿舍、临时诊所及冬季取暖设施。挑选精干的后勤保障人员。

(5)材料准备。材料供应是本次工程能否达标、创优的关键，结合本工程的具体特点，采取以下几项主要措施：

①对甲供材料设专人与甲方负责此项工作的人员对接，了解供货情况，收集信息，如甲供材料的厂家品牌、规格、尺寸、色调等，以便使用及安装时与现场施工保持一致，并列出甲供材料使用时间表，提前告之使用时间、顺序，以便甲方有充分的时间准备、调整。

② 对于自购材料，公司利用物资部原有优势并结合现代化信息技术，全面了解、掌握所需材料的厂家、规格、品牌、价格等一系列问题，主要材料样品已定样封存，还与部分厂家签订了意向书，所有材料按照工期要求可完全保证现场施工使用。项目部已编制了《总材料使用计划》交物资供应部，确保开工后万无一失。

(6)机械设备。由于施工工期短，工作范围大，平行施工面广，施工段多，故要求现场达到机械、机具数量充足，质量可靠，维修及时，电力有保障4项基本条件。

(7)垂直运输。

①在施工范围内首先检查各层电梯出入口的安全和使用情况，各出入口交接处是否牢固、稳定并详细标注，并着手加固，作出详细记录，整理成文交相关部门登记备案。

②针对垂直运输问题，进场时要统计、计算垂直电梯在每层的运行、停留时间，往返一次的总时间及甲方规定的电梯运行时间，列出统计表，计算出日使用次数及运输力。

③在每日上、下班时(与甲方协商)最好能使用载人客梯，以避免高峰时人员窝工及过多消耗工人体力。7层以下施工时，要求员工步行上楼，同时错开上、下班时间，以减少现场高峰流量。

3. 实施步骤

本工程具有高层施工，垂直运输通道狭窄，湿作业周期长，施工面积紧凑，工期短，且在施工初期工程量、运输量大，与机电改造同时施工、交叉作业，施工标准要求高等特点，因此，人员的投入也相应增大。同时，合理的施工步骤及方案关系到整个工程工期的实现。为此，施工方已全面进行考虑并作出了选择。具体施工步骤如下：

(1)机电完成管井打孔工作后要将空调风水立管、水管主路、消防水管、电缆桥架及给水排水立管，在开工两周左右达到装饰装修施工前期的砌砖要求，精装修施工在立门框完成后，即可以进行砖墙和轻质隔墙的施工。

(2)地面剔凿陆续完成后，进行卫生间下水、地板基层制作及防火封堵施工。随后卫生间地面找平及幕墙地台制作、施工相继开始。

(3)各类隔墙完成后，各专业工种支路及水、电工实施强弱电支管和卫生间上、下支路施工，以尽早为抹灰提供工作面。

(4)上述工作基本完成后，进行隔墙岩棉的填充，大面基层抹灰找平和墙、地面基层处理，同时进行卫生间支管系统打压试验。岩棉填充等部分隐蔽工程完成报验后，轻质隔墙封石膏板，同时，各类木制作施工，主要进行基层生根、造型、稳固工作。

(5)卫生间支管系统打压试验中，处理各接口面层后开始进行卫生间地面防水施工，并陆续进行每间不少于24 h的闭水试验。

(6)在轻质墙石膏板封闭完成，木制基层基本完成，闭水试验无误后，其装饰装修工程则划分成两条相对独立的线路进行施工。一条线路以卫生间系统为主线，侧重于洁具安装和五金及墙地砖施工；另一条线路则围绕客房、公共空间、电梯厅等范围展开。

(7)卫生间系统闭水试验完成后，便进行卫生间局部吊顶、龙骨设置、墙砖镶贴、洁具安装和台架制作。

(8)对客房和公共空间部分进行窗帘盒制作及大面积天花龙骨吊顶。

(9)机电部分全面穿线、试压、调试完成后，卫生间吊顶封板、贴地砖顺序进行。

(10)对客房、公共空间则进行吊顶封板，木制饰面封装及踢脚、吊顶线安装，油漆工进入准备和施工阶段。

(11)卫生间同步进行洁具、五金类制品的安装工作，最后进行木门安装及相关水电、木制品、锁具调试工作。

(12)卫生间整体完工的同时，客房及公共空间、电梯厅等部位的木制油漆工作应完工，之后开始大面积刷乳胶漆、贴壁纸等项饰面工作。

(13)进行开关面板、灯具的调试工作,调整完毕即可进行木地板、地毯施工,并陆续将活动家具、灯具摆放就位。

(14)检查修整所有工程项目后进行清理打扫工作,并准备办理竣工验收手续。

【例 3-4】 某单位承揽了 A、B 两栋高层建筑的施工工程,合同规定开工日期为 2018 年 7 月 1 日,竣工日期为 2019 年 9 月 25 日。施工部署中确定了质量目标,由于租赁的施工机械进场时间推迟,进度目标改为 2018 年 7 月 6 日开工,2019 年 9 月 30 日竣工。由于工期紧迫,拟在主体结构施工时安排两个劳务队在两座楼施工,装饰装修工程安排人从上向下进行内装修,先装修 A 建筑后装修 B 建筑。

问题:1. 该工程项目目标有何不妥之处和需要补充的内容?

2. 该工程主体结构和装饰装修工程的施工安排是否合理?若不合理,请给出理由并重新安排。

答:问题1:(1)进度目标不妥,因为租赁的施工机械晚到是施工单位的问题,没有理由改变工期。

(2)目标缺成本目标和安全目标。

问题2:(1)主体结构安排合理,装饰装修工程的施工安排不合理。

(2)因为工期紧,这样安排装修施工会拖延工期。可以采用两种方法调整工期:一种方法是主体结构完成一半时,装修施工插入,自中向下施工,待主体结构封顶后,再自上向中施工;另一种方法是在主体结构完成几层后,即插入内装修,自下而上施工。

3.3.2 单位工程施工组织设计的施工方案

在单位工程施工中,为了满足进度要求,同时使资源均衡,一般将工程划分为若干个施工段进行流水作业,并将多项复杂的施工内容合并为几个名称来表达整个施工计划活动,这一过程称为拟订施工方案。

课件:施工方案

施工方案拟订的内容主要有确定施工过程数,划分施工段;安排施工顺序,确定施工流向;明确施工方法,选择施工机械。

1. 确定施工过程数,划分施工段

(1)确定施工过程数(n)。确定施工过程数是指为了表达整个工程的施工进度计划活动,而选择具有代表性的工程项目名称的个数。通过施工预算或施工图预算可知,一个工程是由许多分项工程组成的。在作计划时,如果以每一个分项作为表达施工计划的名称,那么作出的计划就会繁杂而庞大,不利于管理。为了避免以上问题,将性质相近、互有联系的细小分项合并成一个综合分项,一个综合分项即一个"施工过程"。这种简化合并工程项目名称的做法就叫作确定施工过程数。

一个工程需要确定多少个施工过程数,目前没有统一规定,一般以能表达一个工程的完整施工过程,又能简单明了地进行安排为原则,即以"施工过程完整、项数简单明了"为原则。

简单的装饰装修常划分为墙面装饰装修工程、吊顶装饰装修工程、楼地面装饰装修工程、门窗装饰工程、幕墙装饰装修工程、细部装饰装修工程 6 个施工过程。复杂装修可以按部位和材料划得细一些。

(2)划分施工段(m)。划分施工段的目的是将工程项目分成几个施工区段,当一个工种完成一个施工段后,即进行下一个施工段的施工,这样可以较少的投入完成同样规格要求的工程任务，从而提高施工效率，达到降低工程施工费用的目的。划分施工段的大小和多少一般没有具体的规定，但应遵循以下4个原则：

①施工段的分界线应与结构线一致。如房屋中存有沉降缝、高低层交界线、单元分隔线等，则施工段的分界线应以这些结构线为基础确定施工段。

②施工段的大小应满足劳动组织所需工作面的要求。也就是说，划分施工段时，应考虑施工小组人员最小搭配后的活动范围要求或施工机械活动幅度范围的要求，故施工段不能划分得太小，太小会形成拥挤阻塞，从而影响施工效率。

③施工段与施工段之间的最大量差最好控制在15%以内，这样可以形成有节奏的、连续的均衡施工。

④在多层楼房结构中，若想采用流水作业法进行连续施工，对每一层所划分的施工段数，应大于或等于该层的施工过程数，否则就会产生停歇窝工现象而不能达到连续施工的目的。

装饰装修工程部分常以层为段，一层楼为一个施工段。对于工作面很长的楼层也可将一层分为两个施工段。

【例3-5】 某装饰装修工程的内容为7～24层的电梯厅、公共走廊和标准住宅。根据施工安排，将整个装饰装修工程分为上、中、下三个施工区平行施工，每区分三段流水作业。三个区的施工起点分别为24层、18层、12层，施工流向为自上而下，如图3-3所示。

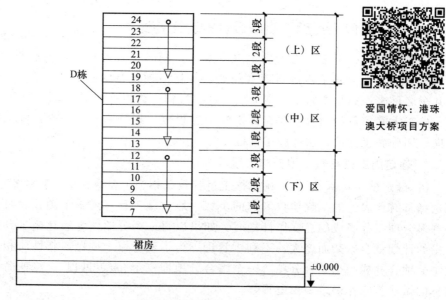

图3-3 施工流向

2. 安排施工顺序，确定施工流向

安排施工顺序，确定施工流向是指将上述已确定的施工过程和施工段，按具体工程情况和施工规律，明确排出它们投入施工的起点和先后次序。

(1)确定施工流向。单层建筑要定出分段施工在平面上的施工流向，多层及高层建筑除要定出每一层楼在平面上的流向外，还要定出分层施工的施工流向。确定施工流向时，须考虑以下几个因素：

①生产工艺过程往往是确定施工流向的关键因素。建筑装饰装修施工工艺的总规律是先预埋，后封闭，再装饰。在预埋阶段，先通风，后水暖管道，再电气线路；在封闭阶段，先墙面，后顶面，再地面；在调试阶段，先电气，后水暖，再空调。在装饰阶段，先油漆，后裱糊，再面板。建筑装饰装修工程的施工流向必须按各工种之间的先后顺序组织平行流水，颠倒工序就会影响工程质量及工期。

②对技术复杂、工期较长的部位应先施工。对于有水、暖、电、卫工程的建筑装饰装修工程，必须先进行设备管线的安装，再进行建筑装饰装修施工。

③建筑装饰装修工程必须考虑满足用户对生产和使用的需要。对于要求急的应先施工，对于高级宾馆、饭店的建筑装饰改造，往往采取施工一层(或一段)交用一层(或一段)的做法，使之满足企业运营的要求。

④上下水、暖、卫、电的布置系统，应根据水、暖、卫、风、电的系统布置，考虑流水分段。如上下水系统，要根据干管的布置方法来考虑流水分段，以便于分层安装支管及试水。

考虑这些影响因素的影响，建筑装饰装修工程的施工顺序和流向有多种方案可供选择，下面给出3种较常用的方案：

①自上而下的起点流向。这种方案是一种常用的施工方案。自上而下起点流向通常是指主体结构工程封顶，做好屋面防水层后，从顶层开始，逐层往下进行。

此种起点流向的优点是：新建工程的主体结构完成后，有一定的沉降时间，能保证建筑装饰装修工程的质量。做好屋面防水层后，可以防止在雨期施工时因雨水渗漏而影响建筑装饰装修工程质量。自上而下的流水施工，各工序之间交叉少，便于组织施工。从上往下清理建筑垃圾也较方便。其缺点是不能与主体施工搭接，因此施工周期长。

对高层或多层客房改造工程来说，采取自上而下的施工流向也有较多的优点，如在顶层施工，仅下一层作为间隔层，停业面积小，不影响大堂的使用和其他层的营业。卫生间改造涉及上下水管的改造，从上到下逐层进行，影响面小，对营业影响较小。当装饰装修施工对原有电气线路进行改造时，自上而下施工只对施工层造成影响。

②自下而上的起点流向。这是指当结构工程施工到一定层后，建筑装饰装修工程从最下一层开始，逐层向上进行。

此种起点流向的优点是工期短。特别对于高层和超高层建筑工程，其优点更为明显，在结构施工还在进行时，下部已装饰完毕，达到运营条件，可先行开业，业主可提前获得经济效益。其缺点是工序之间交叉多，需要很好地组织施工，并采取可靠的安全保证措施和成品保护措施。

③自中而下再自上而中的起点流向。这种方案综合了上述两者的优点、缺点，适用于新建工程的中高层建筑装饰装修工程。

这一方案的优点是结构和装修可同时进行穿插，从而缩短工期；同时，因结构与装修层之间存有二、三层楼板的隔离，故也不会影响下层墙地面的整洁性，从而保证建筑装饰装修工程的质量。其缺点是安排计划比较麻烦，只适用于层数较多(至少6层以上)的房屋。

室外装饰装修工程一般采取自上而下的起点流向，但湿作业石材外饰面施工、干挂石材外饰面施工一般采取自下而上的起点流向。

(2)安排施工顺序。施工顺序是指分部分项工程施工的先后次序。合理确定施工顺序是编制施工进度计划，组织分部、分项工程施工的需要，同时解决各工种之间的搭接，减少工种之间交叉破坏，以期达到预定质量目标，充分利用工作面，实现缩短工期的目的。

①确定施工顺序时应考虑的因素。

a. 遵循施工总程序。施工总程序规定了各阶段之间的先后次序，在考虑施工顺序时应与之相符。

b. 符合施工工艺要求。例如，纸面石膏板吊顶工程的施工顺序：顶内各管线施工完毕→打吊杆→吊主龙骨→电扫管穿线、水管打压、风管保温→次龙骨安装→安罩面板→涂料。

c. 按照施工组织要求。

d. 符合施工安全和质量要求。例如，外装饰应在无屋面作业的情况下施工；地面施工应在无吊顶作业的情况下进行；大面积刷油漆应在作业面附近无电焊的条件下进行。

e. 充分考虑气候条件的影响。例如，雨期天气太潮湿，不宜安排油漆施工；冬季室内装饰施工时，应先安装门窗扇和玻璃，后做其他装饰项目；高温条件下不宜安排室外金属饰面板类的施工等。

②建筑装饰装修工程的施工顺序。建筑装饰装修工程可分为室外装饰装修工程和室内装饰装修工程。室外和室内的装饰装修工程的施工顺序通常有先内后外、先外后内和内外同时进行三种。具体选择何种顺序可以根据现场施工条件和气候条件及合同工期要求来确定。通常外装饰湿作业、涂料等项施工应尽可能避开冬、雨期进行，干挂石材、玻璃幕墙、金属板幕墙等干作业施工一般受气候影响不大。外墙湿作业施工一般是自上而下进行（石材墙面除外），干作业施工一般是自下而上进行。

室内装饰施工的主要内容有顶棚、地面、墙面装饰，门窗安装和油漆，固定家具安装和油漆，以及相应配套的水、电、风口（板）安装，灯饰、洁具安装等。施工顺序根据具体条件的不同而不同。其基本原则是"先湿作业、后干作业""先墙顶、后地面""先管线、后饰面"。房间使用功能不同，作法不同，其施工顺序也不同。

《国务院办公厅关于大力发展装配式建筑的指导意见》（国办发〔2016〕71号）要求，创新装配式建筑设计和推进建筑全装修，即统筹建筑结构、机电设备、部品部件、装配施工、装饰装修，施行装配式建筑装饰装修与主体结构、机电设备协同施工，积极推广标准化、集成化、模块化的装修模式，促进整体厨卫、轻质隔墙等材料、产品和设备管线集成化技术的应用，提高装配化装修水平，实现装修与建筑主体同步设计、同步施工、同步验收。

装配式建筑一体化装修就是在建筑空间里进行更为细致深入的室内研究，运用标准化手段，提高内装部品通用率和互换率，建立空间与部品、部品与部品之间统一的边界条件、接口技术、几何尺寸，实现全产业链通用标准体系。

【例3-6】 某私人别墅装修，其施工作业管理区划分为A和B两个区，其中A作业区又可分为主宅二层、主宅首层、室内泳池三个流水施工段。施工程序为：主宅二层→主宅首层→室内泳池；B作业区划分为客房二层和山顶别墅、客房首层、连廊三个施工段。施工程序为：客房二层和山顶别墅→客房首层→连廊。其每个施工段的施工顺序如图3-4所示。

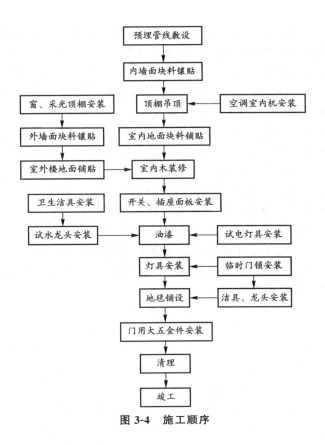

图 3-4 施工顺序

3. 明确施工方法，选择施工机械

在拟订单位工程施工方案时，明确主要施工过程采用哪种施工方式和方法进行施工，是具体指导施工工作，做好备工、备料、备机的一项基本任务。

(1)选择施工方法应考虑的问题。

①目的性。建筑装饰装修的基本要求是满足一定的使用、保护和装饰功能。根据建筑类型和部位的不同、装饰设计的目的不同，施工目的也不同。例如，内、外墙体的饰面，除美化环境外，还有保护墙体的作用；剧院的观众大厅除满足美观舒适外，还有吸声、不发生声音交叉、无回声的要求；洁净车间的室内装饰，不但要求美观，而且要求装饰细部不出现妨碍清洁的死角，要求墙面和地面不产生粉尘。建筑装饰装修工程中的特殊使用要求还有不少，在施工前充分了解装饰装修的用途和目的，是确定施工方法的前提(选定材料和做法)。

②地点性。装饰装修施工的地点性包括两个方面：一是建筑物所处地区在城市中的位置；二是装饰装修施工的具体部位。

地区的气象条件对建筑装饰装修工程的施工影响很大，如温度变化影响饰面材料的选用、做法和设备；风力大小影响室外粘贴、悬挂饰件；地理位置所造成太阳高度角影响遮阳构件的布置和墙面色彩的选用等。

建筑物所处地区的位置对装饰装修施工的影响在于交通运输条件、市容整洁、大型临时设施的布局等方面。

装饰装修部位的不同也与施工有直接的联系。根据人的视平线、视角、视距的不同，装饰部位的精细程度可以不同。在近距离上看得到的部位要做得精细些，选用材料也应质感细腻,如室外入口处的装饰。而视距较大的装饰部位宜做得粗犷、有力,如室外高处的花饰要加大尺度,线脚凹凸变化要明显,以加强阴影效果。

③质量等级。在装饰装修施工中,质量等级由两个方面限定,即装饰材料的质量等级和装饰做法的质量等级。在施工中选材和做法上要突出重点,一些次要部位即使装饰等级差一些也不会影响整体效果。

④耐久性。选择材料和装饰方法要考虑到耐久性,但不能要求建筑的装饰与主体结构的寿命一样长。因为建筑装饰要保持比较长的时间是相当困难的,在经济上也不一定合理,而且装饰装修风格的要求也随特定的时间而更新。耐久是指一定程度而言,一般要求能维持3~5年。使用性质重要、位置重要的建筑或高层建筑,其饰面的耐久性应相对长些,对量大面广的建筑则不能要求过严。室内外装饰材料与其使用部位有很大关系,易受大气侵蚀、易污染、易磨损的部位,必须在施工中加强注意。

⑤可行性。装饰装修施工要在装饰设计合理的前提下进行,并要十分注意施工进度要求、装饰质量要求、造价限制及正确估计施工队伍的能力。可行性原则包括材料供应情况、施工机具、施工季节、经济性等内容。

(2)装饰装修施工方法选择的主要内容。选择施工方法时,应着重考虑影响整个单位工程的分部分项工程的施工方法,主要是选择在单位工程中占重要地位的分部(项)工程,施工技术复杂,采用新技术、新工艺,对工程质量起关键作用的部分。对于按照常规做法和工人熟悉的分项工程,在施工组织设计中只需要提出应注意的特殊问题,不必详细编写施工方法。这里重点强调室内外水平运输、垂直运输。

在进行装饰装修施工时,一般来说室外水平运输已不存在问题,在编写施工组织设计时可不予考虑;但在大、中城市的装饰改造工程中,如由于改造项目在繁华街道处或受环卫方面的限制,应考虑运输时间及运输方式;室内水平运输目前在装饰改造项目和新建工程装饰装修施工中一般采用手推车或人工运输。

垂直运输应根据现场实际情况、条件和业主(或总包)要求来确定。新建工程可利用总包所设置的室外电梯或传统的井架解决垂直运输问题,也可利用已有的室内货梯运送材料;改造工程可利用原有电梯或搭设井字架;还有的因各种原因只能采取人工搬运。总之,室内外运输、垂直运输对施工进度、费用,甚至施工质量都有较大影响,在编制施工组织设计时应认真考虑。

【例3-7】 某宾馆装修时编写的施工方案。

1. 吊顶工程

(1)石膏板吊顶。石膏板吊顶可分为两个阶段施工。第一阶段为龙骨安装,将主、次龙骨安装就位后,机电、通风等专业安装管线。各专业安装完毕并通过隐蔽验收后,开始第二阶段即封板阶段的施工。封板阶段需要总包协调各专业密切合作,各个水系统管道的打压试水工作必须在封板之前完成,其他专业的预留、开洞工作应与封板同时进行,以避免封板以后造成返工或人员上顶施工。

龙骨吊筋使用 $\phi 8$ mm 冷拉低碳钢筋,端部套丝长度不小于 150 mm。吊筋与原结构顶的连接使用 $\phi 8$ mm 膨胀螺栓。大面积吊顶要按规范要求起拱。

(2)矿棉板、铝扣板、塑铝板吊顶。轻型吊顶基本上应一次到位,在吊顶开始之前应预先将吊筋甩下,保证吊筋位置正确并不产生斜拉。大面积吊顶如首层营业厅要考虑向下支撑,撑杆使用 40 mm×4 mm 角钢,双向间距不大于 3 m,在具备封板条件后一次完成封板,封板后吊顶上严禁上人。

(3)木饰面吊顶。木饰面吊顶的施工分三个阶段,即吊顶龙骨的安装、木基层封板、木饰面面板及油漆。前两个阶段的施工与石膏板吊顶基本相同，但对木基层胶合板需作防火处理。木基层封板完成后，需再次严格确认吊顶上各专业的工作是否全部完成。木饰面使用 3.6 mm 厚指定饰面板(胡桃木、花梨木等)，用胶粘剂固定在木基层上。胶干后要马上刷一道底油。

(4) 方钢网格吊顶。37 层舞厅使用 40 mm 方钢网格吊顶。方钢网格烤漆需作预制加工。网格吊顶需考虑灯光设备的承重要求，吊筋直径不小于 Φ8 mm，吊件使用 30 mm×3 mm 扁钢弯成 U 形，用螺栓与吊筋连接。

2. 木作工程

木作工程包括各种饰面材料的木基层和木饰面。

(1) 木基层。除指定进口的胶合板和细木工板外，木基层使用的 20 mm×30 mm 木方或 30 mm×40 mm 木方使用红白松木，批量进板，现场开料。

(2) 木饰面。本工程使用的木饰面材料有红白榉木、红白影木、花梨木、花樟木、胡桃木、樱桃木、枫木、雀眼板等 10 余种。木饰面厚度应不小于 3.6 mm。为此要求严格控制木基层施工质量，并为木饰面的安装预留充足的作业时间。顶棚木网格和木百叶因工作量较小，也在现场加工。

(3) 实木线。榉木雕花门套、雕花栏杆扶手和舞台收口线等为设计师指定产品，必须定制。另外，尽量在市场采购实木阴角线、各种收口线。如采购有困难，可以经由本公司木材加工基地加工，批量运往工地，但现场仍需备用木线加工机械。

(4) 木门。除客房部分的木门外，其他部分的木门使用细木工板和胶合板在现场压制。客房部分的木门将委托加工厂加工。

3. 大理石工程

本工程使用的大理石量大、材料种类繁多，包括国产石材在内有 20 余种，使用部位包括地面、墙面、柱面、踢脚、吊顶角线、门套、各种台面等，需优先解决材料订货加工问题。大理石的安装方法有湿作法、干挂法和胶黏法。

(1) 石材厚度问题。现有图纸很多地方没有标注石材厚度，为此需要说明的是，除图纸明确注明石材厚度的要按图施工外，未注明厚度的，干挂石材为 30 mm，湿作法石材当最大尺寸小于 800 mm 时，厚度为 20 mm；当湿作法石材最大尺寸大于 800 mm 时，厚度为 30 mm。

(2) 异形石材、角线、曲线拼花石材全部委托加工厂加工。37 层多功能厅、首层培训中心大堂等部位地面的大型拼花石材，要向加工厂提交预拼方案，将大型拼花预先粘接成几块，保证拼缝的严密平整。在运输过程中要采取严格的防护措施。矩形石材的加工视承接工作量的多少确定加工方法。现场安装一台大理石切割机，在切割机工作能力满足现场使用时，矩形石材在现场切割加工。

(3) 由于胶黏法施工的石材其基层常为木基层，故石材胶黏法施工不可大面积使用，石材最大尺寸不应大于 300 mm×300 mm。四层休息吧的墙面为青石饰面，其基层为五合板是不妥的，需作洽商变更。

(4) 干挂石材的焊接框架需作防腐处理。四季厅柱干挂石材使用 40 mm×40 mm 镀锌角钢，建议改为刷防锈漆，铜丝干挂建议改为不锈钢角码。

此即一个工程的施工方案。从这个例子可以看出不同的工程，由于现场条件的不同，施工安排的不同，则施工方案也不尽相同。关键是方案必须有针对性。

小结：施工部署和施工方案是施工组织设计文件中篇幅最大的一部分，也是后面内容编制的基础。编制这一部分需要有丰富的理论和实践经验；同时，对这一项目的图纸、施工现场情况、施工单位资源很熟悉才能编制，是一个人综合能力的体现。

> 课堂实训

实训目的：掌握施工方案的编制。

实训要求：在已编制工程概况的条件下，根据所给内容，编制装饰装修施工方案。

实训题目：

1. 我们公司只负责教学楼第三层的装修改造任务。该层有 5 间教室，每间的面积为 60 m²；3 间办公室，每间的面积为 30 m²，男女各一间公共卫生间。具体装修内容为：教室改造为现浇水磨石地面，墙面刷乳胶漆，天棚为 T 形龙骨矿棉板吊顶。办公室改造为铺 600 mm×600 mm 砖地面，墙面贴壁纸，吊顶为轻钢龙骨纸面石膏板吊顶。按照所给条件，编写施工方案。编写时要注意本校教学楼的位置和周围建筑的关系，做到合理、可行。

2. 某装饰公司承接了项目案例中某学校虚拟仿真实训中心的装饰装修任务，作为项目经理，请你带领项目部成员编制该工程的施工方案，要求结合工程实际特点、内容完整，做到合理、可行。

学生也可自行选择某学校虚拟仿真实训中心中的局部空间编写施工方案，做到内容完整，方案切实可行。

3.4 编写施工进度计划和资源需用量计划

3.4.1 施工进度计划

施工总进度计划要根据房屋的建筑面积、工期定额和装修复杂程度编制。具体到某一单位工程，施工进度计划编制步骤如下：

(1) 按施工图纸内容，逐项计算各施工段的工程量；

(2) 套用定额，计算劳动量(工日)；

课件：资源需用量计划、施工准备工作计划

(3) 确定施工人数；

(4) 确定施工天数，其计算公式为

$$施工天数 = 劳动量/施工人数$$

(5) 根据天数、绘制横道图或网络图施工进度计划；

(6) 在施工进度计划的下方绘制出劳动力曲线，并对劳动力曲线进行调整。

工程量计算是施工组织设计中花费时间和精力最多的一项工作，不同的项目有不同的计算方法。工程量计算出后，即可知道劳动量。劳动量的单位是工日，那么，如何安排各施工过程的施工人数和计算施工段的施工天数呢？

施工人数应按照不同工种对工作面大小要求的不同确定，最小劳动力组合确定的方法有经验估计法和工作面计算法两种。

(1) 经验估计法：根据设计人员的施工经验，只要能满足最小劳动力组合和能够不受干扰地开展工作即可，人数不是绝对的，尤其当甲方限定工期时，更是只能采用倒推法，即先定工期后定人数。

(2) 工作面计算法：在已往若干工程资料数据的基础上，经统计分析得出生产工人在施工某一施工过程时，按每个人所应平均占有的生产空间或所能平均承担的生产数量，例如，内墙抹灰：18.5 m²/人，水泥砂浆屋面：16 m²/人，玻璃油漆：20 m²/人。

施工人数确定后，即可计算求出施工天数。施工天数确定后，即可以编制施工进度计划，具体如何编制，编制时有何要求，在后面讲述。

【例 3-8】 一个小型幕墙工程施工进度计划示例(图 3-5)。

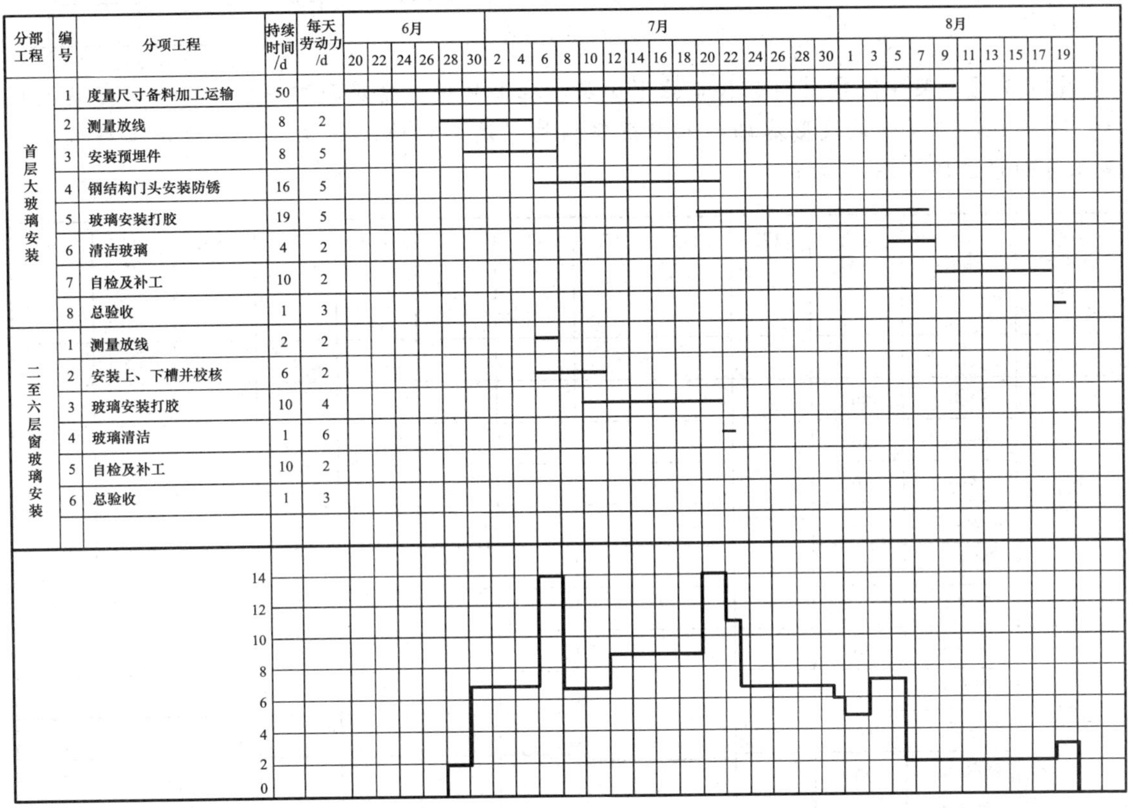

分部工程
编号
分项工程
持续时间/d
每天劳动力/d
6月
7月
8月
20 22 24 26 28 30 2 4 6 8 10 12 14 16 18 20 22 24 26 28 30 1 3 5 7 9 11 13 15 17 19
首层大玻璃安装
1 度量尺寸备料加工运输 50
2 测量放线 8 2
3 安装预埋件 8 5
4 钢结构门头安装防锈 16 5
5 玻璃安装打胶 19 5
6 清洁玻璃 4 2
7 自检及补工 10 2
8 总验收 1 3
二至六层窗玻璃安装
1 测量放线 2 2
2 安装上、下槽并校核 6 2
3 玻璃安装打胶 10 4
4 玻璃清洁 1 6
5 自检及补工 10 2
6 总验收 1 3
14
12
10
8
6
4
2
0

图 3-5　施工进度计划表

3.4.2　资源需用量计划

资源需用量计划是指在施工期所需要的人、材料、机械等施工数量的准备计划。其包括劳动力需用量计划、施工机具设备需用量计划、加工构配件需用量计划和主要材料需用量计划等。每项计划必须明确数量及供应时间。材料、设备需用量计划作为备料，确定供应数量、供应时间及确定仓库、堆场和组织运输的依据，可以根据工程预算、预算定额和施工进度计划来编制；劳动力需用量计划作为劳动力平衡、调配和衡量劳动力耗用指标的依据；构件和加工成品、半成品需用量计划用于组织落实加工单位和货源进场，可以根据施工图及施工计划编制。装饰装修工程所用的物资品种多、花色繁杂，许多物资不是从市场可以直接采购到的，要由工厂按订货计划进行生产，这些工厂散布在全国各地，有的要向国外订货，因此，必须强调供货的质量及供应到货的时间。

1. 劳动力需用量计划的编制

劳动力人数和时间的安排，以施工进度计划表为计算依据；工种类别和数量以劳动量原始计算表为计算依据(表 3-1)。

表 3-1 劳动力需用量计划

序号	项目名称	工作量	用工量/工日	安排人数	月份											
					1	2	3	4	5	6	7	8	9	10	11	12

【例 3-9】 某学院学员宿舍楼，地下 1 层，地上 9 层，建筑面积共 6 000 m²，建筑高度为 31.95 m，为梁板式筏形基础，采用框架结构。该工程施工管理人员针对该工程编制的施工计划横道图如图 3-6 所示。

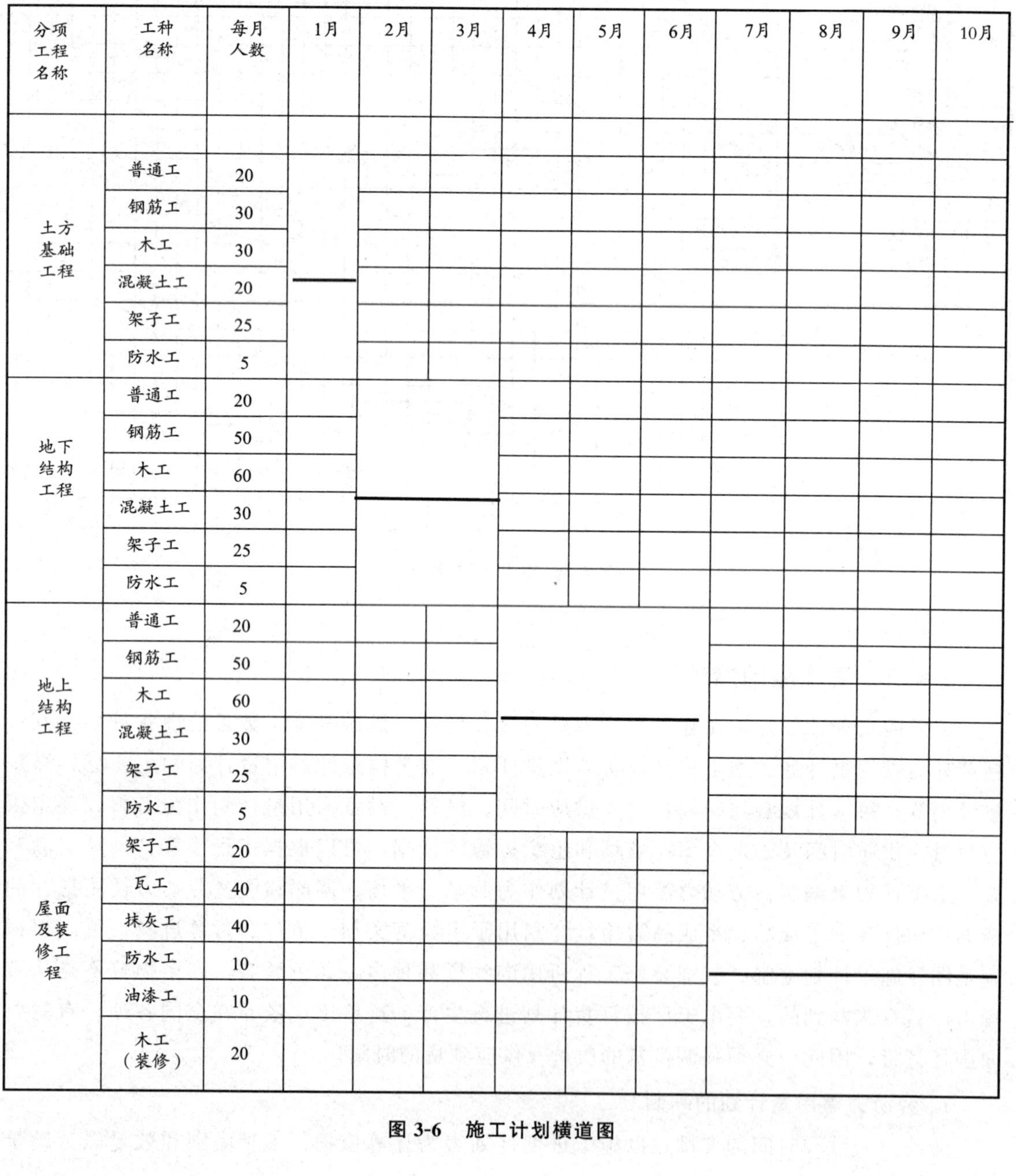

分项工程名称	工种名称	每月人数	1月	2月	3月	4月	5月	6月	7月	8月	9月	10月
土方基础工程	普通工	20										
	钢筋工	30										
	木工	30										
	混凝土工	20	▬									
	架子工	25										
	防水工	5										
地下结构工程	普通工	20										
	钢筋工	50										
	木工	60		▬▬								
	混凝土工	30										
	架子工	25										
	防水工	5										
地上结构工程	普通工	20										
	钢筋工	50										
	木工	60				▬▬▬▬▬						
	混凝土工	30										
	架子工	25										
	防水工	5										
屋面及装修工程	架子工	20										
	瓦工	40										
	抹灰工	40								▬▬▬▬			
	防水工	10										
	油漆工	10										
	木工（装修）	20										

图 3-6 施工计划横道图

根据图中的内容计划每月的劳动力需用量,将统计结果填入表 3-2 中相应的位置。

答: 统计结果见表 3-2。

表 3-2 劳动力需用量

序号	工种名称	需用工总数	1月	2月	3月	4月	5月	6月	7月	8月	9月	10月
1	普通工	120	20	20	20	20	20	20				
2	钢筋工	280	30	50	50	50	50	50				
3	木工	330	30	60	60	60	60	60				
4	混凝土工	170	20	30	30	30	30	30				
5	架子工	230	25	25	25	25	25	25	20	20	20	20
6	防水工	70	5	5	5	5	5	5	10	10	10	10
7	瓦工	160							40	40	40	40
8	抹灰工	160							40	40	40	40
9	油漆工	80							20	20	20	20
10	木工(装修)	80							20	20	20	20
	合计	1 680	130	190	190	190	190	190	150	150	150	150

2. 施工机具设备需用量计划的编制

施工机具设备需用量计划是指为完成施工计划所安排的施工任务,而需要的主要施工机械和设备的供应计划,作为落实施工机具设备并能按时组织进场的依据(表 3-3)。

表 3-3 主要施工机具需用量计划

序号	机具名称	机具型号	需用量		供应来源	使用起止时间	备注
			单位	数量			

表 3-3 中机具的名称、型号和需用量,应以施工方案所拟订内容为依据;使用时间应以施工进度计划表相应施工过程所投入的时间为依据。

3. 预制构件和加工件需用量计划的编制

预制构件和加工件需用量计划是指按照设计要求,需要预制和现场制作的构配件的需用量计划。其作用是落实加工任务和按时组织进场(表 3-4)。

中国建筑文化:中国传统建筑所用到的木作工具

表 3-4 预制构件和加工需用量计划

序号	品名	规格	图号	需用量		使用部位	加工单位	拟进场期	备注
				单位	数量				

4. 主要材料需用量计划的编制

主要材料需用量计划是指在施工期间,所需使用的各种主要材料的需用量计划。其主要作用是为材料部门的备料订货和组织货源提供计划依据。主要材料的品种依据设计图纸而定;主要材料的数量通过计算确定(表 3-5)。

表 3-5 主要材料需用量计划

序号	材料名称	规格	需用量		拟进场时间	备注
			单位	数量		

小结:施工进度计划和资源需用量计划是施工时进度控制和资源控制的基础,这一内容对施工安排具有指导性作用,应认真仔细计算,做到不漏算。

课堂实训

实训题目:

1. 根据上一实训任务及已编制施工方案编写教学楼第三层的装修改造进度计划及资源需求量计划。要求施工资源供应均衡,施工顺序、施工段划分合理,施工方法选择恰当,能指导施工。

2. 项目经理编制完成某学校虚拟仿真实训中心项目的施工方案后,带领项目部成员编制该装饰装修工程的施工进度计划及资源需求量计划,要求资源供应均衡,施工顺序、施工段划分合理,施工方法选择恰当,能指导施工。

学生也可在上一任务中对学校虚拟仿真实训中心的局部空间编写施工方案的基础上,编制施工进度计划和资源需求量计划,做到施工顺序合理,计划切实可行。

3.5 编制施工准备工作计划

施工准备是完成单位工程施工任务的重要环节,也是单位工程施工组织设计中的一项重要内容。施工人员必须在工程开工之前,根据施工任务、开工日期和施工进度的需要,结合各地区的规定和要求做好各方面的准备工作。施工准备工作不但在单位工程正式开工前需要,而且在开工后,随着工程施工的进展,在各阶段施工之前仍要为各阶段的施工做好准备。因此,施工准备工作贯穿整个工程施工的始终,其计划包括以下内容。

3.5.1 技术准备

1. 熟悉与会审施工图纸

建筑装饰施工图包括建筑装饰装修及与之有关的建筑、结构、水、电、暖、风、通信、消防、煤气、闭路电视等。建筑装饰施工图包括固定装饰类施工图和活动装饰类施工图。在熟悉图纸时,必须注意各个专业图纸之间有无矛盾(包括平面位置、几何尺寸、标高、材料及构造做法、要求标准等)。要了解工程结构及建筑装饰在强度、刚度和稳定性等方面有无问题;设计是否符合当地施工条件和施工能力,如采用新技术、新工艺、新材料,施工单位有无困难,需用的某些高级建筑装饰材料设备的资源能否解决;哪些部位施工工艺比较复杂,哪些分项工程对工期的影响较大;装饰装修施工与水、电、暖、风等的安装在配合上有哪些困难,对设计有哪些合理化建议等。

在熟悉图纸的基础上组织图纸会审，研究解决有关技术问题，将会审中共同确定的问题形成会议纪要，办理技术洽商。表 3-6 所示是一种图纸会审纪要格式。

表 3-6　图纸会审纪要

工程名称：某康乐城　　　　　　　　　　　　　　　　　　　　　　　　第　页

建设单位	某房地产开发公司	监理单位	某公司建设监理咨询有限责任
设计单位	某工程设计咨询有限责任公司	施工单位	某集团建筑安装有限责任公司
图号	图纸问题		图纸问题交底
装饰-3			同意
装饰-8			改为石膏板
装饰-22			见后补图

建设单位会签栏： （公章） 项目负责人：　　年　月　日	设计单位会签栏： （公章） 项目负责人：　　年　月　日
施工单位会签栏： （公章） 项目负责人：　　年　月　日	监理单位会签栏： （公章） 项目负责人：　　年　月　日

2. 编制和审定施工组织设计

单位工程施工组织设计编制的好坏，直接影响单位工程的施工质量、工期、劳动力及材料的消耗，与企业的经济效益有紧密的关系。单位工程施工组织设计根据工程大小、技术复杂程度，可以分别由企业的公司、工程处及施工队来编制。单位工程施工组织设计一般采用领导、技术人员、班组骨干三结合的办法来编制。要求结合实际情况、单位现有技术、物资条件，因时、因地、因条件编制。单位工程施工组织设计均由上一级单位技术部门负责人负责组织审定工作，由施工单位技术总负责人审批。

建筑装饰装修工程的施工组织设计应由参与施工的总包单位、分包单位按专业不同分工负责，最后由总包单位协调统一编著成文。审定时，需总包单位与分包单位的有关人员共同参加。

3. 编制施工预算

在建筑装饰装修施工中，每项工程都是由几个、几十个单个工作项目组成的，但主要工作项目的名称是比较一致的，如贴壁纸、安装轻钢龙骨、石膏板吊顶、铺地毯等。工作项目名称所包含的内容是有一定限度的，如卫生洁具安装项目可以分为装浴缸、装洗面器、装大便器、装五金配件等。项目名称所包含的内容不仅关系到材料、设备的数量，也关系到每个工种的用工数量。在编制施工预算时，工程量必须精确，材料、设备必须用统一的单位名称，即工程量单位与劳动效率的单位要一致。

编制施工预算仅使用国家或地方的现有劳动定额、材料定额是不够的，还必须结合施工方案、施工方法、气候条件、场地环境、交通运输等的具体情况。在建筑装饰装修工程，尤其是高级建筑装饰装修工程中，有些项目还没有国家或地方定额，要依靠企业本身积累的资料制定参考定额。

4. 各种加工品、成品、半成品技术资料的准备

这些技术资料包括材料、设备、制品等的规格、性能、加工图纸、说明等。对于受国家控制供应的材料有时还须先行申报。

5. 新技术、新工艺、新材料的试制试验

在建筑装饰装修工程中，对新技术、新材料、新工艺往往要通过培训学习及做样板间来总结经验。对于有些建筑装饰材料，需要通过试验来了解其材质性能，以满足设计和施工需要。

3.5.2 施工现场准备

施工现场准备包括测量放线（轴线、标高）、障碍物拆除、场地清理、道路及交通运输、临时用水、电、暖等管线敷设，生产、生活用临时设施的安装，水平及垂直运输设备的安装等。

3.5.3 劳动力、材料、机具和加工半成品准备

（1）调整劳动组织，进行计划及技术交底。
（2）组织施工机具、材料、构件、成品及半成品的进场（时间及场地）。

3.5.4 与分包协作单位配合工作的联系和落实

【例 3-10】 某康乐城装修时的施工准备工作。

1. 技术准备

（1）认真领会施工组织设计的各项内容和要求，组织本工程项目班子成员及施工作业人员进场，熟悉审查全部图纸，与相关专业进行技术协调，做好图纸会审工作。

（2）会同业主与监理对土建安装工程进行交接验收，以保证施工现场具备装饰装修施工作业条件。

（3）根据施工图纸及时计算各项工程量，编制施工方案和整体工程施工组织设计、项目质量计划，经业主及监理批准后，在施工中严格实施。

（4）编制切实可行的质量计划和技术措施，根据工程各阶段的特点，制订预控措施，确保受控。

（5）接到施工图纸后，技术及预算人员及时编制材料采购计划（总计划及分计划），为材料进场提供依据。

（6）各工长在每一分项工程交底前要对其认真理解。

（7）根据图纸和设计要求，确保工程质量，做到合理用材，并遵照当地劳动安全生产规定，编写技术交底、安全生产书面材料。工长的技术交底须报工程负责人批准方可实施。

2. 施工现场准备

（1）图纸会审、图纸交底。开工前，公司设计部、工程部共同对图纸进行认真会审，研究方案、工艺和材料，一经确认，即组织施工人员与设计人员进行图纸交底。

（2）根据施工现场及临时设施要求，布置临时水、电、通信、排泄等设施。

（3）施工用电、水由建设单位提供。按表计量，按用量交费。

（4）消防设施布置。在工地及易燃易爆物附近设置消火栓、灭火器。

3. 劳动力组织安排

劳动力共计150名，其中木工70人、电焊工3人、油工30人、架子工6人、电工10人、机械工2人、美工6人、测量放线2人、模型6人、后勤3人、壮工6人、安全保卫6人。

4. 材料准备

（1）根据分阶段材料计划及工序穿插、施工进度安排，作出材料进场的具体时间、数量计划。

（2）提供各种材料的样品，进行复验合格后，组织大批量材料进场，提前安排，及时组织供应。

（3）开工前根据所需品种、规格、数量，认真编制外加工订货单。外加工产品如石材、抗静电地板、铝塑板制品、异性阳光板、玻璃等要根据施工进度表的具体时间提前排出。对于数量、批量较大的材料，要由设计人员和施工人员共同确认并签字，方可订货加工。

5. 机械准备

主要施工机械设备见表3-7。

表3-7 主要施工机械设备

大台锯	3台	电锤	15台	手电钻	35台	配电箱(小)	18个
多用锯床	6台	空压机(大)	3台	角磨机	6台	12 V变压器	6台
手提式电锯	8台	气泵	6台	云石机	6台	接线盒	4 000 m
曲线锯	3台	50气钉枪	20台	刻花机	3台	电缆线	35台
压刨	6台	30气钉枪	40台	手提式砂轮机	6台	盲钉枪	3台
电动切割锯	6台	电动磨光机	6台	修边机	3台	石材切割机	3台
电焊机	6台	圆孔锯	6台	配电箱(大)	3个	喷枪	3台

小结：施工准备的充分与否，直接关系到施工过程能否顺利实施，对成本控制与进度控制也有很大的影响，所以，事前应详细收集资料，做到心中有数。

课堂实训

实训目的：掌握施工准备的内容及编制方法。

实训要求：不同工程施工准备内容不同，不能乱抄乱套。

实训题目：

1. 按照前期给定的装修改造内容及教学楼的实际情况，写出现场准备内容。
2. 编制某学校虚拟仿真实训中心装饰装修工程的施工准备计划，要求内容完整，符合工程特点。

学生也可编制上一任务中所选学校虚拟仿真实训中心局部空间装饰装修工程的施工准备计划。

3.6 绘制建筑装饰施工平面图

施工平面图表明单位工程施工所需机械、加工场地，材料、成品、半成品堆场，临时道路，临时供水、供电、供热管网和其他临时设施的合理布置场地位置。绘制施工平面图一般用 1∶200～1∶500 的比例。

对于工程量大、工期较长或场地狭小的工程，往往按基础、结构、装修分不同施工阶段绘制施工平面图。建筑装饰装修施工要根据施工的具体情况灵活绘制施工平面图，可以单独绘制，也可以与结构施工阶段的施工平面图结合一起绘制，利用结构施工阶段的已有设施。

3.6.1　建筑装饰施工平面图的内容

建筑装饰装修施工阶段一般属于工程施工的最后阶段。有些在装饰装修施工阶段需要考虑的内容已经在基础、结构施工两个阶段中予以考虑。因此，建筑装饰施工平面图中的内容要结合实际情况来决定。一般建筑装饰施工平面图的内容如下：

课件：平面布置图及
保障措施

(1)地上、地下的一切建筑物、构筑物和管线位置；
(2)测量放线标桩、杂土及垃圾堆放场地；
(3)垂直运输设备的平面位置，脚手架、防护棚位置；
(4)材料、加工成品、半成品、施工机具设备的堆放场地；
(5)生产、生活用临时设施(包括搅拌站、木工棚、仓库、办公室、供水、供电、供暖线路和现场道路等)并附一览表。一览表中应分别列出名称、规格、数量及面积大小；
(6)安全、防火设施。

3.6.2　建筑装饰施工平面图的绘制要求

建筑装饰施工平面图的内容可以根据建筑总平面图，现场地形地貌，现有水源、电源、热源，道路，四周可以利用的房屋和空地，施工组织总设计及各临时设施的计算资料来绘制。其绘制的具体要求如下：

(1)垂直运输设备(如外用电梯、井架)的位置、高度，须结合建筑物的平面形状、高度和材料、设备的质量、尺寸大小，考虑机械的负荷能力和服务范围，做到便于运输，便于组织分层分段流水施工。

(2)木工棚、水电管道及金属的加工棚宜布置在建筑物四周的较远处，并有相应的木材、钢材、水电材料及其成品的堆场。单纯建筑装饰装修工程，最好利用已建的工程结构作为仓库及堆放场地。

(3)混凝土、砂浆搅拌站应靠近使用地点，附近要有相应的砂石堆场和水泥库；砂石堆场和水泥库必须考虑运输车辆的道路。

(4)仓库、堆场的布置，要考虑材料、设备使用的先后，能满足供应多种材料堆放的要求。易燃易爆物品及怕潮怕冻物品的仓库须遵守防火、防爆安全距离及防潮、防冻的要求。仓库、堆场面积大小可按材料储备量计算。其计算公式为

$$仓库、堆场的面积 = \frac{材料不均衡系数 \times 材料储备期 \times 材料总需用量或总加工量}{施工总天数或加工期限 \times 材料储备定额 \times 面积利用系数}$$

①材料不均衡系数：指材料在储存或加工时因数量变化而受影响的系数，一般取 1.05～1.1。
②材料储备期：指存放该材料所考虑的存放期限。
③材料总需用量或总加工量：指按计划施工期，所需要该种材料的总数量，可以用概算指标或概算定额计算出。
④施工总天数或加工期限：指在施工期内，使用或加工该材料的总天数，可以在总

施工进度计划内逐项逐段查出而累计。

⑤材料储备定额：指规定该种材料在单位面积上所储存的数量。

⑥面积利用系数：指因各种原因而影响计划面积不可能全被使用的系数。一般砂（石）堆场、水泥库的面积按下式计算。

$$砂（石）堆场的面积＝46.4×砂（石）总用量/使用砂（石）项目的施工天数$$
$$水泥库的面积＝45×水泥总用量/使用水泥项目的施工天数$$

(5)沥青熬制地点必须离开易燃品仓库并布置在下风向。

(6)临时供水、供电线路一般由已有的水电源接到使用地点，力求线路最短。消防用水一般利用城市或建设单位的永久性消防设施，如水压不够，可以设置加压泵、高位水箱或蓄水池；建筑装饰材料中易燃品较多，除按规定设置消火栓外，在室内应根据防火需要设置灭火器。油漆间、木工房、木制品仓库等应按每 25 m² 配备一只种类合适的灭火器，并成组设置。

①工地临时供水需确定 3 项内容，即总用水量、输水管规格、供水线路。

A. 总用水量的计算（Q）。工地总用水量 Q 包括工程用水量 q_1、施工机械用水量 q_2、现场生活用水量 q_3、生活区生活用水量 q_4 和消防用水量 q_5 五个方面。

a. 工程用水量 q_1：

$$q_1 = K_1 \sum \frac{Q_1 N_1 K_2}{T_1 t \times 8 \times 3\,600} \tag{3-1}$$

式中　K_1——不可预见施工用水系数，一般为 1.05～1.15，取其平均值 K_1＝1.1；

K_2——现场施工用水不均衡系数，取 1.5；

Q_1——计划完成工程量；

N_1——施工用水定额；

T_1——年（季）有效作业天数；

t——每天工作班数；

$8\times3\,600$——将一工日（或台班）8 h 折算成秒。

b. 施工机械用水量 q_2：

$$q_2 = K_1 \sum \frac{Q_2 N_2 K_3}{8 \times 3\,600} \tag{3-2}$$

式中　K_3——施工机械用水不均衡系数，取 2.0；

Q_2——同一种机械台数；

N_2——施工机械用水定额。

c. 现场生活用水量 q_3：

$$q_3 = \frac{P_1 N_3 K_4}{t \times 8 \times 3\,600} \tag{3-3}$$

式中　K_4——现场生活用水不均衡系数，一般为 1.3～1.5，可取 1.4；

P_1——现场高峰施工人数；

N_3——用水定额，一般施工现场生活用水为 20～60 L/(人·d)。

d. 生活区生活用水量 q_4：

$$q_4 = \frac{P_2 N_4 K_5}{24 \times 3\,600} \tag{3-4}$$

式中　K_5——生活区生活用水不均衡系数，可取 2.0；

P_2——生活区居住人数；

N_4——用水定额,一般居民区生活用水为 30~40 L/(人·d)。

e. 消防用水量 q_5:可查表 3-8 得。

表 3-8 消防用水量

用水名称		火灾同时发生次数	单位	用水量
居住区消防用水	5 000 人以内	1	L/s	10
	10 000 人以内	2		10~15
	25 000 人以内	2		15~20
现场消防用水	施工现场面积在 25 hm² 以内	2		10~15
	每增加 25 hm²			5

f. 总用水量按以下 3 种情况确定:

当 $q_1+q_2+q_3+q_4 \leqslant q_5$ 时,

$$Q=0.5(q_1+q_2+q_3+q_4)+q_5 \tag{3-5}$$

当 $q_1+q_2+q_3+q_4 > q_5$ 时,

$$Q=q_1+q_2+q_3+q_4 \tag{3-6}$$

当工地面积小于 5 hm²,且 $q_1+q_2+q_3+q_4 < q_5$ 时,

$$Q=q_5 \tag{3-7}$$

B. 确定输水管规格。管径大小与输水量和流速有关。输水量即 Q,流速 v 一般总管是 0.25~1.2 m/s,干管是 0.5~1.5 m/s,支管是 1.0~2.0 m/s,直径为

$$d=\sqrt{\frac{4Q}{1\,000\pi v}} \tag{3-8}$$

【例 3-11】 某教学楼工程,施工现场主要考虑如下用水量:混凝土和砂浆的搅拌用水(用水定额为 250 L/m³)、现场生活用水[用水定额为 60 L/(人·班)]、消防用水。已知施工高峰和用水高峰在第三季度,主要工程量和施工人数如下:日最大混凝土浇筑量为 1 000 m³;昼夜高峰人数为 200 人。干管和支管埋入地下 500 mm 处($K_1=1.05$,$K_2=1.5$,$K_4=1.5$),计算该工程的总用水量。

解:①按日用水量最大的浇筑混凝土工程计算 q_1。已知 $K_1=1.05$,$K_2=1.5$,$N_1=250$ L/m³,T_1、t 均为 1,则工程用水量 $q_1=K_1\sum\frac{Q_1 N_1 K_2}{T_1 t \times 8 \times 3\,600}=1.05\times1.5\times1\,000\times250/(8\times3\,600)=13.67$(L/s)。

②由于施工中不使用其他特殊机械,故不考虑 q_2。

③计算现场生活用水量 q_3。已知 $K_4=1.5$,$P_1=200$,$N_3=60$ L/(人·班),$t=1$,则现场生活用水量为

$$q_3=\frac{P_1 N_3 K_4}{t\times 8\times 3\,600}=200\times60\times1.5/(8\times3\,600)=0.63(\text{L/s})$$

④因现场不设生活区,故不考虑 q_4。

⑤计算消防用水量 q_5。本工程施工现场面积远小于 25 hm²,取 $q_5=10$ L/s。

$q_1+q_2+q_3+q_4=13.67+0.63=14.3(\text{L/s})>q_5=10$ L/s

⑥计算总用水量。

$$Q=1.1(q_1+q_2+q_3+q_4)=15.73(\text{L/s})$$

1.1 是考虑水的损失所乘的系数。

②临时供电管网的确定包括 4 步,即计算工地总用电量、选择配电变压器型号、核算导线的规格型号、确定配电线路的布置。

a. 计算工地总用电量。工地总用电量包括各种电力机械用电和室内外照明用电。

$$P = (1.05 \sim 1.1)\left(K_1 \frac{\sum P_1}{\cos\varphi} + K_2 \sum P_2 + K_3 \sum P_3 + K_4 \sum P_4\right) (kV \cdot A) \quad (3\text{-}9)$$

式中 P_1——电动机额定功率;

P_2——电焊机额定功率;

P_3——室内照明设备容量;

P_4——室外照明设备容量;

$\cos\varphi$——电动机的平均功率因素,一般为 0.65~0.75;

K_1、K_2、K_3、K_4——使用系数,均可查表 3-9 得。

表 3-9 使用系数

用电设备名称	数量/台	使用系数	
		K	数值
电动机	3~10	K_1	0.7
	11~30		0.6
	>30		0.5
加工厂动力设备			0.5
电焊机	3~10	K_2	0.6
	>10		0.5
室内照明设备		K_3	0.8
室外照明设备		K_4	1.0

【例 3-12】 某建筑装饰装修工程所需电气设备计划见表 3-10,计算工地总用电量。

表 3-10 所需电气设备计划

设备名称	单位	数量	功率/kW
400 mL 搅拌机	台	2	15
电锯	台	1	7.5
压刨	台	1	7.5
平刨	台	1	2.8
振捣棒 ϕ50 mm	台	2	3
蛙夯	台	1	1.1
平板振捣器	台	1	1.1
1.5 t 卷扬机	台	1	7.5
电焊机	台	1	20
气泵	台	2	3
手持工具			5
室内照明			2
室外照明			5
合计			63.84

解： $P = (1.05 \sim 1.1)(K_1 \dfrac{\sum P_1}{\cos 4} + K_2 \sum P_2 + K_3 \sum P_3 + K_4 \sum P_4)$

$= 1.05 \times (0.6 \times 53.54 \div 0.75 + 0.6 \times 20 + 2 + 0.8 \times 5)$

$= 63.87 (\text{kW})$

  b. 选择配电变压器型号。配电变压器型号应根据电容量和高低电压的大小，参照配电变压器性能选择。其中，电容量是指工地总用电量，高压电压是指供应电源的电压，一般都在 6 kV 以上；低压电压是指工地用电设备电压，一般为 380 V 或 220 V。

  c. 核算导线的规格型号。导线的规格型号应满足的条件：当导线通电后应保证其电流值不超过容许发热程度的容许电流，导线截面面积越大，容许电流也越大，但电压损失也随之增加。因此，选择导线的截面应保证其电压降在允许范围内；导线的粗细应满足机械强度所要求的最小截面值。

  d. 确定配电线路的布置。配电线路可架空，也可埋设。架空线路应架设在道路的一侧，尽量选择平坦的地面，以保持线路水平，以免电杆受力不均。在 380 V/220 V 低压线路中，电杆的间距按 25～40 m 布置，并要求与建筑物的水平距离大于 1.5 m，尽量使整个线路长度最短。埋设线路时，埋深应不小于 0.7 m，禁止明拉。

  (7) 行政办公、生活临时设施的布置安排。行政办公临时设施是指工地办公室、传达室、汽车库等临时房屋；生活临时设施是指工地职工宿舍、食堂、厕所、开水房等临时房屋。

  ① 临时设施面积按下式计算：

$$\text{临时设施面积} = \text{使用人数} \times \text{面积指标}$$

使用人数包括基本工人、辅助工人、行政技术管理人员及其他人员。

  a. 基本工人：指直接参加施工的工人和施工过程中的装卸运输人员。

$$\text{基本工人平均人数} = \text{施工总工日数} \times (1 - \text{缺勤率}) \div \text{施工有效天数}$$

$$\text{基本工人高峰人数} = \text{基本工人平均人数} \times \text{施工不均衡系数} (1.1 \sim 1.3)$$

上式中，缺勤率为 5%，施工有效天数是指从开工到竣工期间除去节假日的计划施工天数。

  b. 辅助工人：指不直接参加施工的工人，如施工机械的维护工人、仓库管理和搬运工人、动力设施的管理工人和冬季或特殊情况施工的附加工人等。

$$\text{辅助工人平均人数} = \text{基本工人平均人数} \times \text{辅助工人系数} (10\% \sim 20\%)$$

$$\text{辅助工人高峰人数} = \text{基本工人高峰人数} \times \text{辅助工人系数} (10\% \sim 20\%)$$

  c. 行政技术管理人员：

行政技术管理人员人数 = (基本工人平均人数 + 辅助工人平均人数) × 管理人员系数 (15%～18%)

  d. 其他人员：指为建筑工地上居民生活服务的人员，按下式计算：

其他人员人数 = (基本工人平均人数 + 辅助工人平均人数) × 其他人员系数 (2.6%～7%)

  行政办公、生活、福利临时设施面积指标可参考表 3-11 选用。

表 3-11　行政办公、生活、福利临时设施面积指标参考

临时房屋名称	使用人数项目	面积指标/(m²·人⁻¹)
办公室	按管理人员人数	3～4
单层通铺	按工地高峰人数	2.5～3.0
食堂	按工地高峰人数	0.5～0.8
浴室	按工地平均人数	0.07～0.1

续表

临时房屋名称	使用人数项目	面积指标/(m²·人⁻¹)
小卖部	同上	0.03
开水房	—	共 10~40 m²
厕所	按工地平均人数	0.02~0.07

②临时设施的位置布置。行政办公临时设施的位置要兼顾场内指挥和场外联系的需要，所以，一般布置在场区入口处的附近。

生活临时设施的布置，应根据工程工地面积的大小来考虑。当工地面积较小时，生活临时设施一般应布置在场区的下风方向，在不影响上班的情况下，要选择距离施工点稍远的清洁、安静之地。

当工地较大时，一般应布置在场区的中心地带，使其到各施工点的距离都能最短。除此之外，布置时应结合防水、卫生等一起考虑。

【例 3-13】 图 3-7 所示为某工程施工平面图。

说明：（1）水泥按每层用量直接到楼层分段进场（利用高车架）。

(2)纸面石膏板、木材(板)按层分段直接到楼层(利用高车架)。

(3)玻璃镜子利用 3 号楼梯人工向上搬运。

(4)卫生洁具利用原有电梯，分层分段夜间运送到楼层。

(5)施工层的下一层作为间隔层(停止营业)，其余层正常营业。

(6)油漆按施工部位分段进场，放在开水间，由专人发放。

(7)施工顺序：Ⅱ段→Ⅲ段→Ⅰ段，地毯待油漆壁纸等施工完成后铺设。

数字化管理：BIM 技术场地布置

小结： 施工平面图是施工组织设计文件的重要组成部分，也是安全文明施工的一部分。施工平面图合理与否，直接关系到现场施工能否顺利完成，能否做到经济合理，其也是对一个现场管理者指挥调度能力的检验。

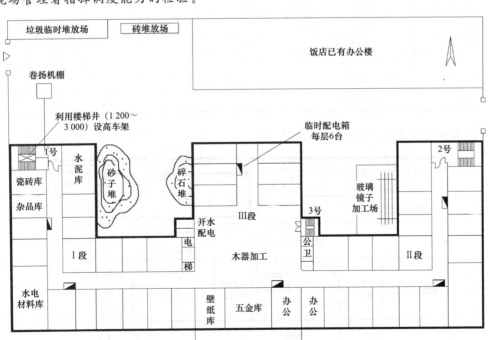

图 3-7 某工程施工平面图

课堂实训

实训目的：熟悉装修中用电量的计算；掌握施工平面图的绘制。

实训要求：装修中用电机具比较多，计算时注意不要漏项。施工平面图的绘制也是如此，尤其注意消防要求。

实训题目：

1. 按照前期给定的装修改造内容及教学楼的实际情况，绘制施工平面布置图，要求内容完整、布置合理。

2. 绘制某学校虚拟仿真实训中心装饰装修工程的施工平面布置图，要求内容完整，布置合理，绘制规范。

学生也可绘制上一任务中所选某学校虚拟仿真实训中心局部空间装饰装修工程的施工平面布置图，要求内容完整，布置合理，绘制规范。

3. 根据表3-12，计算用电量。

表3-12 用电量

序号	机具名称	单位	数量	用电量/kW
1	搅拌机	台	1	44
2	钢筋切断机	台	1	5.5
3	钢筋弯曲机	台	2	5.6
4	电焊机	台	2	40
5	电锯	台	2	7
6	钢筋冷拉设备	套	1	8
7	插入式振捣器	台	8	8.8
8	高压水泵	台	1	10
9	蛙夯机	台	2	3
10	切割机	台	2	1.5
11	电锤	台	4	8
12	其他设备			20
13	室内照明			15
14	室外照明			20

4. 根据布置图3-8，找出布置不合理处。

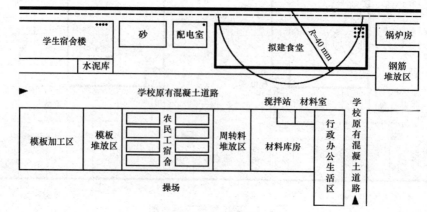

图3-8 布置图

5. 某公司承接了某办公楼的装饰装修工程，施工平面图如图3-9所示。该楼共6层，首层为大堂和会议用房，2层为出租用房，3层为待租用房，4层以上为办公用房。合同装饰范围：办公、首层全部进行装饰；待租用房只进行隔墙、门安装和公共部分的施工；出租用房由租赁单位自行装修。该工程结构初装修、水、电已施工完成，通过竣工验收，并完成了备案。

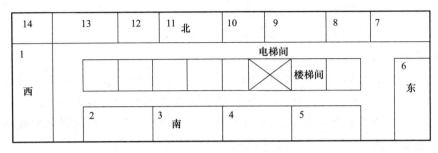

图3-9 施工平面图

问题：（1）如果由你来布置库房和现场临时办公室，你认为应该布置在哪层？说明理由。

（2）该楼房北侧为居民楼，为防止施工噪声扰民，要求北侧窗在施工时一律用纸面石膏板进行临时封闭。临时设施要求布设房间有水专业库房、电专业库房、通风专业库房、各分包库房、装饰材料库房、贵重物品库房2间、办公室3间、会议室1间，你认为办公室、会议室、贵重物品库房应布置在图中什么位置？为什么？

3.7 技术措施及技术经济指标

3.7.1 技术措施

1. 质量保证措施

质量保证措施包括确保放线、定位正确的措施；确保关键部位施工质量的措施；保证质量的组织措施；保证质量的经济措施。

2. 安全保证措施

建筑装饰装修施工安全控制的重点是防火，安全用电及装饰机械、机具的安全使用。在编制时，安全保证措施应做到具有及时性，工程施工前要编制安全技术措施，如有特殊情况来不及编制完整的，也必须编制单项的安全施工要求；同时，编制的内容应具有针对性，要针对不同的施工现场和不同的施工方法，从防护上、技术上和管理上提出相应的安全保证措施；最后，所编制的安全保证措施应具体化，并能指导施工。

建筑装饰装修工程安全保证措施的主要内容如下：

（1）脚手架、吊篮、桥架的强度设计及上、下道路的防护安全技术措施；

（2）安全网的架设要求；

（3）外用电梯的设置及井架、门式架等垂直运输设备拉结要求及防护措施；

(4)"四口""五临边"的防护和立体交叉作业场的隔离防护措施；

(5)凡高于周围避雷设施的施工工程、暂设工程、井架、龙门架等金属构筑物所采取的防雷措施；

(6)易燃易爆、有毒作业及场所采取的防火、防爆、防毒措施；

(7)安全用电，安装使用电器设备及装饰机具、机械使用安全措施及防火要求；

(8)施工部位与周围通行道路、房间隔离、防护措施；

(9)施工人员在施工过程中个人的安全防护措施。

3. 成品保护措施

建筑装饰装修工程所用材料比较贵重，因此，成品保护工作十分重要，在编制技术组织措施时应考虑如何对成品进行保护。建筑装饰装修工程对成品保护一般采取"防护""包裹""覆盖""封闭"等保护措施，以及采取合理安排施工顺序等措施来达到保护成品的目的。

4. 保证进度措施

(1)组织措施。在项目班子中设置施工进度控制专门人员，具体调度、控制安排施工；施工前，进行分析并进行项目分解。例如，按项目进展阶段分、按合同结构分，并建立编码体系；确定进度协调工作制度；对影响进度目标实现的干扰和风险因素进行分析并加以排除。

(2)技术措施。利用现代施工手段、工艺、技术加快施工进度。

(3)合同措施。需外分包的项目提前分段发包、提前施工，并使各合同的合同期与进度计划协调。

(4)经济措施。对参加施工的各协作单位及人员提出进度要求，制定奖罚措施并及时兑现。

5. 消防、保卫措施

(1)消防措施。

①施工现场的消防安全由施工单位负责。施工现场实行逐级防火责任制，施工单位应明确一名施工现场负责人，全面负责施工现场消防安全管理工作，且应根据工程规模配备消防干部和义务消防员，规模较大的装饰装修工程现场应组织义务消防队。

②实行工程总承包的装饰装修工程，总承包单位与分包单位签订分包合同时应规定分包单位的消防安全责任，由总承包单位监督检查。分包单位同样应按规定实行逐级防火责任制，接受总承包单位和业主方的监督检查。

③临建应符合防火要求，不得使用易燃材料。

④施工作业用火必须经保卫部门审查批准，领取用火证。用火证只在指定地点和限定时间内有效，动火时(如电焊、气割、使用无齿锯等)必须有专人看火。

⑤施工材料的存放、保管应符合防火安全要求。油漆、稀释剂等易燃品必须专库储存，尽可能随用随进，由专人保管、发放、回收。

⑥施工现场要配备足够的消防器材，并做到布局合理，经常检查、维护、保养，确保消防器材灵敏有效。

⑦施工现场严禁吸烟。

⑧各类电气设备、线路不准超负荷运行，线路接头要接实、接牢，防止设备线路过热或短路。

⑨现场木料堆放不宜过多，堆垛之间保持一定防火间距。木材加工厂的废料应及时清理，防止自燃。

⑩防水涂料及油漆施工时需要注意通风，严禁明火。

(2)保卫措施。

①实行总承包单位负责的保卫工作责任制，各分包单位应接受总承包单位的统一领导和监督检查。

②施工现场应建立门卫和巡逻制度，护场人员要佩戴执勤标识，重点工程、重要工程要实行凭证出入制度。

③做好分区隔离，明确人员标识，防止无关人员进入。

④做好成品保护工作，严防被盗、破坏及治安灾害事故发生。

6. 环保措施

(1)清理施工垃圾，必须设置封闭式临时专用垃圾道或采用容器吊运(如采用编织袋等)，严禁随意临空抛撒。施工垃圾应集中堆放，及时清运。

(2)拆除旧装饰物时，应随时洒水，以减少扬尘污染。

(3)凡进入现场搅拌作业的，搅拌机前台应设置沉淀池，以防止污水遍地。

(4)现场水磨石施工，必须控制污水流向，在合理位置设置沉淀池，经沉淀后的水方可排入市政污水管线。

(5)施工现场应遵照《建筑施工场界环境噪声排放标准》(GB 12523—2011)制定降噪制度和措施。

(6)饭店、宾馆等场所施工，必须按照店方要求严格控制作业时间，一般不得超过晚上10点，必须昼夜连续作业的，应尽量采取降噪措施。

3.7.2 技术经济指标

技术经济指标是编制单位工程施工组织设计能体现的技术经济效果，应在编制相应的技术措施计划的基础上进行计算。其主要有以下几项指标：

(1)工期指标(与一般类似工程作比较)；

(2)劳动生产率指标(m^2/工日或工日/m^2)；

(3)质量、安全指标；

(4)降低成本率；

(5)主要工种工程机械化施工程度；

(6)主要原材料节约指标。

技术经济指标计算

小结：经济技术措施是施工组织设计最后一项内容，需要根据每一具体工程的实际情况和施工队伍自身状况，有针对性地写一些，不要长篇累牍地抄规范。

课堂实训

实训目的：熟悉现场安全、文明施工措施。

实训要求：不同施工现场，安全隐患不同，但文明施工要求相同。制定措施时应注意这一点。

实训题目：

1. 按照前期给定的装修改造内容及教学楼的实际情况，编制技术保障措施，要求内容完整、保障措施有针对性。

2.编制某学校虚拟仿真实训中心装饰装修工程的保障措施，要求内容完整，符合本工程特点。

学生也可编制上一任务中所选学校虚拟仿真实训中心局部空间装饰装修工程施工的保障措施，要求内容完整，符合本工程特点。

3.2018年9月，某施工单位承担了某办公楼装修工程，其现场消防管理如下：

(1)施工现场入口处边上悬挂有一个严禁烟火的小牌；

(2)项目经理部办公室悬挂有安全员职责牌，写有负责消防管理的条目，无其他消防管理资料；

(3)3 m宽的通道兼作人员、物料和消防进出使用；

(4)施工每个楼层安放了一个灭火器，灭火器上标注有效期到2018年2月；

(5)装修大楼内设有一临时材料存放库，内存放有木材、塑料、金属材料、电器设备、涂料、油漆、保温材料等，并配有3个灭火器，其中，两个标注有效期到2018年2月，一个标注有效期到2019年1月；

(6)施工现场有木工正在用电锯、电刨等工具进行木工作业，作业现场未见灭火器材，操作工人不知道有无灭火器材，也不会使用；

(7)施工过程中未见安全交底资料；

(8)电焊作业中，有一电焊工在焊接作业，但无上岗证，无用火证；

(9)职工宿舍内，可以随便使用各种电热器具，没有灭火器；

(10)施工现场未设吸烟区，工人可以抽烟。

问题：指出现场消防管理工作中存在的问题并纠正。

4.某装饰公司承担了某商场的室内室外装饰装修工程，该工程结构形式为框架结构，地上6层，地下1层，周围为居民区。工程项目包括墙体砌筑抹灰、轻钢龙骨吊顶、地面大理石、门窗、木作油漆、外墙干挂石材幕墙等，施工单位在施工现场管理上做了下列工作：

(1)施工现场设置围墙大门，大门口设置"一图四板"；

(2)施工现场临时设施按施工平面图建造；

(3)在楼梯、休息平台上堆放材料，码放整齐；

(4)在临边作业和洞口作业处用一根红色绳子围护；

(5)现场消防通道处堆放石材，通道宽度为2 m，可供行人通行；

(6)根据甲方要求，加快工程进度，石材加工与安装到晚上12点；

(7)室外卷扬机的操作工因病休假，无法保证装饰材料及时运到施工部位，立即安排1名临时工操作机械运送材料；

(8)现场临时照明用电为220 V，施工人员能随时从未上锁的配电箱中接电。

问题：

(1)施工单位在现场管理方面存在哪些问题？

(2)施工现场大门口设置"一图四板"，"一图四板"是什么意思？

(3)施工现场料具管理有哪些内容？

(4)施工现场卫生管理包括哪些内容？

5. 某工程施工用电见表 3-13，计算总用电量。

表 3-13 某工程施工用电

序号	机具名称	数量	规格/kW	功率/kW
1	电锤	2 台	1.1	2.2
2	气泵	3 台	2.2	6.6
3	电焊机	2 台	35	70
4	砂轮切割机	2 台	2.2	4.4
5	多用刨	2 台	3.5	7
6	手提云石机	2 台	0.75	1.5
7	室内照明			30
8	室外照明			24

模块小结

施工组织设计是为了更好地指导施工而编制的一个文件，对学生来说，需要储备较多的专业知识，如熟悉施工现场、了解施工流程、读懂图纸等，所以，在学习这部分内容时，学生很容易理解，但在真正编制时，却感觉无从下手。老师在讲授这部分内容时，应注重练习及各部分内容之间的关联，以便学生更好地掌握。

习 题

一、某施工单位承担了某住宅楼工程的结构施工和装修施工任务，施工合同规定：工期为 2018 年 3 月 1 日至 2018 年 11 月 1 日，监理单位要求施工单位在一周内提供施工组织设计。过了 5 d，施工单位提交了施工组织设计文件，其部分内容如下：
(1)编制依据：
①招标文件、答疑文件及现场勘察情况；
②工程所用的主要规范、标准、规程、图集。
(2)工程概况；
(3)施工部署；
(4)施工方案及主要技术措施；
(5)质量目标及保证措施；
(6)项目班子组成；
(7)施工机械配备及人员配备；
(8)消防安全措施。
问题：
(1)上面所给施工组织设计编制依据中有哪些不妥？
(2)上面所给施工组织设计内容有无缺项？若有，请补充完整。
(3)施工部署的主要内容有哪些？

二、某检测中心办公楼工程,地下 1 层,地上 4 层,局部 5 层。地下 1 层为库房,层高为 3.0 m;1~5 层层高为 3.6 m;建筑高度为 19.6 m;建筑面积为 6 400 m²。外墙饰面为面砖、涂料、花岗岩板,采用外保温。内墙、顶棚装饰采用耐擦洗涂料饰面,地面贴砖。内墙部分砌体为加气混凝土砌块砌筑。由于工期比较紧,装修分包队伍交叉作业较多,施工单位在装修前拟定了各分项工程的施工顺序,确定了相应的施工方案,绘制了施工平面图。在图中标注了材料存放区,施工区及半成品加工区,厂区内交通道路、安全走廊(设明显标志)、总配电箱放置区、开关箱放置区、现场施工办公室、门卫、围墙,各类建筑机械放置区。

问题:

(1)确定分项工程施工顺序时要注意哪几项原则?
(2)简述建筑装饰装修施工平面图设计原则。
(3)建筑装饰装修施工平面图内容有哪些?
(4)根据本建筑装饰装修工程的特点,该施工平面图是否有缺项?若有,请补充完整。

三、某住宅工程共 8 层,采用框架结构,建筑面积为 5 285 m²。该工程项目周围为已建工程,因施工场地狭小,现场道路按 3 m 考虑并兼作消防车道,路基夯实,上铺 150 mm 厚砂石,并作混凝土面层。施工现场有一个 8 m×6 m 的焊接车间,车间内储存了两瓶氧气和两瓶乙炔,分别放置在同一房角的水泥地面上,车间内两名工人正在进行焊割作业,因天气炎热,两名工人只穿汗衫,他们都已经过培训考核,但尚未领到"特种作业操作证",另外一名辅助工人正在吸烟。

问题:

(1)上述案例中存在哪些不妥之处?
(2)焊割作业前,须办理哪些证件?
(3)焊割作业前须做哪些消防准备工作?

四、某单位拟建设一厂房,图 3-10 是施工管理人员针对本工程编制的设备安装工程的施工计划横道图。

时间 工种	1月	2月	3月	4月	5月	6月	7月	8月	9月	10月	11月	12月
钳工		10	24	30	30	24	36	40	40	40	28	20
管工	14	20	26	32	38	42	42	42	40	34	30	24
电工	12	18	24	28	30	30	30	28	26	20	18	12
冷作工		4	8	12	16	20	20	20	20	16	14	10
起重工		10	20	22	26	30	30	30	26	24	12	4
焊工	4	9	17	22	26	34	34	34	32	30	24	8
筑炉工												
油漆工	2	3	5	5	6	7	8	10	10	10	8	4
其他	2	4	5	6	7	8	10	10	10	8	6	2

图 3-10 施工计划横道图

根据图 3-10，填写劳动力需用量计划(表 3-14)。

表 3-14 劳动力需用量计划

序号	工种	用工总数	1月	2月	3月	4月	5月	6月	7月	8月	9月	10月	11月	12月
1	钳工													
2	管工													
3	电工													
4	冷作工													
5	起重工													
6	焊工													
7	筑炉工													
8	油漆工													
9	其他													
10	合计													

五、某综合办公楼工程，采用框架结构(5 层)，建筑面积为 3 750 m²，会议室、办公室、卫生间为铺防滑地砖地面，其他房间为水泥砂浆地面，楼梯间为铺水磨石地板地面，房间墙面为抹灰面刷乳胶漆。窗为塑钢窗，门为推拉门。在装修阶段，发现已装修好的楼梯踏步个别部位被碰掉角；墙上已经安装好的开关插座表面已经被无数条划痕破了相，而且开关的边沿又被乳胶漆污染，严重影响美观；发现已安装好的推拉门导轨局部有严重变形，估计是手推车轮轧所致。

问题：

(1)成品保护的具体措施有哪些？
(2)如何预防已装修好的楼梯间被损坏？
(3)如何预防墙上已安装好的开关插座表面被乳胶污染？
(4)如何预防房间水泥地面或地面砖完成后被损坏？
(5)如何预防推拉门导轨被损坏？

六、某办公楼工程，建筑面积为 23 998 m²，采用框架-剪力墙结构。施工现场水源、施工用水和生活用水可直接接业主的供水管口。现场布置两个消火栓，间距为 100 m，其中一个距离拟建建筑物为 4 m，另一个距离临时道路为 2.5 m。若供水设计经计算得 q_1 = 8.3 L/s，q_2 = 0.08 L/s，q_3 = 0.58 L/s，q_4 = 1.7 L/s，q_5 = 10 L/s。

问题：

(1)计算该工程总用水量(不计漏水损失)
(2)计算供水管径(假设管网中水流速度 v = 1.5 m/s)。
(3)该工程中消火栓设置是否妥当？

模块 4　建筑装饰装修工程项目进度控制

知识目标

掌握流水施工进度计划技术、网络计划技术原理；掌握施工进度计划的编制方法；掌握项目进度控制措施。

素质目标

能够编制单位装饰装修施工进度计划，并根据工程实际情况进行进度控制，增强学生们的爱国情怀和使命担当，培养创新意识，激发学生文化创新创造活力。

控制建设工程进度，不仅能够确保工程建设项目按照规定的时间交付使用，及时发挥投资效益，而且有益于维持国家良好的经济秩序。

进行项目进度管理，应建立项目进度管理制度，明确进度管理程序，规定进度管理职责及工作要求。

项目进度管理应遵循的程序为：编制进度计划→进度计划交底，落实管理责任→实施进度计划→进行进度控制和变更管理。

4.1　进度计划的类型

建设工程项目进度计划，以每一个建设工程项目的施工为系统，依据企业的施工生产计划的总体安排和履行施工合同的要求，以及施工的条件[设计资料提供的条件、施工现场的条件、施工的组织条件、施工的技术条件、施工的资源(人力、财力、物力)条件]和资源利用的可能性，科学合理地安排施工进度。

4.1.1　建设工程项目进度计划系统

由于项目进度控制不同的需要和不同的用途，参建各方可以编制不同的项目进度计划系统，如不同计划深度的进度计划组成的计划系统、不同计划功能的进度计划组成的计划系统、不同项目参与方的进度计划组成的计划系统、不同计划周期的进度计划组成的计划系统。

(1)不同计划深度的进度计划组成的计划系统包括总进度计划、项目子系统进度计划、项目子系统中的单项工程进度计划。

(2)不同计划功能的进度计划组成的计划系统包括控制性进度计划、指导性进度计划、实施性(操作性)进度计划等。

(3)不同项目参与方的进度计划组成的计划系统包括业主方编制的整个项目的进度计

划、设计进度计划、施工进度计划、供货方进度计划等。

(4)不同计划周期的进度计划组成的计划系统包括5年建设进度计划,年度、季度、月度和旬计划等。

4.1.2 进度计划的编制依据、编制内容和编制步骤

1. 进度计划的编制依据

进度计划的编制依据包括合同文件和相关要求;项目管理规划文件;资源条件、内部与外部约束条件。

2. 进度计划的编制内容和编制步骤

(1)内容:编制说明、进度安排、资源需求计划、进度保证措施。

(2)步骤:确定进度计划目标→进行工作结构分解与工作活动定义→确定工作之间的顺序关系→估算各项工作投入的资源→估算工作的持续时间→编制进度图(表)→编制资源需求计划。

4.1.3 进度计划的编制方法

进度计划的编制方法有多种,如里程碑表、工作量表、横道图、网络图等。

(1)里程碑表:制订项目进度计划时,在进度时间表上设立一些重要的时间检查点,这样,就可以在项目执行过程中利用这些重要的时间检查点来对项目的进程进行检查和控制。这些重要的时间检查点被称作项目的里程碑。

(2)工作量表:根据工作量设置时间点进行检查和控制。

(3)横道图:横道图又称甘特图,是一种二维平面图。纵维表示工作包(工作任务)内容,一般在图的左方自上而下排列;横维表示时间的刻度。所使用的线条和横道(柱形)用来显示每项工作包(工作任务)的开始时间到结束时间,即显示了与时间相关的每一个工作包的进展状况。

工匠精神:砌筑
工匠——胡美俊

(4)网络图:形状如同网络,故称为网络图,是由作业(箭线)、事件(又称节点)和路线3个因素组成的。

4.1.4 组织施工的方式

考虑工程项目的施工特点、工艺流程、平面或空间布置等要求,施工可以采用依次、平行、流水3种组织方式。

为说明3种施工方式及其特点,现设某住宅区拟装修3幢面积、户型完全相同的别墅,其编号分别为Ⅰ、Ⅱ、Ⅲ,各别墅的装修按部位可分为吊顶、墙面及地面3个施工过程,分别由相应的专业工作队按施工工艺要求依次完成,每个专业工作队在每幢建筑物的施工时间均为5周,各专业工作队的人数分别为10人、16人和8人。3幢别墅工程施工的不同组织方式如图4-1所示。

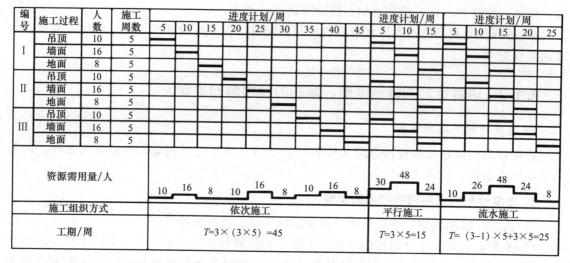

图 4-1 3 幢别墅工程施工的不同组织方式

1. 依次施工

依次施工方式是将拟装饰装修工程项目中的每一个施工对象分解为若干个施工过程，按施工工艺要求依次完成每一个施工过程；当一个施工对象完成后，再按同样的顺序完成下一个施工对象，以此类推，直至完成所有施工对象。这种方式的施工进度安排、总工期及劳动力需求曲线如图 4-1 中的"依次施工"栏所示。依次施工方式具有以下特点：

（1）没有充分地利用工作面进行施工，工期长；

（2）如果按专业成立工作队，则各专业工作队不能连续作业，有时间间歇，劳动力及施工机具等资源无法均衡使用；

（3）如果由一个专业工作队完成全部施工任务，则不能实现专业化施工，不利于提高劳动生产率和工程质量；

（4）单位时间内投入的劳动力、施工机具、材料等资源量较少，有利于资源供应的组织；

（5）施工现场的组织、管理比较简单。

低碳环保：平行施工
——"冰丝带"低碳建造

2. 平行施工

平行施工方式是组织几个相同的专业工作队，在同一时间、不同的空间，按施工工艺要求完成各施工对象。这种方式的施工进度安排、总工期及劳动力需求曲线如图 4-1 中的"平行施工"栏所示。平行施工方式具有以下特点：

（1）充分地利用工作面进行施工，工期短；

（2）如果每一个施工对象均按专业成立工作队，则各专业工作队不能连续作业，劳动力及施工机具等资源无法均衡使用；

（3）如果由一个专业工作队完成全部施工任务，则不能实现专业化施工，不利于提高劳动生产率和工程质量；

（4）单位时间内投入的劳动力、施工机具、材料等资源量成倍增加，不利于资源供应的组织；

工匠精神：培养工匠的博士后——万春荣

(5)施工现场的组织、管理比较复杂。

3. 流水施工

流水施工方式是将拟装饰装修工程项目中的每一个施工对象分解为若干个施工过程，并按照施工过程成立相应的专业工作队，各专业工作队按照施工顺序依次完成各个施工对象的施工过程，同时，保证施工在时间和空间上连续、均衡和有节奏地进行，使相邻两专业工作队能最大限度地搭接作业。这种方式的施工进度安排、总工期及劳动力需求曲线如图4-1中的"流水施工"栏所示。流水施工方式具有以下特点：

①尽可能地利用工作面进行施工，工期比较短；

②各专业工作队实现了专业化施工，有利于提高技术水平和劳动生产率，也有利于提高工程质量；

③专业工作队能够连续施工，同时使相邻专业工作队的开工时间能够最大限度地搭接；

④单位时间内投入的劳动力、施工机具、材料等资源量较为均衡，有利于资源供应的组织；

⑤为施工现场的文明施工和科学管理创造了有利条件。

(1)流水施工的技术经济效果。通过比较上述3种施工方式可以看出，流水施工方式是一种先进、科学的施工方式。其技术经济效果如下：

①施工工期较短，可以尽早发挥投资效益。由于流水施工的节奏性、连续性，可以加快各专业工作队的施工进度，减少时间间隔。特别是相邻专业工作队在开工时间上可以最大限度地进行搭接，充分地利用工作面，做到尽可能早地开始工作，从而达到缩短工期的目的，使工程尽快交付使用或投产，尽早获得经济效益和社会效益。

②实现专业化生产，可以提高施工技术水平和劳动生产率。由于流水施工方式建立了合理的劳动组织，使各专业工作队实现了专业化生产，工人连续作业，操作熟练，便于不断改进操作方法和施工机具，可以不断地提高施工技术水平和劳动生产率。

③连续施工，可以充分发挥施工机械和劳动力的生产效率。由于流水施工组织合理，工人连续作业，没有窝工现象，机械闲置时间少，增加了有效劳动时间，从而使施工机械和劳动力的生产效率得以充分发挥。

④提高工程质量，可以增加建设工程的使用寿命和节约使用过程中的维修费用。由于流水施工实现了专业化生产，工人技术水平高，而且各专业工作队之间紧密地搭接作业，互相监督，可以使工程质量得到提高，因此，可以延长建设工程的使用寿命，同时可以减少建设工程使用过程中的维修费用。

⑤降低工程成本，可以提高承包单位的经济效益。由于流水施工资源消耗均衡，便于组织资源供应，使资源储存合理，利用充分，可以减少各种不必要的损失，节约材料费；由于流水施工生产效率高，可以节约人工费和机械使用费；由于流水施工降低了施工高峰人数，使材料、设备得到合理供应，可以减少临时设施工程费；由于流水施工工期较短，可以减少企业管理费。工程成本降低，可以提高承包单位的经济效益。

(2)流水施工图的绘制。流水施工的表示法有网络图、横道图和垂直图3种。

4.2 编制进度计划——横道图

4.2.1 横道图表示方法

1. 流水施工的横道图表示法

某工程流水施工的横道图表示法如图 4-2 所示。横坐标表示施工时间；纵坐标表示施工过程，①、②等表示施工段。由图 4-2 可知，该流水施工可分为 4 个施工过程，4 个施工段，工期为 14 d。

课件：流水施工

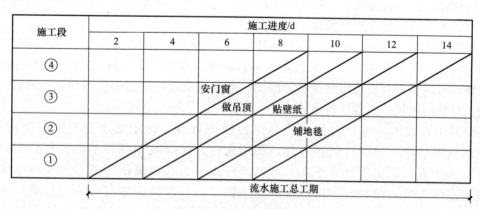

图 4-2 流水施工横道图

横道图表示法的优点是：绘图简单，施工过程及其先后顺序表达清楚，时间和空间状况形象直观，使用方便，因此被广泛用来表达施工进度计划。

2. 流水施工的垂直图表示法

某工程流水施工的垂直图表示法如图 4-3 所示。n 条斜向线段表示 n 个施工过程或专业工作队的施工进度。

图 4-3 流水施工垂直图

垂直图表示法的优点是：施工过程及其先后顺序表达清楚，时间和空间状况形象直观，斜向进度线的斜率可以直观地表示出各施工过程的进展速度，但编制实际工程进度计划不如横道图方便。

4.2.2 流水施工参数

为了说明组织流水施工时,各施工过程在时间和空间上的开展情况及相互依存关系,引入一些描述工艺流程、空间布置和时间安排等方面的状态参数——流水施工参数。这些参数共有 6 个,即施工过程数、施工段数、工作面、流水强度、流水节拍、流水步距。前面 4 个在上一模块已介绍,在此只对后两个作说明。

1. 流水节拍(t)

一个施工过程在一个施工段上的持续时间,称为流水节拍。流水节拍的大小,关系到所需投入的劳动力、机械及材料用量的多少,决定着施工的速度和节奏。因此,确定流水节拍对于组织流水施工具有重要的意义。

通常,流水节拍的确定方法有两种:一种是根据工期要求来确定;另一种是根据能够投入的劳动力、机械台数和材料供应量(即能够投入的各种资源)来确定。

(1)根据工期要求确定的流水节拍

$$t = \frac{Q}{SRZ} \tag{4-1}$$

式中 Q——某施工段的工程量;
S——每一个工日或台班的计划产量;
R——施工人数或机械台班;
Z——施工班制,如无说明,Z 取 1。

(2)根据能够投入的各种资源确定的流水节拍

$$t = \frac{P}{RZ} \tag{4-2}$$

式中 P——某施工段所需要的劳动量或机械台班量;
R——施工人数或机械台班;
Z——施工班制,如无说明,Z 取 1。

【例 4-1】 某装饰装修工程有 4 个施工过程,每个施工过程的工程量、定额和施工人数见表 4-1。

表 4-1 施工过程的工程量、定额和施工人数

施工过程	工程量/m³	产量定额/(m³·工日$^{-1}$)	班组人数
Ⅰ	210	7	5
Ⅱ	30	1.5	5
Ⅲ	40	1	10
Ⅳ	140	7	4

问题:

(1)计算各个施工过程的劳动量。
(2)计算各个施工过程的流水节拍。

解：(1)劳动量：劳动量＝工程量/产量定额。

施工过程Ⅰ劳动量＝210/7＝30（工日）

施工过程Ⅱ劳动量＝30/1.5＝20（工日）

施工过程Ⅲ劳动量＝40/1＝40（工日）

施工过程Ⅳ劳动量＝140/7＝20（工日）

(2)流水节拍：流水节拍＝劳动量/班组人数。

施工过程Ⅰ流水节拍＝30/5＝6（工日）

施工过程Ⅱ流水节拍＝20/5＝4（工日）

施工过程Ⅲ流水节拍＝40/10＝4（工日）

施工过程Ⅳ流水节拍＝20/4＝5（工日）

在根据工期要求来确定流水节拍时，可以用上式计算出所需要的人数或机械台班数。在这种情况下，必须检查劳动力和机械供应的可能性、材料物资供应能否相适应及工作面是否足够等。

【例 4-2】 某工程需要挖土 4 800 m^3，分成 4 段组织施工，拟选择 2 台挖土机挖土，每台挖土机的产量定额为 50 m^3/台班，拟采用 2 个班组倒班作业，则该工程土方开挖的流水节拍为(　　)d。

A. 24　　　　　　　B. 15　　　　　　　C. 12　　　　　　　D. 6

解：工程量 $Q=4\,800\ m^3$，施工机械台数 $R=2$ 台，工作班 $Z=2$ 班，产量定额 $S=50\ m^3$，流水段数 $m=4$ 段，流水节拍 $t=Q/(SRZ)=4\,800/(4\times2\times2\times50)=6(d)$。

【例 4-3】 某建筑物有 4 层，每层 4 个单元，每两个单元为一个施工段，每个单元层的砌砖量为 76 m^3，砌砖工程的产量定额为 1 m^3/d，组织一个 30 人的专业工作队，则流水节拍应为(　　)d。

解：两个单元为一个施工段，每个单元层的砌砖量为 76 m^3，则一个施工段的工作量为 $2\times76=152(m^3)$，流水节拍 $152/(1\times30)=5.07(d)$，取整为 5 d。

2. 流水步距(K)

流水步距是两个相邻的施工过程先后进入流水施工的时间间隔。例如，木工工作队第一天进入第一个施工段工作，5 d 后完工。油漆工作队第 6 d 进入第一个施工段工作，则木工工作队与油漆工作队先后进入第一个施工段的时间间隔为 5 d，那么它们的流水步距 $K=5$ d。

流水步距的大小反映流水作业的紧凑程度，对工期起着很大的影响。在流水段不变的条件下，流水步距越大，工期越长；流水步距越小，则工期越短。

流水步距的数目，取决于参加流水施工的施工过程数。如果施工过程为 n 个，则流水步距的总数为 $n-1$ 个。确定流水步距的基本要求如下：

(1)始终保持两个相邻施工过程的先后工艺顺序；

(2)保持主要施工过程的连续、均衡；

(3)做到前、后两个施工过程施工时间的最大搭接。

4.2.3 流水施工的基本组织

在流水施工中，流水节拍的规律不同，决定了流水步距、流水施工工期的计算方法等也不同，甚至影响到各个施工过程的专业工作队数目。因此，有必要按照流水节拍的特征将流水施工进行分类。其分类情况如图 4-4 所示。

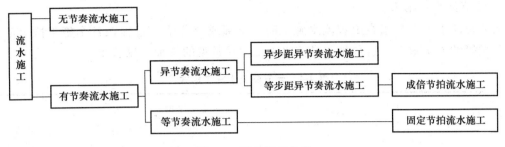

图 4-4 流水施工分类

1. 有节奏流水施工

有节奏流水施工是指在组织流水施工时，每一个施工过程在各个施工段上的流水节拍都各自相等的流水施工。其可分为等节奏流水施工和异节奏流水施工。

(1)等节奏流水施工。等节奏流水施工是指在有节奏流水施工中，各个施工过程的流水节拍都相等的流水施工，也称为固定节拍流水施工或全等节拍流水施工，见表4-2。

表 4-2 全等节拍流水施工形式

施工过程	流水节拍		
	①	②	③
吊顶施工	3	3	3
墙面施工	3	3	3
地面施工	3	3	3

(2)异节奏流水施工。异节奏流水施工是指在有节奏流水施工中，各个施工过程的流水节拍各自相等，而不同施工过程之间的流水节拍不尽相等的流水施工，见表4-3。

表 4-3 异节奏流水施工形式

施工过程	流水节拍		
	①	②	③
吊顶施工	3	3	3
墙面施工	4	4	4
地面施工	2	2	2

在组织异节奏流水施工时，又可以采用等步距和异步距两种方式。

①等步距异节奏流水施工是指在组织异节奏流水施工时，按每个施工过程流水节拍之间的比例关系，成立相应数量的专业工作队而进行的流水施工，也称为成倍节拍流水施工。

②异步距异节奏流水施工是指在组织异节奏流水施工时，每个施工过程成立一个专业工作队，由其完成各施工段任务的流水施工。

2. 无节奏流水施工

无节奏流水施工是指在组织流水施工时,全部或部分施工过程在各个施工段上的流水节拍不相等的流水施工。这种施工是流水施工中最常见的一种,见表4-4。

表 4-4　无节奏流水施工形式

施工过程	流水节拍		
	①	②	③
吊顶施工	3	2	5
墙面施工	4	3	3
地面施工	2	3	4

小结:这一节主要介绍流水施工的基础知识。通过这一节的学习,应对流水施工有一个完整的了解,为后面的学习打下基础。

课堂实训

实训目的:熟悉横道图的形式,区分不同形式流水施工。

实训题目:有3间60 m^2教室需要装修,层高为3.9 m,装修内容包括矿棉板吊顶、墙面刷乳胶漆、地面铺贴砖。试着按照流水施工的要求组织安排,确定需要几支施工队伍,安排施工顺序,每支施工队伍用几个人,推算出施工天数。

4.3　有节奏流水施工

4.3.1　固定节拍流水施工

1. 固定节拍流水施工的特点

所有施工过程在各个施工段上的流水节拍均相等;相邻施工过程的流水步距相等,且等于流水节拍;专业工作队数等于施工过程数,即每一个施工过程成立一个专业工作队,由该队完成相应施工过程所有施工段上的任务;各个专业工作队在各个施工段上能够连续作业,施工段之间没有空闲时间。

2. 固定节拍流水施工工期

在固定节拍流水施工中,有时会有间歇时间和提前插入时间。所谓间歇时间,是指相邻两个施工过程之间由于工艺或组织安排需要而增加的额外等待时间。其包括工艺间歇时间和组织间歇时间;所谓提前插入时间,是指相邻两个专业工作队在同一个施工段上共同工作的时间。其流水施工工期为

$$T = (n-1)t + \sum G + \sum Z - \sum C + m \cdot t$$
$$= (m+n-1)t + \sum G + \sum Z - \sum C \tag{4-3}$$

式中 $\sum G$——技术间歇的时间总和；

$\sum Z$——组织间歇的时间总和；

$\sum C$——提前插入的时间总和。

【例 4-4】 某分部工程流水施工进度计划如图 4-5 所示。

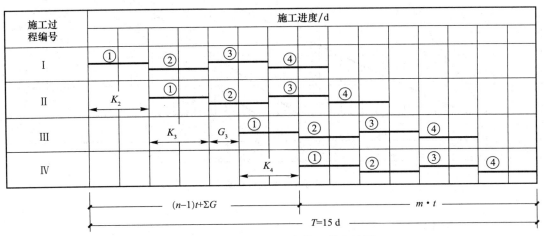

图 4-5 某分部工程流水施工进度计划

在该计划中，施工过程数目 $n=4$；施工段数目 $m=4$；流水节拍 $t=2$；流水步距 $K_2=K_3=K_4=2$，组织间歇 $Z=0$，工艺间歇 $G_3=1$，提前插入时间 $C=0$，因此，其流水施工工期为

$$T = (m+n-1)t + \sum G + \sum Z - \sum C$$
$$= (4+4-1) \times 2 + 1$$
$$= 15(d)$$

4.3.2 异节奏流水施工

在通常情况下，组织固定节拍的流水施工是比较困难的。因为在任一个施工段上，不同的施工过程，其复杂程度不同，影响流水节拍的因素也不同，很难使各个施工过程的节拍彼此相等。但是如果施工段划分得合适，保持同一个施工过程各个施工段的流水节拍相等是不难实现的。使某些施工过程的流水节拍成为其他施工过程流水节拍的倍数，即形成异节奏流水施工。异节奏流水施工包括异步距异节奏流水施工和等步距等节奏流水施工。

1. 异步距异节奏流水施工

例如，有 6 幢完全相同的住宅装饰，每幢住宅装饰施工的主要施工过程分为室内地坪 1 周，内墙粉刷 3 周，外墙粉刷 2 周，门窗油漆 2 周，其施工进度表如图 4-6 所示。显然，这是一个异步距异节奏流水施工。其表明室内地坪工作在开工 1 周后，室内粉刷工程紧接着进入流水施工。

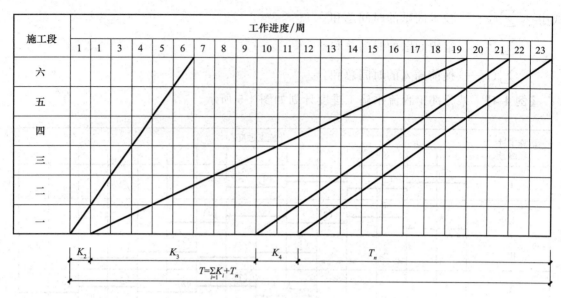

图 4-6 施工进度表

异步距异节奏流水的工期可按下式进行计算：

$$T = \Sigma K_i + T_n + \Sigma G + \Sigma Z - \Sigma C \tag{4-4}$$

式中 ΣK_i——流水步距的总和，其计算方式为 $K_i \begin{cases} t_{i-1}, & \text{当 } t_{i-1} \leqslant t_i \\ mt_{i-1} - (m-1)t_i, & \text{当 } t_{i-1} > t_i \end{cases}$ (4-5)

其中 t_{i-1} 和 t_i 是相邻两个施工过程的流水节拍。

T_n——最后一个施工过程在所有施工段上的时间之和；$T_n = mt_n$。

ΣG——技术间歇的时间总和；

ΣZ——组织间歇的时间总和；

ΣC——提前插入的时间总和。

按公式计算上例：

因为 $t_1 = 1 < t_2 = 3$，所以 $K_2 = t_1 = 1$。

因为 $t_2 = 3 > t_3 = 2$，所以 $K_3 = mt_i - 1 - (m-1)t_i = 6 \times 3 - (6-1) \times 2 = 8$。

因为 $t_3 = 2 = t_4 = 2$，所以 $K4 = 2$。

因为 $T_n = mt_n$，所以 $T_4 = 6 \times 2 = 12$。

因此总工期 $T = 1 + 8 + 2 + 12 = 23(d)$。

2. 等步距异节奏流水施工

(1)等步距异节奏流水施工的特点及工期计算公式：

①同一个施工过程在其各个施工段上的流水节拍均相等；不同施工过程的流水节拍不等，但其值为倍数关系。

②相邻施工过程的流水步距 K 相等，且等于流水节拍的最大公约数(K_0)，即 $K = K_0$。

③专业工作队数大于施工过程数，即有的施工过程只成立一个专业工作队，而对于流水节拍大的施工过程，可以按其倍数增加相应专业工作队数目。

④各个专业工作队在施工段上能够连续作业,施工段无闲置。

⑤工期可按下式进行计算:

$$T = (m + n' - 1)K_0 + \sum G + \sum Z - \sum C \tag{4-6}$$

式中　n'——专业工作队数目;

　　　K_0——所有流水节拍的最大公约数。

【例 4-5】 某装饰公司拟装修 4 幢结构形式完全相同的 3 层别墅,每幢别墅划为一个施工段,施工过程划分为抹灰、墙面木制作、安装设备及油漆 4 项(表 4-5),其流水节拍分别为 5、10、10、5(周),为了加快施工进度,采用增加专业工作队的方法,组织等步距异节奏流水施工,计算总工期。

表 4-5　某装饰公司装修施工流水节拍

施工过程	流水节拍			
	①	②	③	④
抹灰	5	5	5	5
墙面木制作	10	10	10	10
安装设备	10	10	10	10
油漆	5	5	5	5

解： a. 计算流水步距,即流水节拍的最大公约数:

$$K_0 = 最大公约数(5,10,10,5) = 5$$

b. 确定专业工作队数目,$n_i = t_i/K_0$,$n' = \sum n_i$。

$n_1 = t_1/K_0 = 5/5 = 1$,$n_2 = t_2/K_0 = 10/5 = 2$,$n_3 = t_3/K_0 = 10/5 = 2$,$n_4 = t_4/K_0 = 5/5 = 1$。

于是,参与该工程流水施工的专业工作队总数 n' 为

$$n' = \sum n_i = 1 + 2 + 2 + 1 = 6$$

c. 总工期为

$$T = (m + n' - 1)K_0 + \sum G + \sum Z$$
$$= (4 + 6 - 1) \times 5$$
$$= 45(周)$$

d. 绘制等步距异节奏流水施工进度计划(图 4-7)。在等步距异节奏流水施工进度计划图中,除表明施工过程的编号或名称外,还应表明专业工作队的编号。在表明各个施工段的编号时,一定要注意有多个专业工作队的施工过程。各个专业工作队连续作业的施工段编号不应该是连续的;否则,无法组织合理的流水施工。

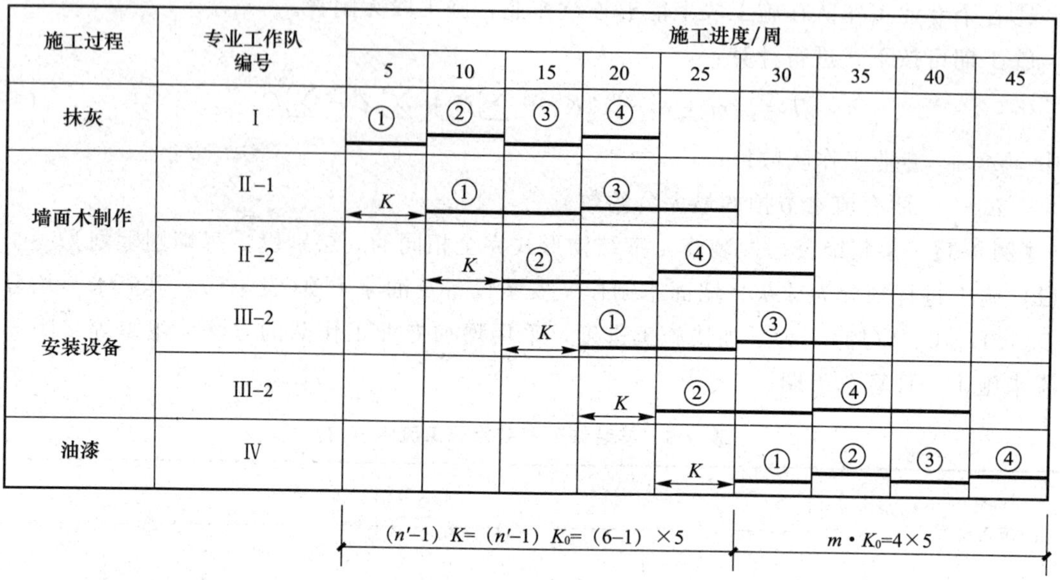

施工过程	专业工作队编号	施工进度/周								
		5	10	15	20	25	30	35	40	45
抹灰	Ⅰ	①	②	③	④					
墙面木制作	Ⅱ-1		K→	①		③				
	Ⅱ-2			K→	②		④			
安装设备	Ⅲ-2				K→	①		③		
	Ⅲ-2					K→	②		④	
油漆	Ⅳ						K→ ①	②	③	④

$(n'-1)K = (n'-1)K_0 = (6-1) \times 5$ $m \cdot K_0 = 4 \times 5$

图 4-7 等步距异节奏流水施工进度计划

小结：有节奏流水施工的计算、绘制图，在今后的学习、考试中经常用到，必须掌握。

课堂实训

实训目的：熟练掌握有节奏流水施工的计算。

实训题目：

1. 在组织建设工程流水施工时，用来表达流水施工在施工工艺方面进展状态的参数通常包括（　　）。

A. 施工过程和施工段　　　　　　　　B. 流水节拍和施工段
C. 施工过程和流水强度　　　　　　　D. 流水步距和流水强度

2. 组织流水施工时，流水步距是指（　　）。

A. 第一个专业队与其他专业队开始施工的最小间隔时间
B. 第一个专业队与最后一个专业队开始施工的最小间隔时间
C. 相邻专业队相继开始施工的最小间隔时间
D. 各个专业队在各个施工段可间歇作业

3. 小李负责编制本工程的流水施工方案，他计算出瓷砖镶贴的工程量是 1 260 m²，如果平分为 3 个施工段，安排 1 个施工班组，1 个班制进行施工，该班组一共 10 人，那么瓷砖镶贴工作的流水节拍是（　　）。（瓷砖镶贴的产量定额是 3.6 m²/工日）

A. 11 d　　　　　　　　　　　　　　B. 12 d
C. 35 d　　　　　　　　　　　　　　D. 42 d

4. 本样板间所在楼盘为全装修交房，1 号楼都按本样板间的设计方案进行施工，1 号楼一共 3 个单元，每单元 22 户，在组织流水施工时，1 个单元划分为 1 个施工段，施工员小李把工程项目划分为吊顶工程、厨卫瓷砖镶贴工程、地面铺装工程、顶棚和墙面涂料工程、木门和家具安装工程等 5 个施工过程。如果流水节拍均为 10 d，地面铺装工程完成后、吊顶工程和厨卫瓷砖镶贴工程之间有 5 d 的搭接时间；顶棚和墙面涂料工程施工前有 2 d 的施工间歇时间；顶棚和墙面涂料工程施工完成后、木门和家具安装工程施工前，有 1 d 的间歇时间。小李在组织固定节拍流水施工时，计算工期为(　　)d。

  A. 68   B. 70
  C. 73   D. 80

5. 本样板间所在楼盘是全装修交房，购买 5 号楼的业主中，选用样板间设计方案的共有 10 家，由杭州某装饰公司承担施工任务，项目部在组织成倍节拍流水施工时，将每一户划分为 1 个施工段，按照施工内容划分吊顶工程(A)、厨卫瓷砖镶贴工程(B)、地面铺装工程(C)、顶棚与墙面涂料工程(D)、木门与家具安装工程(E)5 个施工过程，其流水节拍分别为 3 d、9 d、6 d、6 d、3 d。

  问题：(1)本工程一共需要(　　)个施工班组。
  A. 5   B. 7   C. 8   D. 9
  (2)本工程的计算工期为(　　)d。
  A. 37   B. 42   C. 54   D. 60

6. 某工程浇筑混凝土共 420 m³，每工日产量为 3.8 m³，配置一组 16 人的施工队进行一班作业。则该任务的持续时间为(　　)d。
  A. 7   B. 8   C. 10   D. 5

7. 某基础工程由挖地槽、做垫层、砌筑砖基础和回填土 4 个分项工程组成。该工程在平面上划分为 4 个施工段组织流水施工。各分项工程在各个施工段上的持续时间均为 4 d。

  问题：
  (1)流水施工有哪些种类？
  (2)根据该工程持续时间的特点，可按哪种流水施工方式组织施工？
  (3)什么是流水施工工期？该工程项目流水施工的工期应为多少天？
  (4)若工作面允许，每一段砌筑砖基础均提前一天进入施工，该流水施工的工期应为多少天？

8. 某工程由 A、B、C、D 4 个施工过程组成，划分为 3 个施工段，流水节拍分别为 6 d、6 d、12 d，组织成倍节拍流水施工，该项目工期为(　　)d。
  A. 36   B. 24   C. 30   D. 20

9. 某工程有 A、B、C 3 个施工过程，每个施工过程均划分为 3 个施工段，设 $t_A = 3$ d、$t_B = 2$ d、$t_C = 4$ d，试分别计算依次、平行、流水三种施工方式的工期，并绘制各自的施工进度计划。

10. 某分部工程由甲、乙、丙 3 个分项工程组成。它在平面上划分为 3 个施工段，每个分项工程在各个施工段上的持续时间均为 6 d。分项工程乙完成后，它的相应施工段至少有技术间歇 1 d。

  问题：(1)试确定该分部工程流水施工工期。
  (2)简述组织流水施工的主要过程。

11. 某路桥公司承接一项高速公路工程的施工任务，该工程需要在某一路段修建 5 个结构形式与规模完全相同的涵洞，其施工过程包括基础开挖、预制涵管、安装涵管和回填压实。如果合同规定，涵洞的施工工期不超过 80 d，请组织等节奏流水施工。

问题：（1）什么是流水节拍和流水步距？该公路工程流水施工的流水节拍和流水步距应当是多少？

（2）试绘制该公路工程流水施工横道计划。

12. 某住宅小区工程共有12幢高层剪力墙结构住宅楼，每幢有2个单元，各单元结构基本相同。每幢高层住宅楼的基础工程施工过程包括挖土、铺垫层、钢筋混凝土基础、回填土4个施工过程，其工作持续时间分别是挖土为8 d、铺垫层为4 d、钢筋混凝土基础为12 d、回填土为4 d。

问题：

（1）什么是异节奏流水施工？

（2）根据该工程的流水节拍的特点，在资源供应允许条件下，为加快施工进度，可采用何种方式组织流水施工？

（3）如果每4幢划分为1个施工段组织等步距异节奏流水施工，其工期应为多少天？并绘制其流水施工横道计划。

4.4 无节奏流水施工

在组织流水施工时，经常由于工程结构形式、施工条件不同等原因，各个施工过程在各个施工段上的工程量有较大差异，或专业工作队的生产效率相差较大，导致各个施工过程的流水节拍随施工段的不同而不同，且不同施工过程之间的流水节拍又有很大差异。这时，流水节拍虽无任何规律，但仍可以利用流水施工原理组织流水施工，使各个专业工作队在满足连续施工的条件下实现最大搭接。这种无节奏流水施工方式是建设工程流水施工的普遍方式。

4.4.1 无节奏流水施工的特点

各个施工过程在各个施工段的流水节拍不完全相等；专业工作队数等于施工过程数；各个专业工作队能够在施工段上连续作业，但有的施工段之间可能有空闲时间。

4.4.2 流水步距的确定

在无节奏流水施工中，通常采用累加数列错位相减取大差法计算流水步距。这种方法的基本步骤如下：

（1）对每一个施工过程在各个施工段上的流水节拍依次累加，求得各个施工过程流水节拍；

（2）将相邻施工过程流水节拍累加数列中的后者错后一位，相减后求得一个差数列；

（3）在差数列中取最大值，即这两个相邻施工过程的流水步距。

4.4.3 求工期

$$T = \sum K_i + T_n \tag{4-7}$$

【例4-6】 某工程由3个施工过程组成，分为4个施工段进行流水施工，其流水节拍见表4-6，试确定流水步距。

表 4-6　流水节拍

施工过程	施工段			
	①	②	③	④
Ⅰ	2	3	2	1
Ⅱ	3	2	4	2
Ⅲ	3	4	2	2

【解】(1)求各个施工过程流水节拍的累加数列：

施工过程Ⅰ：2，5，7，8；

施工过程Ⅱ：3，5，9，11；

施工过程Ⅲ：3，7，9，11。

(2)错位相减求得差数列：

Ⅰ与Ⅱ：

$$\begin{array}{rrrrrr} & 2 & 5 & 7 & 8 & \\ -) & & 3 & 5 & 9 & 11 \\ \hline & 2 & 2 & 2 & -1 & -11 \end{array}$$

Ⅱ与Ⅲ：

$$\begin{array}{rrrrrr} & 3 & 5 & 9 & 11 & \\ -) & & 3 & 7 & 9 & 11 \\ \hline & 3 & 2 & 2 & 2 & -11 \end{array}$$

(3)在差数列中取最大值求得流水步距：

施工过程Ⅰ与Ⅱ之间的流水步距：$\max[2, 2, 2, -1, -11] = 2$(d)

施工过程Ⅱ与Ⅲ之间的流水步距：$\max[3, 2, 2, 2, -11] = 3$(d)

(4)求 T_n。

$$T_n = 3 + 4 + 2 + 2 = 11 \text{(d)}$$

(5)确定流水工期(T)。

$$T = \sum K_i + T_n = 2 + 3 + 11 = 16 \text{ (d)}$$

小结：无节奏流水施工在平常施工中最常见，应用最多，要牢记公式。

课堂实训

实训目的：掌握无节奏流水施工的绘图、计算。

实训题目：

1. 有 4 间教室需要装修，层高 3.9 m，其中两间 80 m²，两间 40 m²，装修内容包括矿棉板吊顶、墙面刷乳胶漆、地面铺瓷砖、踢脚线、门、窗工程，材料自选，选择合适的流水施工方式组织施工。绘制横道图施工进度计划。

2. 某建筑群共有 4 栋不同的装配式住宅楼工程，每栋住宅楼的各个施工过程的持续时间见表 4-7。

表 4-7 每栋住宅楼的各个施工过程的持续时间   d

施工过程 \ 施工段	1	2	3	4
基础工程(A)	10	13	12	15
主体工程(B)	23	22	23	25
室内、外装饰装修工程(C)	18	18	16	17

问题：求流水施工工期。

3. 某现浇钢筋混凝土基础工程由支模板、绑钢筋、浇混凝土、拆模板和回填土 5 个分项工程组成。它划分为 6 个施工段，见表 4-8。在混凝土浇筑后至拆模板至少要养护 2 d。

表 4-8 各个分项工程在各个施工段上的持续时间

施工过程	持续时间/d					
	①	②	③	④	⑤	⑥
支模板	2	3	2	3	2	3
绑钢筋	3	3	4	4	3	3
浇混凝土	2	1	2	2	1	2
拆模板	1	2	1	1	2	1
回填土	2	3	2	2	3	2

问题：
(1)根据该项目流水节拍的特点，可以按哪种流水施工方式组织施工？
(2)取大差法确定流水步距的要点是什么？确定该基础工程流水施工的流水步距。
(3)确定该基础工程的流水施工工期。

4. 某群体工程由 A、B、C 3 个单项工程组成。它们都要经过Ⅰ、Ⅱ、Ⅲ、Ⅳ 4 个施工过程，每个施工过程在各个单项工程上的持续时间见表 4-9。

表 4-9 每个施工过程在各个单项工程上的持续时间   d

施工过程编号	单项工程编号		
	A	B	C
Ⅰ	4	2	3
Ⅱ	2	3	4
Ⅲ	3	4	3
Ⅳ	2	3	3

问题：
(1)什么是无节奏流水施工？
(2)如果该工程的施工顺序为 A、B、C，试计算该群体工程的流水步距和工期。
(3)如果该工程的施工顺序为 B、A、C，则该群体工程的工期应如何计算？

4.5 网络计划

网络计划技术是进度控制中经常采用的一种方法，采用这种方法应首先绘制网络图，通过计算找出影响工期的关键线路和关键工作，接着通过不断调整网络计划，寻找最优方案并付诸实施；最后在计划实施过程中采取有效措施对其进行控制，以合理使用资源、高效优质、低耗地完成预定任务。由此可见，网络计划技术不仅是一种科学的计划方法，也是一种科学的动态控制方法。

课件：网络计划技术

拓展知识：网络计划技术的产生和发展

4.5.1 网络图基础知识

网络图是由箭线和节点组成的，用来表示工作流程的有向、有序网状图形。一个网络图表示一项计划任务。网络图有双代号网络图（图 4-8）和单代号网络图（图 4-9）两种。

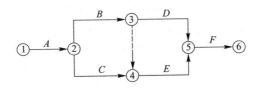

图 4-8 双代号网络图

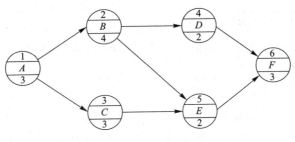

图 4-9 单代号网络图

工匠精神：建筑工匠—陆建新

双代号网络图是以箭线及其两端节点的编号表示工作；同时，节点表示工作的开始或结束及工作之间的连接状态。单代号网络图是以节点及其编号表示工作，箭线表示工作之间的逻辑关系。网络图中工作的表示方法如图 4-10 和图 4-11 所示。

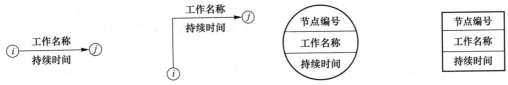

图 4-10 双代号网络图中工作的表示方法　　图 4-11 单代号网络图中工作的表示方法

网络图中的工作是将计划任务按需要划分成一个个消耗时间同时消耗资源的子项目或子任务。工作可以是单位工程，也可以是分部工程、分项工程，又或者是一个施工过程。一般情况下，完成一项工作既需要消耗时间，也需要消耗资源，但也有一些工作只消耗时间而不消耗资源，如墙面抹灰后的干燥过程等。

网络图中的节点都必须有编号，其编号严禁重复，并应使每一条箭线上箭尾节点编号小于箭头节点编号。双代号网络图中一项工作必须有唯一的箭线和相应一对不重复的节点编号。因此，一项工作的名称可以用其箭尾和箭头节点编号来表示，如②→③。而在单代号网络图中，一项工作必须有唯一的节点及相应的一个代号，该工作的名称可以用其节点编号来表示。

在双代号网络图中，有时存在虚箭线，虚箭线不代表实际工作，称为虚工作。虚工作既不消耗时间，也不消耗资源。虚工作主要用来表示相邻两项工作之间的逻辑关系。但有时为了避免两项同时开始、同时进行的工作具有相同的开始节点和完成节点，也需要用虚工作加以区分，如图4-12所示。在单代号网络图中，虚工作只能出现在网络图的起点节点或终点节点，如图4-12中的起点节点和终点节点。

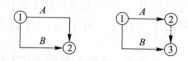

图 4-12　虚工作

在网络图中，相对于某工作而言，紧排在该工作之前的工作称为该工作的紧前工作，如图4-8中，A工作是B、C两个工作的紧前工作。紧排在该工作之后的工作称为紧后工作，B、C两个工作是A工作的紧后工作；工作与其紧前紧后工作之间也可能有虚工作存在。可以与该工作同时进行的工作即该工作的平行工作，如B、C工作就是平行工作。

紧前工作、紧后工作及平行工作是工作之间逻辑关系的具体表现，只要能根据工作之间的工艺关系和组织关系明确其紧前或紧后关系，即可以据此绘制出网络图。它们是正确绘制网络图的前提条件。

4.5.2　网络图逻辑关系

逻辑关系是指网络计划中所表示的各个施工过程之间的先后顺序关系。其可分为两种，即工艺关系和组织关系。

1. 工艺关系

生产性工作之间由工艺过程决定的，非生产性工作之间由工作程序决定的先后顺序关系称为工艺关系。这是一个不可变的关系。如图4-13所示，龙骨安装必须在吊筋安装之后。

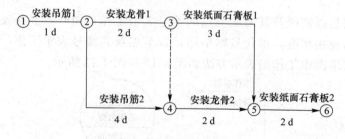

图 4-13　某工程双代号网络计划

2. 组织关系

工作之间由于组织安排需要或资源(劳动力、原材料、施工机具等)调配需要而规定的先后顺序关系称为组织关系。这一关系可以调整。例如,室内装修可以先地面后墙面,也可以先墙面后地面。

4.5.3 线路、关键线路和关键工作

1. 线路

网络图中从起点节点开始,沿箭头方向顺序通过一系列箭线与节点,最后到达终点节点的通路称为线路。线路既可以依次用该线路上的编号来表示,也可以依次用该线路上的工作名称来表示。如图4-13所示,该网络图中有3条线路,这3条线路既可以表示为①→②→③→⑤→⑥,①→②→④→⑤→⑥,①→②→③→④→⑤→⑥,也可以表示为吊筋1→龙骨1→石膏板1→石膏板2,吊筋1→吊筋2→龙骨2→石膏板2,吊筋1→龙骨1→龙骨2→石膏板2。

2. 关键线路和关键工作

在关键线路中,线路上所有工作的持续时间总和称为该线路的总持续时间。总持续时间最长的线路称为关键线路。关键线路的长度就是网络计划的总工期。在网络计划中,关键线路可能不止一条。在执行中,线路可能会发生转移。关键线路上的工作称为关键工作,在网络计划的实施过程中,关键工作的实际进度提前或拖后,均会对总工期产生影响。因此,关键工作的实际进度是建设工程控制工作中的重点。如图4-13所示,3条线路中①→②→④→⑤→⑥总时间最长为9 d,其余两条总时间分别为8 d、7 d,故①→②→④→⑤→⑥为关键线路,吊筋1、吊筋2、龙骨2、石膏板2为4个关键工作。

4.6 网络图的绘制

4.6.1 双代号网络图的绘制

1. 绘图原则

(1)一张网络图只能有一个开始事件和一个结束事件。如果有几项工作可以同时开始,或几项工作可以同时结束,通常可以表示成图4-14所示的形式。而图4-15中就出现了两个起点节点和两个终点节点。两个起点节点是①、⑥,两个终点节点是④、⑩。

绘制双代号网络图应注意的问题

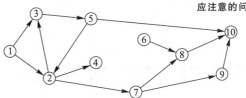

图4-14 双代号网络图　　　　图4-15 错误的双代号网络图

(2)在网络图中,不允许出现闭合回路,即不允许从一个节点出发,沿箭线方向再返回到该节点。例如,图 4-15 中的工作②→③、③→⑤和⑤→②就组成了闭合回路,从而导致工作的逻辑关系错误。

(3)在一张网络图中,不允许出现一个代号代表一个施工过程。例如,在图 4-16(a)中,施工过程 D 与 A 的表达就是错误的,而正确的表达方法如图 4-16(b)所示。

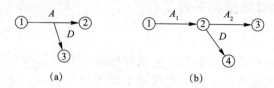

图 4-16 不允许出现一个代号代表一项工作
(a)错误;(b)正确

(4)当网络图的起点节点有多条箭线引出(外向箭线)或终点节点有多条箭线引入(内向箭线)时,为了使图形简洁,可用母线法绘图,即将多条箭线经一条共用的垂直线段从起点节点引出,或将多条箭线经一条共用的垂直线段引入终点节点,如图 4-17 所示。

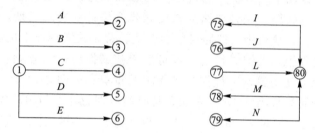

图 4-17 母线法

(5)在一张网络图中,不允许出现同样编号的事件或工作。例如,在图 4-18(a)中两项工作都用③→④表示是错误的,正确的表达方式如图 4-18(b)所示。

(6)在网络图中,不允许出现无箭头或有双向箭头的连线。例如,图 4-19 中③—⑤连线无箭头。②↔⑤连线是双向箭头,均是错误的。

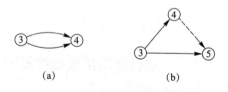

图 4-18 不允许出现同样编号的事件或工作
(a)错误;(b)正确

(7)在网络图中,应尽量避免交叉箭线,当确定无法避免时,应采用过桥法或断线法表示,如图 4-20 所示。

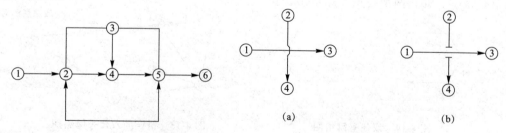

图 4-19 不允许出现双向箭头及无箭头的连线

图 4-20 箭线交叉的处理方法
(a)过桥法;(b)断线法

2. 绘制网络图时逻辑关系的表达方式

(1) A 完成后进行 B 和 C(图 4-21)。
(2) A、B 完成后进行 C(图 4-22)。
(3) A、B 均完成后进行 C 和 D(图 4-23)。
(4) A 完成后进行 C,A、B 均完成后进行 D(图 4-24)。

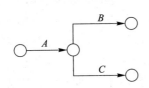

图 4-21 A 完成后进行 B 和 C

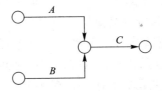

图 4-22 A、B 完成后进行 C

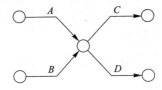

图 4-23 A、B 均完成后
进行 C 和 D

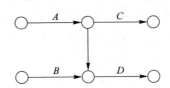

图 4-24 A 完成后进行 C,
A、B 均完成后进行 D

(5) A、B 均完成后进行 D,A、B、C 均完成后进行 E,D、E 均完成后进行 F(图 4-25)。
(6) A、B 均完成后进行 C,B、D 均完成后进行 E(图 4-26)。

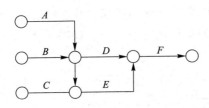

图 4-25 A、B 均完成后进行 D,A、B、C 均
完成后进行 E,D、E 均完成后进行 F

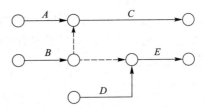

图 4-26 A、B 均完成后进行 C,
B、D 均完成后进行 E

(7) A、B、C 均完成后进行 D,B、C 均完成后进行 E(图 4-27)。
(8) A 完成后进行 C,A、B 均完成后进行 D,B 完成后进行 E(图 4-28)。

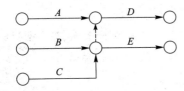

图 4-27 A、B、C 均完成后进行
D,B、C 均完成后进行 E

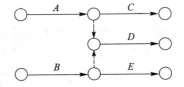

图 4-28 A 完成后进行 C,A、B 均
完成后进行 D,B 完成后进行 E

3. 绘图方法

(1)绘制没有紧前工作的工作箭线,使它们具有相同的开始节点,以保证网络图只有一

个起点节点。

(2)依次绘制其他工作箭线。这些工作箭线的绘制条件是其所有紧前工作箭线都已经绘制出来。在绘制这些工作箭线时，应按下列原则进行：

①当所要绘制的工作只有一项紧前工作时，则将该工作箭线直接画在其紧前工作箭线之后即可。

②当所要绘制的工作有多项紧前工作时，应按以下4种情况分别予以考虑：

a. 如果在其所有紧前工作中，存在一项只作为本工作紧前工作的工作，则应将本工作箭线直接画在该紧前工作箭线之后，然后用虚箭线将其他工作箭线的箭头节点与本工作箭线的箭尾节点分别相连，以表达它们之间的逻辑关系。

b. 如果在其紧前工作中，存在多项只作为本工作紧前工作的工作，应先将这些紧前工作箭线的箭头节点合并，再从合并后的节点开始，画出本工作箭线，最后用虚箭线将其他紧前工作箭线的箭头节点与本工作箭线的箭尾节点分别相连，以表达它们之间的逻辑关系。

c. 如果本工作的紧前工作同时又是其他工作的紧前工作，应先将这些紧前工作箭线的箭头节点合并后，再从合并后的节点开始画出本工作箭线。

(3)当各项工作箭线都绘制出来之后，应合并那些没有紧后工作的工作箭线的箭头节点，以保证网络图只有一个终点节点。

(4)当确认所绘制的网络图正确后，即可以进行节点编号。节点编号可以连续，也可以不连续，只要保证从左向右依次递增即可。

4.6.2 单代号网络图的绘制

单代号网络图的绘图规则与双代号网络图的绘图规则基本相同，主要区别在于：当网络图中有多项开始工作时，应增设一项虚拟的工作(S)作为该网络图的起点节点；当网络图中有多项结束工作时，应增设一项虚拟的工作(F)作为该网络图的终点节点。如图4-29所示，其中S和F为虚工作。

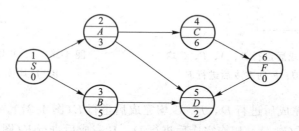

图4-29　具有虚拟起点节点和终点节点的单代号网络图

小结：网络图的绘制是一项重要的基本功，是下一节工期计算的基础，必须掌握。其中，双代号网络图因为加入虚工作，绘制比较难，应格外注意；单代号网络图相对来说容易一些。

课堂实训

实训目的：掌握网络图的绘制。
实训题目：

单代号与双代号
网络图的比较

1. 已知逻辑关系见表 4-10，绘制双代号网络图。

表 4-10 逻辑关系

工作	A	B	C	D
紧前工作	—	—	A、B	B

2. 已知逻辑关系见表 4-11，绘制双代号网络图。

表 4-11 逻辑关系

工作	A	B	C	D	E	G
紧前工作	—	—	—	A、B	A、B、C	D、E

3. 已知逻辑关系见表 4-12，绘制双代号网络图。

表 4-12 逻辑关系

工作	A	B	C	D	E
紧前工作	—	—	A	A、B	B

4. 已知逻辑关系见表 4-13，绘制双代号网络图。

表 4-13 逻辑关系

工作	A	B	C	D	E	G	H
紧前工作	—	—	—	—	A、B	B、C、D	C、D

5. 已知逻辑关系见表 4-14，绘制单代号网络图。

表 4-14 逻辑关系

工作	A	B	C	D	E	G	H	I
紧前工作	—	—	—	—	A、B	B、C、D	C、D	E、G、H

6. 已知逻辑关系见表 4-15，绘制双代号网络图。

表 4-15 逻辑关系

工作	A	B	C	D	E	G	H
紧前工作	—	—	A	A	B	D、H	B

7. 已知逻辑关系见表 4-16，绘制双代号网络图。

表 4-16 逻辑关系

工作	A	B	C	D	E	G
紧前工作	—	—	—	—	B、C、D	A、B、C

8. 已知逻辑关系见表4-17，绘制双代号网络图。

表4-17 逻辑关系

工作	A	B	C	D	E	G	H	I	J
紧前工作	—	—	—	A	A	D、E	A、B、C	B、D	B、D

9. 有4间教室需要装修，层高3.9 m，其中两间80 m²，两间40 m²，装修内容包括矿棉板吊顶、墙面刷乳胶漆、地面铺瓷砖、踢脚线、门、窗工程，材料自选，运用正确的绘图规则绘制双代号网络图。要求逻辑关系表达正确。

4.7 网络计划时间参数计算

网络计划，是指在网络图上加注时间参数而编制的进度计划。网络计划时间参数的计算应在各项工作的持续时间确定之后进行。

4.7.1 网络计划时间参数的概念

时间参数是指网络计划、工作及节点所具有的各种时间值。

1. 工作持续时间和工期

(1)工作持续时间。工作持续时间是指一项工作从开始到完成的时间。工作持续时间用 D 表示。

(2)工期。工期是指完成一项任务所需要的时间。在网络计划中，工期一般有以下3种：

①计算工期：是指根据网络计划时间参数而得到的工期，用 T_c 表示。

②要求工期：是指任务委托人所提出的指令性工期，用 T_r 表示。

③计划工期：是指根据要求工期和计算工期所确定的作为实施目标的工期，用 T_p 表示。

a. 当已规定了要求工期时，计划工期不应超过要求工期，即 $T_p \leqslant T_r$。

b. 当未规定要求工期时，计划工期等于计算工期，即 $T_p = T_c$。

2. 工作的时间参数

除工作持续时间外，网络计划中工作的6个时间参数是最早开始时间、最早完成时间、最迟完成时间、最迟开始时间、总时差和自由时差。

(1)最早开始时间和最早完成时间。工作的最早开始时间是指在其所有紧前工作全部完成后，本工作有可能开始的最早时间。工作的最早完成时间是指在其所有紧前工作全部完成后，本工作有可能完成的最早时间。工作的最早完成时间等于本工作的最早开始时间与其持续时间之和。

在双代号网络计划中，工作 i—j 的最早开始时间和最早完成时间分别用 ES_{i-j} 和 EF_{i-j} 表示；在单代号网络计划中，工作 i 的最早开始时间和最早完成时间分别用 ES_i 和 EF_i 表示。

(2)最迟完成时间和最迟开始时间。工作的最迟完成时间是指在不影响整个任务按期完成的前提下,本工作必须完成的最迟时间;工作的最迟开始时间是指在不影响整个任务按期完成的前提下,本工作必须开始的最迟时间。工作的最迟开始时间等于本工作的最迟完成时间与其持续时间之差。

在双代号网络计划中,工作 $i—j$ 的最迟完成时间和最迟开始时间分别用 LF_{i-j} 和 LS_{i-j} 表示;在单代号网络计划中,工作 i 的最迟开始时间和最迟完成时间分别用 LS_i 和 LF_i 表示。

(3) 总时差和自由时差。工作的总时差是指在不影响总工期的前提下,本工作可以利用的机动时间。在双代号网络计划中,工作 $i—j$ 的总时差用 TF_{i-j} 表示;在单代号网络计划中,工作 i 的总时差用 TF_i 表示。

工作的自由时差是指在不影响其紧后工作最早开始时间的前提下本工作可以利用的机动时间。在双代号网络计划中,工作 $i—j$ 的自由时差用 FF_{i-j} 表示;在单代号网络计划中,工作 i 的自由时差用 FF_i 表示。

从总时差和自由时差的定义可知,对于同一项工作而言,自由时差不会超过总时差。当工作的总时差为零时,其自由时差必然为零。在网络计划的执行过程中,工作的自由时差是该工作可以自由使用的时间。但是如果利用某项工作的总时差,则有可能使该工作后续工作的总时差减小。

3. 相邻两项工作之间的时间间隔

相邻两项工作之间的时间间隔是指本工作的最早完成时间与其紧后工作最早开始时间之间可能存在的差值。工作 i 与工作 j 之间的时间间隔用 $LAG_{i,j}$ 表示。

4.7.2 双代号网络计划时间参数的计算

1. 按工作计算法

所谓按工作计算法,就是以网络计划中的工作为对象,直接计算各项工作的时间参数,这些时间参数包括工作的最早开始时间和最早完成时间、工作的最迟开始时间和最迟完成时间、工作的总时差和自由时差。另外,还应计算网络计划的计算工期。

双代号网络图确定关键工作和关键线路的技巧

下面以图 4-30 所示的双代号网络计划为例,说明按工作计算法计算时间参数的过程。其计算结果如图 4-31 所示。

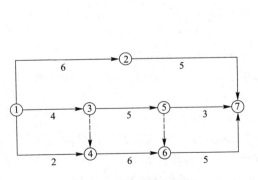

图 4-30 双代号网络计划

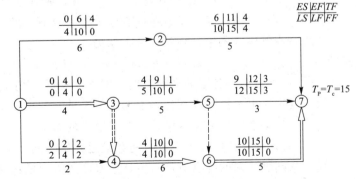

图 4-31 双代号网络计划(六时标注法)

(1) 计算工作的最早开始时间和最早完成时间。工作最早开始时间和最早完成时间的计算应从网络计划的起点节点开始，顺着箭线方向依次进行。其计算步骤如下：

①以网络计划起点节点为开始节点的工作，当未规定其最早开始时间时，其最早开始时间为零。例如，在本例中，工作 1—2、工作 1—3 和工作 1—4 的最早开始时间都为零，即

$$ES_{1-2}=ES_{1-3}=ES_{1-4}=0$$

②工作的最早完成时间

$$EF_{i-j}=ES_{i-j}+D_{i-j} \tag{4-8}$$

式中　EF_{i-j}——工作 i—j 的最早完成时间；

　　　ES_{i-j}——工作 i—j 的最早开始时间；

　　　D_{i-j}——工作 i—j 的持续时间。

例如，在本例中，工作 1—2、工作 1—3 和工作 1—4 的最早完成时间分别为

工作 1—2：$EF=0+6=6$

工作 1—3：$EF=0+4=4$

工作 1—4：$EF=0+2=2$

③其他工作的最早开始时间应等于其紧前工作最早完成时间的最大值，即

$$ES_{i-j}=\max\{EF_{h-i}\}=\max\{ES_{h-i}+D_{h-i}\} \tag{4-9}$$

式中　ES_{i-j}——工作 i—j 的最早开始时间；

　　　EF_{h-i}——工作 i—j 的紧前工作 h—i（非虚工作）的最早完成时间；

　　　ES_{h-i}——工作 i—j 的紧前工作 h—i（非虚工作）的最早开始时间；

　　　D_{h-i}——工作 i—j 的紧前工作 h—i（非虚工作）的持续时间。

例如，在本例中，工作 3—5 和工作 4—6 的最早开始时间分别为

$$ES_{3-5}=EF_{1-3}=4$$

$$ES_{4-6}=\max\{EF_{1-3}, EF_{1-4}\}=\max\{4, 2\}=4$$

④网络计划的计算工期应等于以网络计划终点节点为完成节点的工作的最早完成时间的最大值，即

$$T_c=\max\{EF_{i-n}\}=\max\{ES_{i-n}+D_{i-n}\} \tag{4-10}$$

式中　T_c——网络计划的计算工期；

　　　EF_{i-n}——以网络计划终点节点 n 为完成节点的工作的最早完成时间；

　　　ES_{i-n}——以网络计划终点节点 n 为完成节点的工作的最早开始时间；

　　　D_{i-n}——以网络计划终点节点 n 为完成节点的工作的持续时间。

在本例中，网络计划的计算工期为

$$T_c=\max\{EF_{2-7}, EF_{5-7}, EF_{6-7}\}=\max\{11, 12, 15\}=15$$

(2)确定网络计划的计划工期。网络计划的计划工期应按式(4-10)确定。在本例中，假设未规定要求工期，则其计划工期就等于计算工期，即 $T_p=T_c=15$。

计划工期应标注在网络计划终点节点的右上方，如图 4-31 所示。

(3)计算工作的最迟完成时间和最迟开始时间。工作最迟完成时间和最迟开始时间的计算应从网络计划的终点节点开始，逆着箭线方向依次进行。其计算步骤如下：

①以网络计划终点节点为完成节点的工作，其最迟完成时间等于网络计划的计划工期，即

$$LF_{i-n}=T_p$$

式中　LF_{i-n}——以网络计划终点节点 n 为完成节点的工作的最迟完成时间；

T_p——网络计划的计划工期。

例如，在本例中，工作 2—7、工作 5—7 和工作 6—7 的最迟完成时间为
$$LF=T_p=15$$

②工作的最迟开始时间，即
$$LS_{i-j}=LF_{i-j}-D_{i-j} \tag{4-11}$$

式中符号意义同前。

例如，在本例中，工作 2—7、工作 5—7 和工作 6—7 的最迟开始时间分别为
$$LS_{2-7}=15-5=10$$
$$LS_{5-7}=15-3=12$$
$$LS_{6-7}=15-5=10$$

③其他工作的最迟完成时间应等于其紧后工作最迟开始时间的最小值，即
$$LF_{i-j}=\min\{LS_{j-k}\}=\min\{LF_{j-k}-D_{j-k}\} \tag{4-12}$$

例如，在本例中，工作 3—5 和工作 4—6 的最迟完成时间分别为
$$LF_{3-5}=\min\{LS_{5-7}, LS_{6-7}\}=\min\{12, 10\}=10$$
$$LF_{4-6}=LS_{6-7}=10$$

(4) 计算工作的总时差。工作的总时差等于该工作最迟完成时间与最早完成时间之差，或该工作最迟开始时间与最早开始时间之差，即
$$TF_{i-j}=LF_{i-j}-EF_{i-j}=LS_{i-j}-ES_{i-j} \tag{4-13}$$

式中符号意义同前。

例如，在本例中，工作 3—5 的总时差为
$$TF_{3-5}=LF_{3-5}-EF_{3-5}=10-9=1$$

或
$$TF_{3-5}=LS_{3-5}-ES_{3-5}=5-4=1$$

(5) 计算工作的自由时差。工作自由时差的计算应按以下两种情况分别考虑：

①对于有紧后工作的工作，其自由时差等于本工作的紧后工作最早开始时间减本工作最早完成时间所得之差的最小值，即
$$FF_{i-j}=\min\{ES_{j-k}-EF_{i-j}\}=\min\{ES_{j-k}-ES_{i-j}-D_{i-j}\} \tag{4-14}$$

式中符号意义同前。

例如，在本例中，工作 1—4 和工作 3—5 的自由时差分别为
$$FF_{1-4}=ES_{4-6}-EF_{1-4}=4-2=2$$
$$FF_{3-5}=\min\{ES_{5-7}-EF_{3-5}, ES_{6-7}-EF_{3-5}\}$$
$$=\min\{9-9, 10-9\}=0$$

②对于无紧后工作的工作，也就是以网络计划终点节点为完成节点的工作，其自由时差等于计划工期与本工作最早完成时间之差，即
$$FF_{i-n}=T-EF_{i-n}=T_P-ES_{i-n}-D_{i-n} \tag{4-15}$$

式中 FF_{i-n}——以网络计划终点节点 n 为完成节点的工作 $i-n$ 的自由时差。

例如，在本例中，工作 2—7、工作 5—7 和工作 6—7 的自由时差分别为
$$FF_{2-7}=T_p-EF_{2-7}=15-11=4$$
$$FF_{5-7}=T_p-EF_{5-7}=15-12=3$$
$$FF_{6-7}=T_p-EF_{6-7}=15-15=0$$

需要指出的是，对于网络计划中以终点节点为完成节点的工作，其自由时差与总时差相等。另外，由于工作的自由时差是其总时差的构成部分，所以，当工作的总时差为零时，其自由时差必然为零，可不必进行专门计算。例如，在本例中，工作1—3、工作4—6和工作6—7的总时差全部为零，故其自由时差也全部为零。

(6)确定关键工作和关键线路。在网络计划中，总时差最小的工作为关键工作。特别是当网络计划的计划工期等于计算工期时，总时差为零的工作就是关键工作。例如，在本例中，工作1—3、工作4—6和工作6—7的总时差均为零，故它们都是关键工作。找出关键工作之后，将这些关键工作首尾相连，便构成从起点节点到终点节点的通路，位于该通路上各项工作的持续时间总和最大，这条通路就是关键线路。在关键线路上可能有虚工作存在。

关键线路一般用粗箭线或双箭线标出，也可以用彩色箭线标出。例如，在本例中，线路①→③→④→⑥→⑦为关键线路。关键线路上各项工作的持续时间总和应等于网络计划的计算工期，这一特点也是判别关键线路是否正确的准则。

在上述计算过程中，是将每项工作的6个时间参数均标注在图中，故称为六时标注法，如图4-31所示。为了使网络计划的图面更加简洁，在双代号网络计划中，除各项工作的持续时间外，通常只需要标注两个最基本的时间参数——各项工作的最早开始时间和最迟开始时间即可，而工作的其他4个时间参数(最早完成时间、最迟完成时间、总时差和自由时差)均可以根据工作的最早开始时间、最迟开始时间及持续时间导出，这种方法称为二时标注法，如图4-32所示。

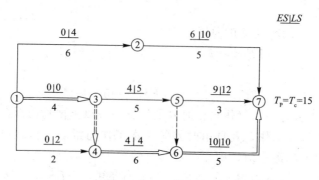

图4-32 二时标注法

2. 标号法

标号法是一种快速寻求网络计划计算工期和关键线路的方法。它利用按节点计算法的基本原理，对网络计划中的每一个节点进行标号，然后利用标号值确定网络计划的计算工期和关键线路。

下面仍以图4-30所示网络计划为例，说明标号法的计算过程。其计算结果如图4-33所示。

标号法的计算过程如下：

(1)网络计划起点节点的标号值为零。例如，在本例中，节点①的标号值为零。

(2)其他节点的标号值应根据式(4-16)按节点编号从小到大顺序进行计算：

$$b_j = \max\{b_i + D_{i-j}\} \tag{4-16}$$

式中 b_j——工作$i—j$的完成节点j的标号值；

b_i——工作$i—j$的开始节点i的标号值；

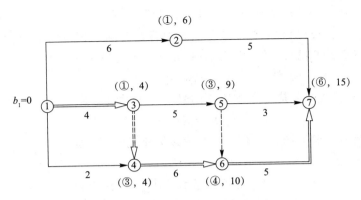

图 4-33 双代号网络计划(标号法)

D_{i-j}——工作 $i—j$ 的持续时间。

例如,在本例中,节点③和节点④的标号值分别为

$$b_3 = b_1 + D_{1-3} = 0 + 4 = 4$$
$$b_4 = \max\{b_1 + D_{1-4}, b_3 + D_{3-4}\} = \max\{0+2, 4+0\} = 4$$

当计算出节点的标号值后,应该用其标号值及其源节点对该节点进行标号。所谓源节点,就是用来确定本节点标号值的节点。例如,在本例中,节点④的标号值 4 由节点③所确定,故节点④的源节点就是节点③。如果源节点有多个,应将所有源节点标出。

(3)网络计划的计算工期就是网络计划终点节点的标号值。例如,在本例中,其计算工期就等于终点节点⑦的标号值 15。

(4)关键线路应从网络计划的终点节点开始,逆着箭线方向按源节点确定。例如,在本例中,从终点节点⑦开始,逆着箭线方向按源节点可以找出关键线路为①→③→④→⑥→⑦。

4.7.3 单代号网络计划时间参数的计算

单代号网络计划与双代号网络计划只是表现形式不同,它们所表达的内容则完全一样。下面以图 4-34 所示的单代号网络计划为例,说明其时间参数的计算。

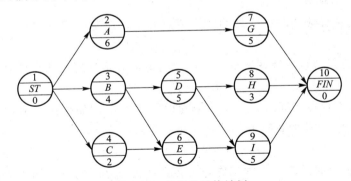

图 4-34 单代号网络计划

1. 计算工作的最早开始时间和最早完成时间

工作最早开始时间和最早完成时间的计算应从网络计划的起点节点开始,顺着箭线方

向按节点编号从小到大的顺序依次进行。其计算步骤如下：

(1)网络计划起点节点所代表的工作，其最早开始时间未规定时取值为零，例如，在本例中，起点节点 ST 所代表的工作(虚工作)的最早开始时间为零，即

$$ES_1=0 \tag{4-17}$$

(2)工作的最早完成时间应等于本工作的最早开始时间与其持续时间之和，即

$$EF_i=ES_i+D_i \tag{4-18}$$

例如，在本例中，虚工作 ST 和工作 A 的最早完成时间分别为

$$EF_1=ES_1+D_1=0+0=0 \text{；} EF_2=ES_2+D_2=0+6=6$$

(3)其他工作的最早开始时间应等于其紧前工作最早完成时间的最大值，即

$$ES_j=\max\{EF_i\} \tag{4-19}$$

例如，在本例中，工作 E 和工作 G 的最早开始时间分别为

$$ES_6=\max\{EF_3,EF_4\}=\max\{4,2\}=4$$
$$ES_7=EF_2=6$$

(4)网络计划的计算工期等于其终点节点所代表的工作的最早完成时间。例如，在本例中，其计算工期为

$$T_c=EF_{10}=15$$

2. 计算相邻两项工作之间的时间间隔($LAG_{i,j}$)

相邻两项工作之间的时间间隔是指其紧后工作的最早开始时间与本工作最早完成时间的差值，即

$$LAG_{i,j}=ES_j-EF_i \tag{4-20}$$

例如，在本例中，工作 A 与工作 G、工作 C 与工作 E 的时间间隔分别为

$$LAG_{2,7}=ES_7-EF_2=6-6=0 \text{；} LAG_{4,6}=ES_6-EF_4=4-2=2$$

3. 确定网络计划的计划工期

网络计划的计划工期按式(4-10)确定。例如，在本例中，假设未规定要求工期，则其计划工期就等于计算工期，即

$$T_p=T_c=15$$

4. 计算工作的总时差

工作总时差的计算应从网络计划的终点节点开始，逆着箭线方向按节点编号从大到小的顺序依次进行。

(1)网络计划终点节点 n 所代表的工作的总时差应等于计划工期与计算工期之差，即

$$TF_n=T_p-T_c$$

当计划工期等于计算工期时，该工作的总时差为零。例如，在本例中，终点节点⑩所代表的工作 FIN(虚工作)的总时差，即

$$TF_{10}=T_p-T_c=15-15=0 \tag{4-21}$$

(2)其他工作的总时差应等于本工作与其各紧后工作之间的时间间隔与该紧后工作的总时差所得之和的最小值，即

$$TF_i=\min\{LAG_{i,j}+TF_j\} \tag{4-22}$$

例如，在本例中，工作 H 和工作 D 的总时差分别为

$$TF_8=LAG_{8,10}+TF_{10}=3+0=3$$

$$TF_5 = \min\{LAG_{5,8} + TF_8, LAG_{5,9} + TF_9\}$$
$$= \min\{0+3, 1+0\}$$
$$= 1$$

5. 计算工作的自由时差

(1)网络计划终点节点 n 所代表的工作的自由时差等于计划工期与本工作的最早完成时间之差,即

$$FF_n = T_p - EF_n \tag{4-23}$$

例如,在本例中,终点节点⑩所代表的工作 FIN(虚工作)的自由时差为

$$FF_{10} = T_p - EF_{10} = 15 - 15 = 0$$

(2)其他工作的自由时差等于本工作与其紧后工作之间时间间隔的最小值,即

$$FF_i = \min\{LAG_{5,9}\}$$

例如,在本例中,工作 D 和工作 G 的自由时差分别为

$$FF_5 = \min\{LAG_{5,8}, LAG_{5,9}\} = \min\{0, 1\} = 0$$
$$FF_7 = LAG_{7,10} = 4$$

6. 计算工作的最迟完成时间和最迟开始时间

工作的最迟完成时间和最迟开始时间的计算可以按以下两种方法进行:

(1)根据总时差计算。

①工作的最迟完成时间等于工作的最早完成时间与其总时差之和,即

$$LF_i = EF_i + TF_i \tag{4-24}$$

例如,在本例中,工作 D 和工作 G 的最迟完成时间分别为

$$LF_5 = EF_5 + TF_5 = 9 + 1 = 10$$
$$LF_7 = EF_7 + TF_7 = 11 + 4 = 15$$

②工作最迟开始时间等于本工作的最早开始时间与其总时差之和,即

$$LS_i = ES_i + TF_i \tag{4-25}$$

例如,在本例中,工作 D 和工作 G 的最迟开始时间分别为

$$LS_5 = ES_5 + TF_5 = 4 + 1 = 5$$
$$LS_7 = ES_7 + TF_7 = 6 + 4 = 10$$

(2)根据计划工期计算。工作最迟完成时间和最迟开始时间的计算应从网络计划的终点节点开始,逆着箭线方向按节点编号从大到小的顺序依次进行。

①网络计划终点节点 n 所代表的工作的最迟完成时间等于该网络计划的计划工期,即

$$LF_n = T_p \tag{4-26}$$

例如,在本例中,终点节点⑩所代表的工作 FIN(虚工作)的最迟完成时间为

$$LF_{10} = T_p = 15$$

②工作的最迟开始时间等于本工作的最迟完成时间与其持续时间之差,即

$$LS_i = LF_i - D_i \tag{4-27}$$

例如,在本例中,虚工作 FIN 和工作 G 的最迟开始时间分别为

$$LS_{10} = LF_{10} - D_{10} = 15 - 0 = 15$$
$$LS_7 = LF_7 - D_7 = 15 - 5 = 10$$

③其他工作的最迟完成时间等于该工作各紧后工作最迟开始时间的最小值，即

$$LF_i = \min\{LS_j\} \tag{4-28}$$

例如，在本例中，工作 H 和工作 D 的最迟完成时间分别为

$$LF_8 = LS_{10} = 15$$
$$LF_5 = \min\{LS_8, LS_9\}$$
$$= \min\{12, 10\}$$
$$= 10$$

7. 确定网络计划的关键线路

(1) 利用关键工作确定关键线路。总时差最小的工作为关键工作，将这些关键工作相连，并保证相邻两项关键工作之间的时间间隔为零而构成的线路就是关键线路。

在本例中，由于工作 B、E、I 的总时差均为零，故它们为关键工作。由网络计划的起点节点①和终点节点⑩与上述 3 项关键工作组成的线路上，相邻两项工作之间的时间间隔全部为零，故线路①→③→⑥→⑨→⑩为关键线路。

(2) 利用相邻两项工作之间的时间间隔确定关键线路。从网络计划的终点节点开始，逆着箭线方向依次找出相邻两项工作之间时间间隔为零的线路就是关键线路。例如，在本例中，逆着箭线方向可以直接找出关键线路①→③→⑥→⑨→⑩，因为在这条线路上，相邻两项工作之间的时间间隔均为零。在网络计划中，关键线路可以用粗箭线或双箭线标出，也可以用彩色箭线标出。计算结果如图 4-35 所示。

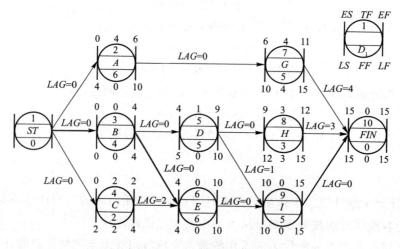

图 4-35 单代号网络计划

课堂实训

实训目的：掌握网络计划时间参数的计算。

实训题目：

1. 根据表 4-18 所示的逻辑关系，绘制双代号网络图，并用图上计算法计算所有的时间参数，并标出关键线路，计算出总工期。

表 4-18 逻辑关系

工作	A	B	C	D	E	F	G	H	I	J	K
紧前工作	—	—	B、E	A、C、H	—	B、E	E	F、G	F、G	A、C、I、H	F、G
持续时间	22	10	13	8	15	17	15	6	11	12	20

2. 根据表 4-19 所示的逻辑关系，绘制双代号网络图，并用图上计算法计算所有的时间参数，并标出关键线路，计算出总工期。

表 4-19 逻辑关系

工作	A	B	C	D	E	G	H	I	J	K
紧前工作	—	A	A	A	B	C、D	D	B	E、H、G	G
持续时间	2	3	4	5	6	3	4	7	2	3

3. 根据表 4-20 所示的逻辑关系，绘制双代号网络图，并用图上计算法计算所有的时间参数，并标出关键线路，计算出总工期。

表 4-20 逻辑关系

工作	A	B	C	D	E	G	H	I	J	K
紧前工作	—	A	A	B	B	D	G	E、G	C、E、G	H、I
持续时间	2	3	5	2	3	3	2	3	6	2

4. 根据表 4-21 所示的逻辑关系，绘制单代号网络图，并用图上计算法计算所有的时间参数，并标出关键线路，计算出总工期，计算各工作之间的时间间隔（LAG）。

表 4-21 逻辑关系

工作	A	B	C	D	E	G
紧前工作	—	—	—	B	B	C、D
持续时间	12	10	5	7	6	4
工作名称	A	B	C	D	E	G
紧后工作	D、E	D、E	E	G	G	—
持续时间	11	12	14	13	12	15

5. 根据图 4-36～图 4-43，用标号法计算出总工期，并画出关键线路。

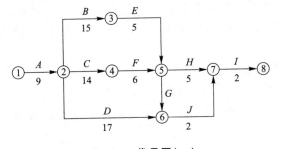

图 4-36 代号图(一)

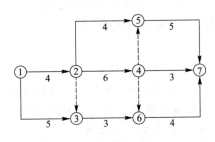

图 4-37 代号图(二)

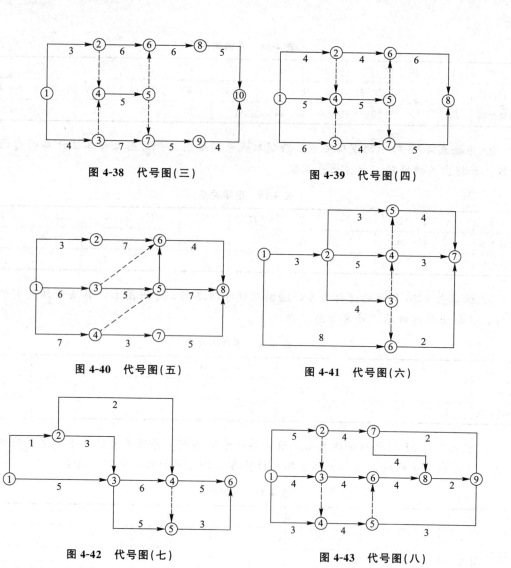

图 4-38 代号图(三)　　图 4-39 代号图(四)

图 4-40 代号图(五)　　图 4-41 代号图(六)

图 4-42 代号图(七)　　图 4-43 代号图(八)

6. 某工程网络计划中 A 工作的持续时间为 5 d，总时差为 8 d，自由时差为 4 d，如果 A 工作实际进度拖延 13 d，则会影响计划工期_____d。

7. 已知某工作 i—j 的持续时间为 4 d，其 I 节点的最早开始时间为第 18 d，最迟开始时间为第 21 d，则该工作的最早完成时间为_____d。

8. 在单代号网络计划中，设 H 工作的紧后工作有 I 和 J，总时差分别为 3 d 和 4 d，工作 H、I 之间间隔时间为 8 d，工作 H、J 之间间隔时间为 6 d，则工作 H 的总时差为_____d。

9. 已知在工程网络计划中，某工作有 4 项紧后工作，最迟开始时间分别为第 18 d、20 d、21 d、23 d，如果该工作的持续时间为 6 d，则其最迟开始时间为第_____d。

10. 在工程网络计划执行过程中，当某项工作的最早完成时间推迟天数超过自由时差时，将会影响紧后工作的_____。

11. 在工程网络计划中，工作 M 的最迟完成时间为第 25 d，其持续时间为 6 d。该工作有 3 项紧前工作，它们的最早完成时间分别为第 10 d、12 d、13 d，则工作 M 的总时差为_____d。

12. 对上一课堂实训中实训 9 的任务背景绘制出的双代号网络图进行时间参数计算，找出关键线路。

4.8 双代号时标网络计划

双代号时标网络计划（简称时标网络计划）必须以水平时间坐标为尺度表示工作时间。时标的时间单位应根据需要在编制网络计划之前确定，可以是小时、天、周、月或季度等。

在时标网络计划中，以实箭线表示工作，实箭线的水平投影长度表示该工作的持续时间；以虚箭线表示虚工作，由于虚工作的持续时间为零，故虚箭线只能垂直画；以波形线表示工作与其紧后工作之间的时间间隔（以终点节点为完成节点的工作除外，当计划工期等于计算工期时，这些工作箭线中波形线的水平投影长度表示其自由时差）。

时标网络计划既具有网络计划的优点，又具有横道计划直观易懂的优点，它将网络计划的时间参数直观地表达出来。

4.8.1 时标网络计划的编制方法

时标网络计划宜按各项工作的最早开始时间编制。为此，在编制时标网络计划时，应使每一个节点和每一项工作（包括虚工作）尽量向左靠，直至不出现从右向左的逆向箭线为止。在编制时标网络计划之前，应先按已经确定的时间单位绘制时标网络计划表。时间坐标可以标注在时标网络计划表的顶部或底部。当网络计划的规模比较大，且比较复杂时，可以在时标网络计划表的顶部和底部同时标注时间坐标。必要时，还可以在顶部时间坐标之上或底部时间坐标之下同时加注日历时间。

在编制时标网络计划前，应先绘制无时标的网络计划草图，计算时间参数并确定关键线路，然后在时标网络计划表中进行绘制。在绘制时，应先将所有节点按其最早时间定位在时标网络计划表中的相应位置，然后用规定线型（实箭线和虚箭线）按比例绘制出工作和虚工作。当某些工作箭线的长度不足以到达该工作的完成节点时，须用波形线补足，箭头应画在与该工作完成节点的连接处。

例如，图 4-30 所示的双代号网络计划时标网络计划如图 4-44 所示。

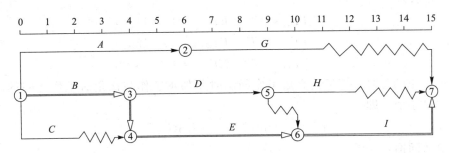

图 4-44 双代号时标网络计划

4.8.2 网络计划中时间参数的判定

1. 关键线路和计算工期的判定

(1) 关键线路的判定。时标网络计划中的关键线路可以从网络计划的终点节点开始，逆着线路方向进行判定。凡自始至终不出现波形线的线路即关键线路。因为不出现波形线路就说明在这条线上相邻两项工作之间的时间间隔全部为零，也就是在计算工期等于计划工期前提下这些工作的总时差和自由时差全部为零。例如，在图 4-44 所示的时标网络计划中，线路①→③→④→⑥→⑦即关键线路。

(2) 计算工期的判定。网络计划的计算工期应等于终点节点所对应的时标值与起点节点所对应的时标值之差。例如，图 4-44 所示时标网络计划的计算工期 $T_c=15-0=15$。

2. 相邻两项工作之间时间间隔的判定

除以终点节点为完成节点的工作外，工作箭线中波形线的水平投影长度表示工作与其紧后工作之间的时间间隔。例如，在图 4-44 所示的时标网络计划中，工作 C 和工作 E 之间的时间间隔为 2；工作 D 和工作 I 之间的时间间隔为 1。

3. 工作时间参数的判定

(1) 工作最早开始时间和最早完成时间的判定。工作箭线左端节点中心所对应的时标值为该工作的最早开始时间；当工作箭线中不存在波形线时，其右端节点中心所对应的时标值为该工作的最早完成时间；当工作箭线中存在波形线时，工作箭线实线部分右端点所对应的时标值为该工作的最早完成时间，例如，图 4-44 所示的时标网络计划中，工作 A 和工作 H 的最早开始时间分别为 0 和 9，而它们的最早完成时间分别为 6 和 12。

(2) 工作总时差的判定。工作总时差的判定应从网络计划的终点节点开始，逆着箭线方向依次进行。

① 以终点节点为完成节点的工作，其总时差应等于计划工期与本工作最早完成时间之差，即

$$TF_{i-n}=T_p-EF_{i-n} \tag{4-29}$$

式中符号意义同前。

例如，在图 4-44 所示的时标网络计划中，计划工期为 15 d，则工作 G、工作 H、工作 I 的总时差分别为

$$TF_{2-7}=T_p-EF_{2-7}=15-11=4$$
$$TF_{5-7}=T_p-EF_{5-7}=15-12=3$$
$$TF_{6-7}=T_p-EF_{6-7}=15-15=0$$

② 其他工作的总时差等于其紧后工作的总时差加本工作与该紧后工作之间的时间间隔所得之和的最小值，即

$$TF_{i-j}=\min\{TF_{j-k}+LAG_{i-j,j-k}\} \tag{4-30}$$

式中符号意义同前。

例如，在图 4-44 所示的时标网络计划中，工作 A、工作 C、工作 D 的总时差分别为

$$TF_{1-2}=TF_{2-7}+LAG_{1-2,2-7}=4+0=4$$
$$TF_{1-4}=TF_{4-6}+LAG_{1-4,4-6}=0+2=2$$
$$TF_{3-5}=\min\{TF_{5-7}+LAG_{3-5,5-7},\ TF_{6-7}+LAG_{3-5,6-7}\}$$

$$= \min\{3+0, 0+1\}$$
$$= 1$$

(3)工作自由时差的判定。

①以终点节点为完成节点的工作,其自由时差应等于计划工期与本工作最早完成时间之差,即

$$FF_{i-n}=T_p-EF_{i-n} \tag{4-31}$$

例如,在图 4-44 所示的时标网络计划中,工作 G、工作 H 和工作 J 的自由时差分别为

$$FF_{2-7}=T_p-EF_{2-7}=15-11=4$$
$$FF_{5-7}=T_p-EF_{5-7}=15-12=3$$
$$FF_{6-7}=T_p-EF_{6-7}=15-15=0$$

事实上,以终点节点为完成节点的工作,其自由时差与总时差必然相等。

②其他工作的自由时差就是该工作箭线中波形线的水平投影长度。但当工作之后只紧接虚工作时,则该工作箭线上一定不存在波形线,而其紧接的虚箭线中波形线水平投影长度的最短者为该工作的自由时差。

例如,在图 4-44 所示的时标网络计划中,工作 A、工作 B、工作 D 和工作 E 的自由时差均为零,而工作 C 的自由时差为 2。

(4)工作最迟开始时间和最迟完成时间的判定。

①工作最迟开始时间等于本工作的最早开始时间与其总时差之和,即

$$LS_{i-j}=ES_{i-j}+TF_{i-j} \tag{4-32}$$

例如,在图 4-44 所示的时标网络计划中,工作 A、工作 C、工作 D、工作 G、工作 H 的最迟开始时间分别为

$$LS_{1-2}=ES_{1-2}+TF_{1-2}=0+4=4$$
$$LS_{1-4}=ES_{1-4}+TF_{1-4}=0+2=2$$
$$LS_{3-5}=ES_{3-5}+TF_{3-5}=4+1=5$$
$$LS_{2-7}=ES_{2-7}+TF_{2-7}=6+4=10$$
$$LS_{5-7}=ES_{5-7}+TF_{5-7}=9+3=12$$

②工作最迟完成时间等于本工作的最早完成时间与其总时差之和,即

$$LF_{i-j}=EF_{i-j}+TF_{i-j} \tag{4-33}$$

例如,在图 4-44 所示的时标网络计划中,工作 A、工作 C、工作 D、工作 G、工作 H 的最迟完成时间分别为

$$LF_{1-2}=EF_{1-2}+TF_{1-2}=6+4=10$$
$$LF_{1-4}=EF_{1-4}+TF_{1-4}=2+2=4$$
$$LF_{3-5}=EF_{3-5}+TF_{3-5}=9+1=10$$
$$LF_{2-7}=EF_{2-7}+TF_{2-7}=11+4=15$$
$$LF_{5-7}=EF_{5-7}+TF_{5-7}=12+3=15$$

小结:要掌握双代号时标网络计划,必须先掌握横道图、网络图的绘制和计算,否则学习起来很困难。

课堂实训

实训目的:掌握双代号时标网络计划的绘制、计算。

实训题目：

1. 某分部工程双代号时标网络计划如图 4-45 所示，该计划所提供的正确信息有（ ）。

    A. 工作 B 的总时差为 3 d   B. 工作 C 的总时差为 2 d

    C. 工作 G 的自由时差为 2 d   D. 工作 D 为非关键工作

    E. 工作 E 的总时差为 3 d

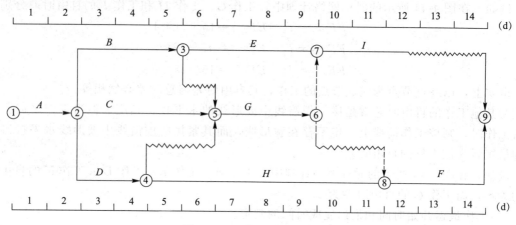

图 4-45 双代号时标网络计划

2. 已知各工作之间逻辑关系见表 4-22，绘制出双代号时标网络计划，找出关键线路，计算出工期。

表 4-22 逻辑关系

工作名称	A	B	C	D	E
紧前工作	—	—	A	A、B	B
持续时间	1	3	4	5	3

3. 对上一课堂实训中实训 13 绘制出的双代号网络图绘制双代号时标网路计划，并进行总时差和自由时差的计算，找出关键线路。

4.9 进度控制的步骤和措施

4.9.1 进度控制的步骤

（1）熟悉进度计划的目标、步骤、顺序、数量、时间和技术要求。根据不同编制方法编制的不同深度、不同功能、不同周期的进度计划，熟悉不同的资源需求计划、里程碑事件等，熟悉关键线路上的各项活动过程和主要影响因素。

（2）实施跟踪检查，进行数据记录与统计。检查工程量的完成情况；检查工作时间的执行情况；检查工作顺序的执行情况；检查资源使用与进度保证的情况；前一次进度计划检查提出问题的整改情况。

（3）将实际数据与进度计划对比，分析计划执行情况，形成报告。进度报告内容包括进度计划实施情况的综合描述，实际工程进度与计划进度的比较，进度计划在实施过程中存在的问题及其原因分析，进度计划执行情况对工程质量、安全和施工成本的影响情况，将要采取的措施，进度的预测。

(4)调整进度计划，确保各项计划目标实现。进度计划调整包括工作量的调整、工作(工序)起止时间的调整、工作关系的调整、资源提供条件的调整、必要目标的调整。

4.9.2 进度控制的措施

进度控制的措施包括组织措施、技术措施、经济措施、沟通协调措施。

抗疫精神：火雷精神

1. 组织措施

组织措施是目标能否实现的决定性因素，因此，为实现项目的进度目标，应充分重视健全项目管理的组织体系。在项目组织结构中，应由专门的工作部门和具备进度控制岗位资格的专人负责进度控制工作。

进度控制工作包含了大量的组织和协调工作，而会议是组织和协调的重要手段，应进行有关进度控制会议的组织设计。

2. 技术措施

技术措施包括设计技术措施和施工技术措施。

不同的设计理念、设计技术路线、设计方案会对工程进度产生不同的影响。在工程进度受阻时，应分析是否存在设计技术的影响因素，有无设计变更的必要和是否可能变更。

施工方案对工程进度有直接影响，不仅应分析技术的先进性和经济合理性，还应考虑其对进度的影响。在工程进度受阻时，应分析是否存在施工技术的影响因素，有无改变施工技术、施工方法和施工机械的可能性。

3. 经济措施

经济措施包括工程资金需求计划和加快施工进度的经济激励措施。

(1)为确保进度目标的实现，应编制与进度计划相适应的资源需求计划(资源进度计划)，包括资金需求计划和其他资源(人力和物力资源)需求计划，以反映工程施工的各时段所需要的资源。通过资源需求的分析，可以发现所编制的进度计划实现的可能性，若资源条件不具备，则应调整进度计划。

(2)在编制工程成本计划时，应考虑加快工程进度所需要的资金，其中包括为实现施工进度目标将要采取的经济激励措施所需要的费用。

4. 沟通协调措施

在建设工程项目实施过程中存在的诸多问题中，2/3与信息交流不畅有关，可见各方协调沟通顺畅是保证进度计划顺利实施的前提。沟通协调措施包括开会、制定管理章程等。

➤ 模块小结

项目进度管理，是指采用科学的方法确定进度目标，编制进度计划和资源供应计划，进行进度控制，在与质量、费用目标协调的基础上，实现工期目标。项目进度管理的主要目标是要在规定的时间内，制订出合理、经济的进度计划，然后在该计划的执行过程中，检查实际进度是否与计划进度一致，保证项目按时完成。

在本模块的学习中，学生应掌握项目进度管理的两种编制方法，了解进度与成本控制、质量控制的关系，了解在规定的时间内，如何拟订出合理且经济的进度计划。在执行该计划的过程中，学会检查实际进度是否按计划要求进行，若出现偏差，要及时找出原因，采取补救措施或调整、修改原计划，直至项目完成。

本模块难点是网络图的绘制及如何与上一章的施工组织设计衔接。

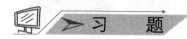

一、单选题

1. 在工程网络计划中，工作 M 的最早开始时间为第 17 d，其持续时间为 5 d。该工作有三项紧后工作，它们的最迟开始时间分别为第 25 d、第 27 d 和第 30 d，则工作 M 的自由时差为（　　）d。
   A. 13　　　　　　B. 8　　　　　　C. 5　　　　　　D. 3

2. 在工程网络计划中，工作 M 的最早开始时间为第 28 d，其持续时间为 9 d。该工作有 3 项紧后工作，它们的最迟开始时间分别为第 40 d、第 43 d 和第 48 d，则工作 M 的总时差为（　　）d。
   A. 20　　　　　　B. 11　　　　　　C. 3　　　　　　D. 12

3. 在工程网络计划执行过程中，当某项工作的总时差刚好被全部利用时，则不会影响（　　）。
   A. 其紧后工作的最早开始时间　　B. 其后续工作的最早开始时间
   C. 其紧后工作的最迟开始时间　　D. 本工作的最早完成时间

4. 工程网络计划的计算工期应等于其所有结束工作（　　）。
   A. 最早完成时间的最小值　　B. 最早完成时间的最大值
   C. 最迟完成时间的最小值　　D. 最迟完成时间的最大值

5. 在工程网络计划中，判别关键工作的条件是（　　）最小。
   A. 自由时差　　　B. 总时差　　　C. 持续时间　　　D. 时间间隔

6. 当工程网络计划的计算工期小于计划工期时，关键线路上（　　）为零。
   A. 工作的总时差　　B. 工作的持续时间
   C. 相邻工作之间的时间间隔　　D. 工作的自由时差

7. 某工程单代号网络计划如图 4-46 所示，其关键线路有（　　）条。
   A. 2　　　　　　B. 3　　　　　　C. 4　　　　　　D. 5

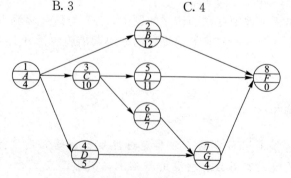

图 4-46　某工程单代号网络计划

8. 当工程网络计划的计算工期不等于计划工期时，正确的结论是（   ）。
   A. 关键节点最早时间等于最迟时间
   B. 关键工作的自由时差为零
   C. 关键线路上相邻工作之间的时间间隔为零
   D. 关键工作最早开始时间等于最迟开始时间
9. 已知某工程双代号网络计划的计划工期等于计算工期，且工作 M 的开始节点和完成节点均为关键节点，则该工作（   ）。
   A. 为关键工作　　　　　　　　B. 总时差等于自由时差
   C. 自由时差为零　　　　　　　D. 总时差大于自由时差
10. 在某工程单代号网络计划中，下列不正确的提法是（   ）。
    A. 关键线路至少有一条
    B. 在计划实施过程中，关键线路始终不会改变
    C. 关键工作的机动时间最小
    D. 相邻关键工作之间的时间间隔为零
11. 在双代号时标网络计划中，虚箭线上波形线的长度表示（   ）。
    A. 工作的总时差　　　　　　　B. 工作的自由时差
    C. 工作的持续时间　　　　　　D. 工作之间的时间间隔
12. 在双代号时标网络计划中，若某工作箭线上没有波形线，则说明该工作（   ）。
    A. 为关键工作　　　　　　　　B. 自由时差为零
    C. 总时差等于自由时差　　　　D. 自由时差不超过总时差
13. 某工程双代号网络计划中，（   ）的线路不一定就是关键线路。
    A. 总持续时间最长　　　　　　B. 相邻工作之间的时间间隔均为零
    C. 由关键节点组成　　　　　　D. 时标网络计划中没有波形线
14. 某分部工程双代号时标网络计划如图 4-47 所示，工作 B 的总时差和自由时差（   ）d。
    A. 均为 0　　　　　　　　　　B. 分别为 2 和 0
    C. 均为 2　　　　　　　　　　D. 分别为 4 和 0

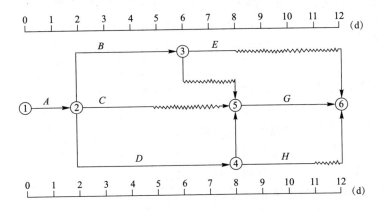

图 4-47　某分部工程双代号时标网络计划

15. 单代号网络计划如图4-48所示,其计算工期为( )d。
    A. 11 B. 8 C. 10 D. 14

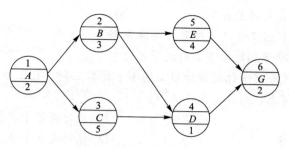

图4-48 单代号网络计划

16. 各种进度计划编制所需要的必要资料是在项目进展过程中逐步形成的,( )是项目进度控制的依据。
    A. 建设工程项目进度计划系统   B. 控制性进度计划
    C. 总进度规划   D. 总进度计划

17. 施工组织总设计中的施工总进度计划的安排取决于( )。
    A. 资源需用量计划   B. 主要工种工程的工程量
    C. 施工方案   D. 技术经济指标

18. 施工单位编制季、月、旬施工计划的依据是( )。
    A. 施工组织总设计   B. 单位工程施工组织设计
    C. 分部分项工程施工组织设计   D. 单项工程施工组织设计

19. 项目施工的月度施工计划和旬施工计划是用于直接组织施工作业的计划,它属于( )施工进度计划。
    A. 指导性   B. 控制性
    C. 规划性   D. 实施性

20. 建设工程项目施工进度计划若从计划的功能上区分,可分为( )。
    A. 总进度计划、项目子系统进度计划、项目子系统中的单项工程进度计划
    B. 控制性进度计划、指导性进度计划、实施性(操作性)进度计划
    C. 业主方、设计方、施工方、供货方进度计划
    D. 年度、季度、月度和旬计划等

二、多选题

1. 在工程网络计划中,关键工作是指( )的工作。
    A. 时标网络计划中无波形线
    B. 双代号网络计划中两端节点为关键节点
    C. 最早开始时间与最迟开始时间相差最小
    D. 最早完成时间与最迟完成时间相差最小
    E. 与紧后工作之间时间间隔为零的工作

2. 根据表4-23所示逻辑关系绘制而成的某分部工程双代号网络计划如图4-49所示,其中的错误有( )。
    A. 节点编号有误   B. 有循环回路

C. 有多个起点节点　　　　　　　　D. 有多个终点节点
E. 不符合给定逻辑关系

表 4-23　逻辑关系

工作名称	A	B	C	D	E	G	H	I
紧后工作	C、D	E	G	—	H、I	—	—	—

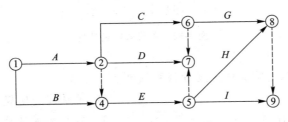

图 4-49　双代号网络计划

3. 某分部工程施工进度计划如图 4-50 所示，其作图错误包括（　　）。
   A. 存在多余虚工作　　　　　　　B. 节点编号有误
   C. 存在多个起点节点　　　　　　D. 存在多个终点节点
   E. 存在循环回路

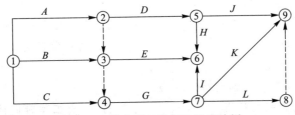

图 4-50　某分部工程施工进度计划

4. 某工程单代号网络计划如图 4-51 所示，关键工作有（　　）。
   A. 工作 B　　　　B. 工作 C　　　　C. 工作 D
   D. 工作 F　　　　E. 工作 H

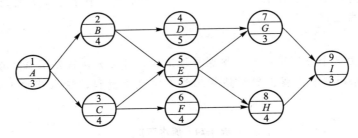

图 4-51　某工程单代号网络计划

5. 单代号网络计划如图 4-52 所示，其关键线路为（　　）。
   A. A→B→D→E→G　　　　　　B. A→B→D→F→G
   C. A→B→E→G　　　　　　　　D. A→B→C→E→G
   E. A→B→D→G

· 109 ·

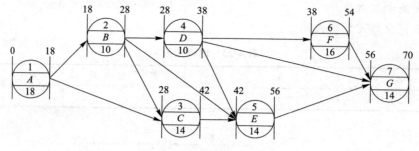

图 4-52 单代号网络计划

6. 由不同深度的计划构成的进度计划系统包括（　　）。
　A. 总进度规划　　　　　　　　　　B. 子系统进度规划
　C. 控制性进度计划　　　　　　　　D. 指导性进度计划
　E. 实施性进度计划

7. 建设工程项目进度控制的主要工作环节包括（　　）等。
　A. 进度目标的分析和论证　　　　　B. 进度控制工作职能分工
　C. 定期跟踪进度计划的执行情况　　D. 采取纠偏措施及调整进度计划
　E. 进度控制工作流程的编制

8. 施工进度计划调整包括（　　）。
　A. 调整工作量　　　　　　　　　　B. 调整工作（工序）起止时间
　C. 调整工作关系　　　　　　　　　D. 调整项目质量标准
　E. 调整工程计划造价

9. 施工进度计划检查的内容包括（　　）。
　A. 检查工程量的完成情况　　　　　B. 检查工作时间的执行情况
　C. 检查资源使用及进度保证的情况　D. 检查提出问题的整改情况
　E. 检查施工质量满足情况

10. 单代号网络图的特点是（　　）。
　A. 节点表示工作　　　　　　　　　B. 用虚工序
　C. 工序时间注在箭杆上　　　　　　D. 用箭杆表示工作的逻辑关系
　E. 不用虚工序

三、计算题

1. 本工程分为 3 个施工段，分为顶棚吊顶工程、地面瓷砖镶贴工程、墙面木饰面工程、墙面涂料工程、木门安装工程、壁纸裱糊工程 6 个施工过程，流水节拍见表 4-24，计算工期是多少？

表 4-24　流水节拍

施工过程	施工段		
	Ⅰ	Ⅱ	Ⅲ
顶棚吊顶工程	3	5	4
地面瓷砖镶贴工程	2	3	5
墙面木饰面工程	2	3	2

续表

施工过程	施工段		
	Ⅰ	Ⅱ	Ⅲ
墙面涂料工程	3	2	4
木门安装工程	2	2	3
壁纸裱糊工程	2	3	2

2. 某构件预制工程，划分为绑扎钢筋、支模板、浇筑混凝土3个施工过程，4个施工段，每个施工过程的作业时间见表4-25。

表4-25 施工过程的作业时间

施工过程	绑扎钢筋	支模板	浇筑混凝土
作业时间/d	3	6	3

问题：组织本工程的加快成倍节拍流水施工，绘制流水施工图并计算工期。

3. 某住宅共有4个单元，其基础工程的施工过程为：土方开挖、铺设垫层、绑扎钢筋、浇捣混凝土、砌筑砖基础、回填土。各个施工过程的工程量、每一工日（或台班）的产量定额、专业工作队人数（或机械台班）列入表4-26，由于铺设垫层施工过程和回填土施工过程的工程量较少，为了简化流水施工的组织，将铺设垫层与回填土这两个施工过程所需的时间作为间歇时间来处理，各自预留1 d时间。浇捣混凝土和砌筑砖基础之间的工艺间歇时间为2 d。

表4-26 各个施工过程的工程量、每一工日（或台班）的产量定额、专业工作队人数

施工过程	工程量	单位	产量定额	人数（台数）
土方开挖	780	m³	65	1台
铺设垫层	42	m³	—	—
绑扎钢筋	10 800	kg	450	2
浇捣混凝土	216	m³	1.5	12
砌筑砖基础	330	m³	1.25	22
回填土	350	m³	—	—

问题：

(1) 该工程应如何划分施工段？计算该基础工程各个施工过程在各个施工段上的流水节拍和工期，并绘制流水施工的横道计划。

(2) 如果该工程的工期为18 d，按等节奏流水施工方式组织施工，则该工程的流水节拍和流水步距应为多少？

模块 5　建筑装饰装修工程项目质量控制

知识目标

掌握建筑装饰装修工程项目质量及质量的概念；了解建筑装饰装修工程项目全面质量管理体系的运行；掌握建筑装饰装修工程项目的质量控制实施。

课件：建筑装饰装修工程项目质量控制

素质目标

能针对建筑装饰装修工程项目的特点进行质量控制。坚定爱国信念，讲好中国故事，传播好中国声音。增强创新意识，强化绿色施工理念，激发建设美丽中国的责任感和使命感。

5.1　建筑装饰装修工程项目质量控制基础知识

5.1.1　建筑装饰装修工程项目质量的概念

1. 质量的概念

质量的概念有广义和狭义之分。广义的质量是指工程项目质量。其包括工程实体质量和工作质量两部分。工程实体质量包括分项工程质量、分部工程质量、单位工程质量。工作质量可以概括为社会工作质量和生产过程质量两个方面。狭义的质量是指产品质量，即工程实体质量或工程质量。

(1)工程实体质量。建筑装饰装修工程实体作为一种综合加工的产品，它的质量是指建筑装饰装修工程产品适用于某种规定的用途，满足人们要求其所具备的质量特性的程度。由于建筑装饰装修工程实体具有"单件、定做"的特点，建筑装饰装修工程实体质量特性除具有一般产品所共有的特性外，还有其特殊之处。

①理化方面的性能。表现为机械性能(强度、塑性、硬度、冲击韧性等)，以及抗渗、耐热、耐磨、耐酸、耐腐蚀等性能。

②使用时间的特性。表现为建筑装饰装修工程产品的寿命或其使用性能稳定在设计指标以内所延续时间的能力。

③使用过程的特性。表现为建筑装饰装修工程产品的适用程度，对于有些功能性要求高的建筑，是否满足使用功能和环境美化的要求。

④经济特性。表现为造价，生产能力或效率，生产使用过程中的能耗、材耗及维修费用高低等。

⑤安全特性。表现为保证使用及维护过程中的安全性能。

(2)工作质量。工作质量是指参与项目建设各方为了保证工程产品质量所做的组织管理工作和各项工作的水平与完善程度。工程项目的质量是规划、勘测、设计、施工等各项工作的综合反映，而不是单纯靠质量检验检查出来的。要保证工程产品质量，就要求参与项目建设的各方有关人员对影响工程质量的所有因素进行控制，通过提高工作质量来保证和提高工程质量。

工作质量并不像工程质量那样直观，它主要体现在企业的一切经营活动中，通过经济效果、生产效率、工作效率和工程质量集中表现出来。

2. 质量管理

(1)质量管理的概念。质量管理是指确定质量方针、目标和职责，并在质量体系中通过诸如质量策划、质量控制、质量保证和质量改进使其实施全部管理职能的所有活动。

由定义可知，质量管理是一个组织全部管理职能的组成部分，其职能是质量方针、质量目标和质量职责的制定与实施。质量管理是有计划、有系统的活动，为实现质量管理需要建立质量体系，而质量体系又要通过质量策划、质量控制、质量保证和质量改进等活动发挥其职能，可以说这4项活动是质量管理工作的4大支柱。

(2)质量管理的重要性。"百年大计，质量第一"，质量管理工作已经越来越为人们所重视，企业领导清醒地认识到高质量的产品和服务是市场竞争的有效手段，是争取用户、占领市场和发展企业的根本保证。

工程项目投资大，消耗的人工、材料、能源多是与工程项目的重要性和在生产生活中发挥的巨大作用相辅相成的。如果工程质量差，不但不能发挥应有的效用，反而会因质量、安全等问题影响国计民生和社会环境的安全。工程项目的一次性特点决定了工程项目只能成功不能失败，工程质量差，不但关系到工程的适用性，而且关系到人民的生命财产安全。

工程质量的优劣，直接影响国家经济建设速度。工程质量差本身就是最大的浪费，低劣的质量，一方面需要大幅度增加维修的费用，另一方面还将给业主增加使用过程中的维修、改造费用。同时，低劣的质量必然缩短工程的使用寿命，使业主遭受更大的经济损失，还会带来停工、减产等间接损失。因此，质量问题直接影响我国经济建设的进度。

3. 工程项目质量体系要素

质量体系要素是构成质量体系的基本单元，它是产生和形成工程产品的主要因素，建筑装饰装修施工企业要根据企业自身的特点，参照质量管理和质量保证国际标准和国家标准中所列的质量体系要素的内容，选用和增删要素，建立和完善施工企业的质量体系，并将质量管理和质量保证落实到工程项目上。一方面，要按企业质量体系要素的要求，形成本工程项目的质量体系，并使之有效运行，达到提高工程质量和服务质量的目的；另一方面，工程项目要实施质量保证，特别是业主或第三方提出的外部质量保证要求，以赢得社会信誉，并且是企业进行质量体系认证的重要内容。

装饰装修工程作为实施建筑工程项目的一部分，其施工过程的管理体系与建筑工程基本一致，整个施工过程管理体系由17个要素构成，如图5-1所示。

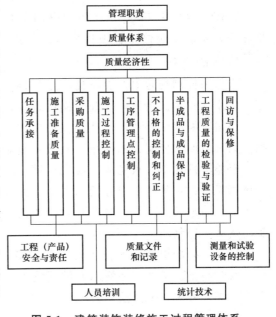

图5-1 建筑装饰装修施工过程管理体系

5.1.2 建筑装饰装修工程项目质量控制的原则

对建筑装饰装修工程项目而言，质量控制就是为了确保规范所规定的质量标准，所采取的一系列检测、监控措施、手段和方法。在进行建筑装饰装修工程项目质量控制的过程中，应遵循以下几项原则：

(1)坚持"质量第一，用户至上"。社会主义商品经营的原则是"质量第一，用户至上"。建筑装饰装修产品作为一种特殊的商品，建筑装饰装修工程项目在施工中应自始至终将"质量第一，用户至上"作为质量控制的基本原则。

(2)"以人为核心"。人是质量的创造者，质量控制必须"以人为核心"，将人作为控制的动力，调动人的积极性、创造性；增强人的责任感，树立"质量第一"观念；提高人的素质，避免人的失误，以人的工作质量保工序质量，促工程质量。

(3)"以预防为主"。"以预防为主"就是要从对质量的事后检查把关，转向对质量的事前控制和事中控制；从对产品质量的检查，转向对工作质量的检查、对工序质量的检查、对中间产品质量的检查。这是确保建筑装饰装修工程项目质量的有效措施。

(4)坚持质量标准，严格检查，一切用数据说话。质量标准是评价产品质量的尺度，数据是质量控制的基础和依据。产品质量是否符合质量标准，必须通过严格检查，用数据说话。

(5)贯彻科学、公正、守法的职业规范。建筑装饰装修施工企业的项目经理，在处理质量问题的过程中，应尊重客观事实，尊重科学，要正直、公正，不持偏见；遵纪、守法，杜绝不正之风；既要坚持原则、严格要求、秉公办事，又要实事求是、以理服人、热情帮助。

5.1.3 建筑装饰装修工程项目质量的影响因素

建筑装饰装修工程项目质量的影响因素包括人、装饰材料、机械、施工方法、施工环境5个方面。事前对这5个方面的因素严加控制，是保证建筑装饰装修工程项目质量的关键。

创新创造：建筑机器人在项目中的应用

1. 人的控制

人作为控制的对象，要避免产生失误；作为控制的动力，要充分调动人的积极性，发挥人的主导作用。为此，除健全岗位责任制，改善劳动条件，公平、合理地激励劳动热情外，还需要根据工程特点，从确保质量出发，在人的技术水平、生理缺陷、心理行为、错误行为等方面来控制人的使用。对技术复杂、难度大、精度高的工序或操作，应由技术熟练、经验丰富的工人来完成；反应迟钝、应变能力差的人，不能操作快速运行、动作复杂的机具设备；对某些要求万无一失的工序和操作，一定要分析人的心理行为，控制人的思想活动，稳定人的情绪；对具有危险源的现场作业，应控制人的错误行为，严禁吸烟、打赌、嬉戏、误判断、误动作等。

另外，应严格禁止无技术资质的人员上岗操作，对省事、碰运气、有意违章的行为，必须及时制止。总之，在使用人的问题上，应从政治素质、思想素质、业务素质和身体素质方面综合考虑，全面控制。

2. 装饰材料的控制

装饰材料的控制包括原材料、成品、半成品等的控制，主要是严格检查验收，正确、合理地使用，建立管理台账，进行收、发、储、运等各环节的技术管理，避免混料和将不合格的原材料使用到建筑装饰装修工程上。

3. 机械的控制

机械的控制包括施工机械设备、工具等的控制。要根据不同装饰工艺特点和技术需求，选用合适的机械设备，正确使用、管理和保养好机械设备，为此要健全人机固定制度、操作证制度、岗位责任制度、交接班制度、技术保养制度、安全使用制度、机械检查制度等，确保机械设备处于最佳使用状态。

4. 施工方法的控制

施工方法的控制包括施工方案、施工工艺、施工组织设计、施工技术措施等的控制，主要应切合工程实际，能解决施工难题，技术可行，经济合理，有利于保证工程质量，加快进度，降低成本。

5. 施工环境的控制

建筑装饰装修工程质量的环境影响因素较多，有工程技术环境，如建筑物的内、外装饰环境等；工程管理环境，如质量保证体系、质量管理制度等；劳动环境，如劳动组合、作业场所、工作面等。环境因素对工程质量的影响，具有复杂而多变的特点。如气象条件就变化万千，温度、湿度、大风、暴雨、酷暑、严寒都直接影响建筑装饰装修工程质量。又如前一工序往往就是后一工序的环境，前一分项分部工程也就是后一分项分部工程的环境。因此，根据工程特点和具体条件，应针对影响工程质量的环境因素采取有效的措施严加控制。尤其是施工现场，应建立文明施工和文明生产的环境，保持装饰材料、工件堆放有序，工作场所清洁、整齐，施工程序井井有条，为确保质量、安全创造良好条件。

5.2 建筑装饰装修工程项目的全面质量管理

家国情怀：我国古代建筑的质量控制

5.2.1 全面质量管理的概念

全面质量管理（简称 TQC 或 TQMD），是指为了使用户获得满意的产品，综合运用一整套质量管理体系、手段和方法所进行的系统管理活动。其特点是"三全"（全企业职工、全生产过程、全企业各个部门）管理、一整套科学方法与手段（数理统计方法及电算手段等）、广义的质量观念。它与传统的质量管理相比有显著的成效，为现代企业管理方法中的一个重要分支。

全面质量管理的基本任务是：建立和健全质量管理体系，通过企业经营管理的各项工作，以最低的成本、合理的工期生产出符合设计要求并使用户满意的产品。全面质量管理的具体任务主要有以下几个方面：

(1) 完善质量管理的基础工作；

(2) 建立和健全质量保证体系；

(3) 确定企业的质量目标和质量计划；

(4) 对生产过程各工序的质量进行全面控制；

(5) 严格质量检验工作；

(6)开展群众性的质量管理活动,如质量管理小组(QC小组)活动等;
(7)建立质量回访制度。

5.2.2 全面质量管理的工作方法

全面质量管理的工作方法是 PDCA 循环工作法。其是由美国质量管理专家戴明博士于 20 世纪 60 年代提出来的。

PDCA 循环工作法是将质量管理活动归纳为 4 个阶段,即计划阶段(Plan)、实施阶段(Do)、检验阶段(Check)和处理阶段(Action)。其共有 8 个步骤。

(1)计划阶段(P)。在计划阶段,首先要确定质量管理的方针和目标,并提出实现它的具体措施和行动计划。计划阶段包括 4 个具体步骤。第一步:分析现状,找出存在的质量问题,以便进行调查研究;第二步:分析影响质量的各种因素,作为质量管理的重点对象;第三步:在影响的诸因素中,找出主要因素,作为质量管理的重点对象;第四步:制定改进质量的措施,提出行动计划并预计效果。在计划阶段要反复考虑下列几个问题:

①必要性。为什么要有计划?
②目的。计划要达到什么目的?
③地点。计划要落实到哪些部门?
④期限。计划要什么时候完成?
⑤承担者。计划具体由谁来执行?
⑥方法。执行计划的方法是什么?

(2)实施阶段(D)。在这个阶段,要按既定措施下达任务,并按措施去执行,这是 PDCA 循环工作法的第五个步骤。

(3)检验阶段(C)。这个阶段的工作是对执行措施的情况进行及时的检查,通过检查与原计划进行比较,找出成功的经验和失败的教训。这也是 PDCA 循环工作法的第六个步骤。

(4)处理阶段(A)。处理阶段就是将检查之后的各种问题加以处理。这个阶段可分为以下两个步骤:

第七步:正确地总结经验,巩固措施,制定标准,形成制度,以便遵照执行。
第八步:尚未解决的问题转入下一个循环,再来研究措施,制订计划,予以解决。

5.2.3 全面质量管理的基础工作

1. 开展质量教育

进行质量教育的目的,就是要使企业全体人员树立"质量第一,为用户服务"和建立全面质量管理的观念,掌握进行全面质量管理的工作方法,学会使用质量管理的工作方法,学会使用质量管理的工具,特别要重视对领导层、质量管理干部,以及质量管理人员、基层质量管理小组成员的教育。要进行启蒙教育、普及教育和提高教育,使质量管理逐步深化。

2. 推行标准化

标准化是现代化大生产的产物。其是指材料、设备、工具、产品品种及规格的系列化尺寸、质量,性能的统一化。标准化是质量管理的尺度,质量管理是执行标准化的保证。

在装饰装修工程项目施工中，对质量管理起标准作用的是施工与验收规范、工程质量评定标准、施工操作规程及质量管理制度等。

3. 做好计量工作

测试、检验、分析等计量工作是质量管理中的重要基础工作。没有计量工作，就谈不上执行质量标准；计量工作不准确，就不能判断质量是否符合标准。所以，开展质量管理，必须做好计量工作。要明确责任制，加强技术培训，严格执行计量管理的有关规程与标准，对各种计量器具及测试、检验仪器，必须实行科学管理，做到检测方法正确，计量器具、仪表及设备性能良好、示值精确，使误差在允许范围内，以充分发挥计量工作在质量管理中的作用。

4. 做好质量信息工作

质量信息工作是指及时收集反映产品质量和工作质量的信息、基本数据、原始记录和产品使用过程中反映出来的质量情况，以及国内外同类产品的质量动态，从而为研究、改进质量管理和提高产品质量提供可靠的依据。

开展全面质量管理，一定要做好质量信息这项基础工作。其基本要求是：保证信息资料的准确性，提供的信息资料具有及时性，要全面、系统地反映产品质量活动的全过程，切实掌握产品质量的影响因素和生产经营活动的动态，对提高质量管理水平起到良好作用。

5. 建立质量责任制

建立质量责任制就是将质量管理方面的责任和具体要求落实到每一个部门和每一个工作岗位，组成一个严密的质量管理工作体系。

质量管理工作体系是指组织体系、规章制度和责任制度三者的统一体。要将上至企业领导及各科室技术负责人，下至每一个管理人员与工人的质量管理责任制度，以及与此有关的其他工作制度建立起来。不仅要求制度健全、责任明确，还要将质量责任、经济利益结合起来，以保证各项工作的顺利开展。

5.2.4 质量保证体系

1. 质量保证与质量保证体系的概念

(1) 质量保证的概念。质量保证是指企业向用户保证产品在规定的期限内能正常使用。按照全面质量管理的观点，质量保证还包括上道工序提供的半成品保证满足下道工序的要求，即上道工序对下道工序实行质量担保。

质量保证体现了生产者与用户之间、上道工序与下道工序之间的关系。通过质量保证，将产品的生产者和使用者密切地联系在一起，促使企业按照用户的要求组织生产，达到全面提高质量的目的。

用户对产品质量的要求是多方面的，它不仅是指交货时的质量，更主要的是指在使用期限内产品质量的稳定性及生产者提供的维修服务质量等。因此，建筑装饰装修企业的质量保证，包括装饰装修产品交工时的质量保证和交工以后在产品的使用阶段提供的维修服务质量保证等。质量保证的建立，使企业内部各道工序之间、企业与用户之间有了一条质量纽带，带动了各方面的工作，为不断提高产品质量创造了条件。

(2) 质量保证体系的概念。质量保证不是生产的某一个环节的问题，它涉及企业经营管理的各项工作，需要建立完整的系统。所谓质量保证体系，就是企业为保证提高产品质量，运用系统的理论和方法建立的一个有机的质量工作系统。

这个系统将企业各部门、生产经营各环节的质量管理职能组织起来，形成一个目标明确、责权分明、相互协调的整体，从而使企业的工作质量与产品质量、生产过程与使用过程、企业经营管理的各个环节紧密地联系在一起。

由于有了质量保证体系，企业便能在生产经营的各个环节达到及时地发现质量问题和进行质量管理的目的，进而做好质量管理工作。

质量保证体系是全面质量管理的核心。全面质量管理实质上就是建立质量保证体系，并使其正常运转。

2. 质量保证体系的内容

建立质量保证体系，必须与质量保证的内容相结合。装饰装修企业质量保证体系的内容包括以下三个部分：

(1)施工准备过程的质量保证内容。

①严格审查图纸。为了避免设计图纸的差错给工程质量带来影响，必须对图纸进行认真审查。通过审查，及时发现错误，采取相应的措施加以纠正。

②编制好施工组织设计。编制施工组织设计之前，要认真分析企业在施工中存在的主要问题和薄弱环节，分析工程的特点，有针对性地提出防范措施，编制出切实可行的施工组织设计，以便指导施工活动。

③做好技术交底工作。在下达施工任务时，必须向执行者进行全面的质量交底，使执行人员了解任务的质量特性，做到心中有数，避免盲目行动。

④严格材料、构配件和其他半成品的检验工作。从原材料、构配件、半成品的进场开始，就严格把好质量关，为工程施工提供良好的条件。

⑤施工机械设备的检查维修工作。施工前要搞好施工机械设备的检修工作，使机械设备经常保持良好的工作状态，不致发生故障，影响工程质量。

(2)施工过程的质量保证内容。施工过程是装饰装修产品质量的形成过程，是控制建筑装饰装修产品质量的重要阶段。这个阶段的质量保证工作内容主要有以下几项：

①加强施工工艺管理。严格按照设计图纸、施工组织设计、施工验收规范、施工操作规程施工，坚持质量标准，保证各分项工程的施工质量。

②加强施工质量的检查和验收。坚持质量检查和验收制度，按照质量标准和验收规程，对已完工的分部工程，特别是隐蔽工程，及时进行检查和验收。对不合格的工程，一律不验收，促使操作人员重视问题，严把质量关。质量检查可采取群众自检、互检和专业检查相结合的方法。

③掌握工程质量的动态。通过质量统计分析，找出影响质量的主要原因，总结产品质量的变化规律。统计分析是全面质量管理的重要方法，是掌握质量动态的重要手段。针对质量波动的规律，采取相应对策，防止质量事故发生。

(3)使用过程的质量保证内容。装饰装修产品的使用过程是产品质量经受考验的阶段。装饰装修企业必须保证用户在规定的期限内正常地使用装饰装修产品。这个阶段主要有以下两项质量保证工作：

①及时回访。工程交付使用后，装饰装修企业要组织对用户进行调查回访，认真听取用户对施工质量的意见，收集有关资料，并对用户反馈的信息进行分析，从中发现施工质量问题，了解用户的要求，采取措施加以解决，并为以后的工程施工积累经验。

②实行保修。对于施工原因造成的质量问题，装饰装修企业应负责无偿维修，取得用户的信任；对于设计原因或用户使用不当造成的质量问题，应当协助维修，提供必要的技术服务，保证用户正常使用。

3. 质量保证体系的运行

质量保证体系在实际工作中是按照 PDCA 循环工作法运行的。

4. 质量保证体系的建立

建立质量保证体系，要求做好下列工作：

(1)建立质量管理机构。在经济领导下，建立综合性的质量管理机构。质量管理机构的主要任务是：统一组织、协调质量保证体系的活动；编制质量计划并组织实施；检查、督促各部门的质量管理职能，掌握质量保证体系活动动态，协调各环节的关系；开展质量教育，组织群众性的管理活动。在建立综合性的质量管理机构的同时，还应设置专门的质量检查机构，负责质量检查工作。

(2)制订可行的质量计划。质量计划是实现质量目标和具体组织与协调质量管理活动的基本手段，也是企业各部门、生产经营各环节质量工作的行动纲领。企业的质量计划是一个完整的计划体系，既有长远的规划，又有近期的质量计划；既有企业总体规划，又有各环节、各部门具体的行动计划；既有计划目标，又有实施计划的具体措施。

(3)建立质量信息反馈系统。质量信息是质量管理的根本依据，它反映了产品质量形成过程的动态特征。质量管理就是根据信息反馈的问题，采取相应的措施，对产品质量形成过程实施控制。没有质量信息，也就没法进行质量管理。企业产品质量主要来自两部分：一是外部，包括用户、原材料和构配件供应单位、协作单位、上级组织等；二是内部，包括施工工艺、各分部分项工程的质量检验结果、质量控制中的问题等。装饰装修企业必须建立一整套质量信息反馈系统，准确、及时地收集、整理、分析、传递质量信息，为质量管理体系的运转提供可靠的依据。

(4)实现质量管理业务标准化。将重复出现的(例行的)质量管理业务归纳整理，制定出管理制度，用制度进行管理，实现管理业务的标准化。其工作主要包括程序标准化、处理方法规范化、各岗位的业务工作条理化等。通过标准化，企业各个部门和全体职工都严格遵循统一的、规定的工作程序，使行动步调一致，从而提高工作质量，保证产品质量。

5.2.5 全面质量管理的常用数理统计方法

全面质量管理的常用数理统计方法有排列分析表法、因果分析图法等。

1. 排列分析表法

排列分析表法是在影响工程质量的很多因素中寻找出简单、有效的方法。其步骤如下：

(1)收集寻找有问题的数据。

(2)分析整理数据"列表"，并做不合格点数统计表。将各个项目的不合格点数按由多到少的顺序填入表格，计算每个项目的频率和累计频率。

(3)确定影响质量的主要因素。影响因素可分为 3 类：A 类因素，对应频率 0~80%，是影响工程质量的主要因素；B 类因素，对应频率 80%~90%，为次要因素；C 类因素，对应频率 90%~100%，为一般因素。运用排列分析表法便于找出主次矛盾，有利于采取措施加以改进。

2. 因果分析图法

因果分析图法是表示质量特性与原因关系的一种图示法。在工程施工中,当寻找出硬性质量问题后,就要制定相应的对策加以改进。但在实践中,一个主要的质量问题往往不仅是一个原因造成的,为了寻找这些原因的起源,就要采取刨根问底、从小到大、从粗到细的列示原因的方法,即因果分析图法。现以混凝土强度不足的质量问题为例,绘制因果分析图,如图 5-2 所示。

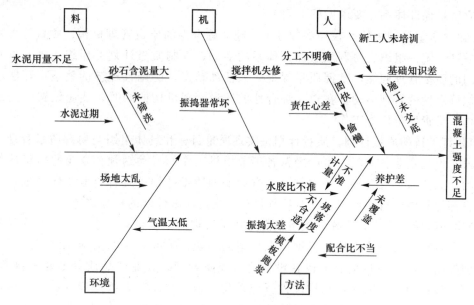

图 5-2　混凝土强度不足因果分析图

5.3　建筑装饰装修工程项目的质量控制实施

5.3.1　建筑装饰装修工程项目质量总目标设定

我国的建筑装饰装修施工的相关法律、法规、规范对建筑装饰装修施工质量制定了强制性规定,要求施工企业在施工过程中必须进行有效的质量管理并组织好现场管理以保证工程施工质量。

家国情怀:港珠澳大桥质量控制

建筑装饰装修公司对公司的营运及公司开展的所有建筑装饰装修工程项目均设定了相应质量总目标。

每一个工程项目,在承包方和发包方签署的《建筑装饰装修工程施工合同》和承包方的有效投标文件中,必有承包方承诺的工程施工的质量目标。

例如:

(1)"严格按照规范精心施工,争创优质工程。按招标文件要求,施工质量按《×××工程质量检验评定标准》检验评定,工程质量达到优良等级。"

(2)"1. 单位工程质量目标:优良;2. 竣工一次交验合格率100%;3. 工程优良率90%。"

5.3.2 建筑装饰装修工程项目质量保证计划

为确保工程质量总目标的实现，必须对具体资源安排和施工作业进行合理规划，并形成一个与项目规划和项目实施规划共同构成统一计划体系的、具体的施工质量保证计划。该计划一般包含在施工方案中或工程项目管理规划中。

(1)具体的作业质量策划需要确定的内容如下：

①确定该工程项目各分部分项工程施工的质量目标。

②相关法律法规要求；建筑装饰装修工程的强制性标准要求；相关规范、规程要求；合同和设计要求。

③确定相应的组织管理工作、技术工作的程序，工作制度，人力、物力、财力等资源的供给，并使之文件化，以实现工程项目的质量目标，满足相关要求。

④确定各项工作过程效果的测量标准、测量方法，确定原材料、半成品构配件和成品的验收标准，验证、确认、检验和试验工作的方法与相应工作的开展。

⑤确定必要的工程项目在施工过程中产生的记录(如工程变更记录，施工日志，技术交底、工序交接和隐蔽验收等记录)。

策划的过程中针对工程项目施工各工作过程和各类资源供给作出具体规定，并将之形成文件，这个(些)文件就是工程项目施工质量保证计划。

(2)施工质量保证计划的内容一般应包括以下几项：

①工程特点及施工条件分析(合同条件、法规条件和现场条件)。

②依据履行施工合同所必须达到的工程质量总目标制定各分部分项工程分解目标。

③质量管理的组织机构、人力、物力和财力资源配置计划。

④施工质量管理要点的设置。

⑤为确保工程质量所采取的施工技术方案、施工程序，材料设备质量管理与控制措施，以及工程检验、试验、验收等项目的计划和相应方法等。

⑥针对施工质量的纠正措施与预防措施。

⑦质量事故的处理。

1. 施工质量总目标的分解

进行作业层次的质量策划时，首先必须将项目的质量总目标层层分解到分部分项工程施工的分目标，以及按施工工期实际情况，将质量总目标层层分解到项目施工过程的各年、季、月的施工质量目标。

各部分质量目标较为具体，其中，部分质量目标可量化，不可量化的部分质量目标应该是可测量的。

2. 建立质量保证体系

设立项目施工组织机构，并确定各岗位的职责。

3. 施工质量控制点的设置

作为质量保证计划的一部分，施工质量控制点的设置是施工技术方案的重要组成部分。

(1)施工质量控制点的设置原则。

①对工程的安全和使用功能有直接影响的关键工序应设立控制点，如墙面抹灰、卫生

间防水、吊顶龙骨和吊顶封板等；

②对下道工序质量形成有较大影响的工序应设立控制点，如吊顶等；

③对质量不稳定、经常出现不良品的工序应设立控制点，如易出现裂缝的抹灰工程等。

(2)施工质量控制点设置的具体方法。根据工程项目施工管理的基本程序，结合项目特点在制订项目总体质量保证计划后，列出各基本施工过程对局部和总体质量水平有影响的项目，作为具体实施的质量控制点。例如，在施工质量管理中，材料、构配件的采购，涂饰工程、裱糊工程的基层处理，阳台地坪、门窗装修和防水层铺设等均可以作为质量控制点。

质量控制点的设定，使工作重点更加明晰。事前预控的工作更有针对性。事前预控包括明确控制目标参数、制定实施规程（包括施工操作规程及检测评定标准）、确定检查项目和数量及其跟踪检查或批量检查方法、明确检查结果的判断标准与信息反馈要求。

施工质量控制点的管理应该是动态的。一般情况下，在工程开工前、设计交底和图纸会审时，可确定一批整个项目的质量控制点，随着工程的展开、施工条件的变化，定期或不定期进行质量控制点的调整，并补充到原质量保证计划中成为质量保证计划的一部分，以始终保持对质量控制重点的跟踪并使之处于受控状态。

4. 质量保证方法的制定

质量保证方法的制定，就是针对工程项目各个阶段各项质量管理活动和各个施工过程，为确保各项质量管理活动和施工成果符合质量标准的规定，经过科学分析、确认，规定各项质量管理活动和各个施工过程必须采用的、正确的质量控制方法，质量统计分析方法，施工工艺，操作方法和检查、检验及检测方法。质量控制方法的制定须针对施工准备阶段、施工阶段、竣工验收阶段的质量管理活动来进行。

5. 施工准备阶段的质量管理

施工准备是指项目正式施工开始前，为保证施工正常进行而必须事先做好的工作。

施工准备阶段的质量管理就是对影响质量的各种因素和准备工作进行的质量管理。具体管理活动如下：

(1)文件、技术资料准备的质量管理。文件、技术资料准备的质量管理包括以下3个方面：

①工程项目所在地的自然条件及技术经济条件调查资料；

②施工组织设计；

③工程测量控制资料。

(2)设计交底和图纸审核的质量管理。设计图纸是进行质量管理的重要依据。做好设计交底和图纸审核工作可以使施工单位充分了解工程项目的设计意图、工艺和工程质量要求，同时，可以减少图纸的差错。

(3)资源的合理配置。通过策划，合理确定并及时安排工程项目所需的人力和物力。

(4)质量教育与培训。通过教育培训和其他措施提高员工适应本工程项目具体工作的能力。

(5)采购质量管理。采购质量管理主要包括对采购物资及其供应商的管理，制定采购要求和验证采购产品，包括以下3个方面：

①物资供应商的管理：对可供选用的供应商进行逐个评价，并确定合格供应商名单。

②采购物资要求：采购物资要求是采购物资质量管理的重要内容。采购物资应符合相关法规、承包合同和设计文件要求。

③采购物资验证：通过对供货现场检验、进货检验和（或）查验供方提供的合格证明等方式来确认采购物资的质量。

6. 施工阶段的质量管理

(1)技术交底。各分项工程施工前，由项目技术负责人向工程项目的所有班组进行交底。交底内容包括图纸交底、施工组织设计交底、分项工程技术交底和安全交底等。通过交底明确施工方法，工序搭接，以及进度、质量、安全要求等。

(2)测量控制。

(3)材料、半成品、构配件控制。材料、半成品、构配件控制包括以下6个方面：

①对供应商质量保证能力进行评定；

②建立材料管理制度，减少材料损失、变质；

③对原材料、半成品、构配件进行标识；

④加强材料检查验收；

⑤发包人提供的原材料、半成品、构配件和设备；

⑥材料质量抽样和检验方法。

(4)机械设备控制。机械设备控制包括以下内容：

①机械设备使用的决算；

②确保配套；

③机械设备的合理使用；

④机械设备的保养与维修；

(5)环境控制。环境控制包括以下内容：

①对影响工程项目质量的环境因素的控制。影响工程项目质量的环境因素主要包括工程技术环境、工程管理环境、劳动环境。

②计量控制。施工中的计量工作包括对施工材料、半成品、成品，以及施工过程的监测计量和相应的测试、检验、分析计量等。

③工序控制。工序也称"作业"。工序是施工过程的基本环节，也是组织施工过程的基本单位。

一道工序，是指一个（或一组）工人在一个工作地对一个（或几个）劳动对象（工程、产品、构配件）所进行的一切连续活动的总和。

工序质量管理首先要确保工序质量的波动必须在允许的范围内，使得合格产品能够稳定生产。如果工序质量的波动超出允许范围，就要立即对影响工序质量波动的因素进行分析，找出解决办法，采取必要的措施，对工序进行有效的控制，使其波动回到允许范围内。

(6)质量控制点的管理。质量控制点的管理包括以下两个方面：

①必须进行技术交底工作，使操作人员在明确工艺要求、质量要求、操作要求后方能上岗，并作好相关记录。

②建立三级检查制度，即操作人员自检，组员之间互检或工长对组员进行检查，专职质量管理人员进行专业检查。

(7)工程变更控制。工程变更控制的内容如下:

①工程变更的范围包括设计变更、工程量的变动、施工进度的变更、施工合同的变更等。

②工程变更可能导致工程项目施工工期、成本或质量的改变。因此,必须对工程变更进行严格的管理和控制。

(8)成品保护。成品保护要从两个方面着手,首先,应加强教育,提高全体员工的成品保护意识;其次,要合理安排施工顺序,同时采取有效的保护措施。

7. 竣工验收阶段的质量管理

(1)最终质量检验和试验。单位工程质量验收也称质量竣工验收,是对已完工程投入使用前的最后一次验收。验收合格的先决条件是单位工程的各分部工程应该合格;有关的资料文件完整。另外,须进行以下3个方面的检查:

①涉及安全和使用功能的分部工程进行检验资料的复查。

②对主要使用功能进行抽查。

③参加验收的各方人员共同进行观感质量检查。

(2)技术资料的整理。技术资料特别是永久性技术资料,是工程项目施工情况的重要资料,也是工程项目进行竣工验收的主要依据。工程竣工资料包括以下内容:

①工程项目开工报告;

②工程项目竣工报告;

③图纸会审和设计交底记录;

④设计变更通知单;

⑤技术变更核定单;

⑥工程质量事故的调查和处理资料;

⑦材料、设备、构配件的质量合格证明;

⑧材料、设备、构配件等的试验、检验报告;

⑨隐蔽工程验收记录及施工日志;

⑩竣工图;

⑪质量验收评定资料;

⑫工程竣工验收资料。

施工单位应该及时、全面地收集和整理上述资料;监理工程师应对上述技术资料进行审查。

(3)施工质量缺陷的处理。施工质量缺陷的处理方法如下:

①返修;

②返工;

③限制使用;

④不做处理。

(4)工程竣工文件的编制和移交准备。

(5)产品防护。工程移交前,要对已完工程采取有效防护措施,确保工程不被损坏。

(6)撤场。工程交工后,项目经理部应编制撤场计划,使撤场工作有序、高效进行,确保施工机具、暂设工程、建筑残土、剩余材料在规定时间内全部拆除运走,达到场清地平;有绿化要求的,达到树活草青。

8. 质量保证措施的制定

质量保证措施的制定，就是针对原材料、构配件和设备的采购管理，针对施工过程中各分部分项工程的工序施工和工序之间交接的管理，针对分部分项工程阶段性成品保护的管理，从组织方面、技术方面、经济方面、合同方面和信息方面制定有效、可行的措施。

9. 质量技术交底制度的制定

为确保施工各阶段的各施工人员明确知道目前工作的质量标准和施工工艺方法，使得质量保证方法和措施能够得到有效的执行，必须建立质量技术交底制度。技术交底制度大致包括以下内容：

(1)必须严格遵循相关规范及相关标准要求，对每道工序均须进行交底；

(2)必须在各工序开始前的相关时间进行交底；

(3)技术交底的组织者、交底人和交底对象；

(4)口头和书面同时进行；

(5)操作工艺、质量要求，安全、文明施工及成品保护要求；

(6)必须保证技术交底后的施工人员明确理解技术交底的内容；

(7)内容必须记录并保留。

10. 质量验收标准的引用和制定

《建筑工程施工质量验收统一标准》(GB 50300—2013)、《建筑装饰装修工程质量验收标准》(GB 50210—2018)等标准是建筑装饰装修工程项目施工的成品、半成品必须满足的国家强制性标准，同时是施工单位制定质量检查验收制度的重要依据。另外，施工单位还必须将施工质量管理与《建设工程质量管理条例》提出的事前控制、过程控制结合起来，以确保对工作质量和工程成品、半成品质量的有效控制。

作为国家强制性标准《建筑装饰装修工程质量验收标准》(GB 50210—2018)规定了建筑装饰装修工程各分部分项工程的合格指标。它不仅是施工单位必须达到的施工质量指标，也是建设单位(监理单位)对建筑装饰装修工程进行设计和验收时，工程质量所必须遵守的规定，同时是质量监督机构对施工质量进行判定的依据。

在符合国家强制性标准的前提下，如果合同有特殊要求，或者施工单位针对本项目承诺施工质量的更高验收标准，质量保证计划需明确规定相应验收标准；如合同无特殊要求，施工单位针对本项目承诺施工质量符合国家验收规范和标准，则在质量保证计划中需引用相应规范或标准。

11. 质量检查验收制度的制定

质量检查验收制度必须明确规定各分部分项工程质量检查验收的程序和步骤、施工质量检验的内容，以及检查验收的方法和手段。

(1)施工质量验收的程序和方法。工程项目施工质量验收是对已完工的工程实体的外观质量及内在质量按规定程序检查后，确认其是否符合设计要求及相关行政管理部门制定的各项强制性验收标准的要求，确认其是否可交付使用的一个重要环节。正确地进行工程施工质量的检查评定和验收，是确保工程质量的重要手段之一。

①单位工程完工后，施工单位应自行组织检查、评定，认为工程质量符合验收标准后，向建设单位提交验收申请；

②建设单位收到验收申请后，应组织质量监督机构、设计单位、监理单位、施工单位

等共同进行单位工程验收，明确验收结果，并形成验收报告；

③按国家现行管理制度，建筑装饰装修工程参照房屋建筑工程及市政基础设施工程验收程序，即规定时间内，将验收文件报送政府有关行政管理部门备案。

(2)建设工程施工质量验收应符合的要求。

①工程质量验收均应在施工单位对工程自行检查评定为"合格"后进行；

②参加工程质量验收的各方人员，应该具有规定的资格；

③工程项目的施工质量必须满足设计文件的要求；

④隐蔽工程在隐蔽前，由施工单位通知有关单位进行验收，并形成验收文件；

⑤单位工程施工质量必须符合相关验收规范的标准；

⑥涉及结构安全的材料及施工内容，应按照规定对材料及施工内容进行见证取样并保持检测资料；

⑦对涉及结构安全和使用功能的重要分部工程、专业工程应进行功能性抽样检测；

⑧工程外观质量应由验收人员通过现场检查后共同确认。

(3)工程项目施工质量检查评定验收的基本内容及方法。

①分部分项工程内容的抽样检查。

②施工质量保证资料的检查，包括施工全过程的质量管理资料和技术资料，其中又以原材料、施工检测、测量复核及功能性试验资料为重点检查内容。

③工程外观质量的检查。

(4)工程质量不符合要求时，应按以下规定进行处理：

①经返工的工程，应该重新检查验收；

②经有资质的检测单位检测鉴定，能达到设计要求的工程，应予以验收；

③经返修或加固处理的工程，虽局部尺寸等不符合设计要求，但仍然能满足使用要求，可按技术处理方案和协商文件进行验收；

④经返修和加固后仍不能满足使用要求的工程严禁验收。

12. 纠正措施与预防措施的制定

纠正措施，就是分析某不合格项产生的原因，找寻消除该原因的措施并实施该措施，以确保在后续工作中该不合格项不再发生。

预防措施，就是分析那些潜在的不合格项(有可能会发生的不合格项)，以及产生那些潜在的不合格项的原因，找寻消除该原因的措施并实施该措施，以确保在工作中该不合格项不会发生。

在项目的施工质量保证计划中，纠正措施是针对各分部分项工程施工中出现的质量问题来制定的，目的是使这类质量问题在后续施工中不再发生；预防措施是针对各分部分项工程施工中可能出现的质量问题来制定的，目的是在施工中预防这类质量问题的发生。通常，纠正措施与预防措施在工程上以相应工程质量通病防治措施的形式出现。

13. 质量事故处理

质量保证计划必须对质量事故的性质、质量事故的程度、质量事故产生的原因分析要求、质量事故采取的处理措施和质量事故处理所遵循的程序等方面作出明确规定。质量保证计划必须引用国家关于质量事故处理的规定。我国针对质量事故的有关规定如下：

(1)质量事故的分类。根据事故的性质及严重程度，建筑工程的质量事故划分为一般事故和重大事故两类。

①一般事故：经济损失在 5 000~10 万元额度的质量事故。

②重大事故：凡是有下列情况之一者，列为重大事故。

a. 建筑物、构筑物或其他主要结构倒塌者为重大事故。

b. 超过规范规定或设计要求的基础严重不均匀沉降、建筑物倾斜、结构开裂或主体结构强度严重不足，影响结构物的寿命，造成不可补救的永久性质量缺陷或事故者。

c. 影响建筑设备及其相应系统的使用功能，造成永久性质量缺陷者。

d. 经济损失在 10 万元以上者。

（2）质量事故的处理程序。

①事故发生后及时进行事故调查，了解事故情况，并确定是否需要采取防护措施；

②分析调查结果，找出事故的范围、性质和主要原因，写出事故调查报告；

③确定是否需要处理，若不需处理，需做不处理的论证；若需处理，施工单位确定处理方案；

④事故处理；

⑤进行处理鉴定，检查事故处理结果是否达到要求；

⑥对事故处理做出明确的结论；

⑦提交事故处理报告。

（3）质量事故处理的基本要求。

①处理应达到安全可靠、不留隐患、满足生产和使用要求、施工方便、经济合理的目的；

②重视消除产生事故的原因；

③注意综合治理；

④正确确定处理范围；

⑤正确选择处理时间和方法；

⑥加强事故处理的检查验收工作；

⑦认真复查事故处理后的实际情况；

⑧确保事故处理期的安全。

5.3.3 建筑装饰装修工程项目质量保证计划的具体实施

1. 项目部各岗位人员的就位和质量培训

建筑装饰装修工程的施工项目部，必须严格按照质量保证计划中的规定建立并运行施工质量管理体系。

（1）必须将满足岗位资格和能力要求的人员安排在质量管理体系的各岗位上，并进行质量意识的培训。

（2）对能力不足的人员必须经过相应能力的培训，经考核能胜任工作，方能安排在相应岗位上。

2. 质量保证方法和措施的实施

建筑装饰装修工程的施工项目部，必须严格按照质量保证计划中关于质量保证方法和措施的规定开展各项质量管理活动，进行各分部分项工程的施工，使各项工作处于受控状态，确保工作质量和工程实体质量。

当施工过程中遇到在质量保证计划中没有作出具体规定，但对工程质量有影响的事件时，施工项目部各级人员须按照主动控制、动态控制原则，按照质量保证计划中规定的控制程序和岗位职责，及时分析该事件可能的发展趋势，明确针对该事件的质量控制方法，制定针对性的纠正和预防措施并实施，以确保因该事件导致的工作质量偏差和工程实体质量偏差均得到必要的纠正而处于受控状态。

上述情况下产生的质量控制方法和针对性的纠正与预防措施，经实施验证对质量控制有效，则将其补充到原质量保证计划中成为质量保证计划的一部分，以始终保持对施工过程的质量控制，使施工过程中的各项质量管理活动和各分部分项工程的施工随时处于受控状态。

3. 质量技术交底制度的执行

为确保各分部分项工程的施工随时处于受控状态，必须严格按照质量保证计划中的质量技术交底制度，进行技术交底工作，并做好相关记录。

4. 质量检查制度的执行

工匠精神：防水专家
——杜天刚

施工人员、施工班组和质量检查人员在各分部分项工程施工过程中要严格按照质量验收标准和质量检查制度及时进行自检、互检和专职质检员检查，经三级检查合格后报监理工程师检查验收。

及时的三级检查，可以验证工程施工实际质量情况与质量保证计划的差异程度，确认工程施工过程中的质量控制情况，并依据必要性适时采取相应措施，确保工程施工顺利进行。在执行质量检查制度时，除严格按照检查方法、检查步骤和程序外，还必须充分重视质量保证计划列出的各分部分项工程的检查内容和要求。以下是建筑装饰装修工程各分部分项工程通用的工程质量检验的内容及要求。

5. 建筑装饰装修工程质量检验内容

《建筑装饰装修工程质量验收标准》(GB 50210—2018)规定了建筑装饰装修各分部分项工程的复验和隐蔽工程验收如下：

(1)抹灰工程质量检验。

①抹灰工程应对下列材料及其性能指标进行复验：砂浆的拉伸粘结强度；聚合物砂浆的保水率。

②抹灰工程应对下列隐蔽工程项目进行验收：抹灰总厚度大于或等于35 mm 时的加强措施；不同材料基体交接处的加强措施。

(2)外墙防水质量验收。

①外墙防水工程应对下列材料及其性能指标进行复验：防水砂浆的粘结强度和抗渗性能；防水涂料的低温柔性和不透水性；防水透气膜的不透水性。

②外墙防水工程应对下列隐蔽工程项目进行验收：外墙不同结构材料交接处的增强处理措施的节点；防水层在变形缝、门窗洞口、穿外墙管道、预埋件及收头等部位的节点；防水层的搭接宽度及附加层。

(3)门窗工程质量验收。

①门窗工程应对下列材料及其性能指标进行复验：人造木板门的甲醛释放量；建筑外窗的气密性能、水密性能和抗风压性能。

②门窗工程应对下列隐蔽工程项目进行验收：预埋件和锚固件；隐蔽部位的防腐和填嵌处理；高层金属窗防雷连接节点。

(4)吊顶工程质量验收。

①吊顶工程应对人造木板的甲醛释放量进行复验。

②吊顶工程应对下列隐蔽工程项目进行验收：吊顶内管道、设备的安装及水管试压、风管严密性检验；木龙骨防火、防腐处理；埋件；吊杆安装；龙骨安装；填充材料的设置；反支撑及钢结构转换层。

(5)轻质隔墙工程质量验收。

①轻质隔墙工程应对人造木板的甲醛释放量进行复验。

②轻质隔墙工程应对下列隐蔽工程项目进行验收：骨架隔墙中设备管线的安装及水管试压；木龙骨防火和防腐处理；预埋件或拉结筋；龙骨安装；填充材料的设置。

(6)饰面板工程质量验收。

①饰面板工程应对下列材料及其性能指标进行复验：室内用花岗石板的放射性、室内用人造木板的甲醛释放量；水泥基粘结料的粘结强度；外墙陶瓷板的吸水率；严寒和寒冷地区外墙陶瓷板的抗冻性。

②饰面板工程应对下列隐蔽工程项目进行验收：预埋件（或后置埋件）；龙骨安装；连接节点；防水、保温、防火节点；外墙金属板防雷连接节点。

(7)饰面砖工程质量验收。

①饰面砖工程应对下列材料及其性能指标进行复验：室内用花岗石和瓷质饰面砖的放射性；水泥基粘结材料与所用外墙饰面砖的拉伸粘结强度；外墙陶瓷饰面砖的吸水率；严寒及寒冷地区外墙陶瓷饰面砖的抗冻性。

②饰面砖工程应对下列隐蔽工程项目进行验收：基层和基体；防水层。

(8)地面工程质量验收。

①地面工程应对下列材料及性能进行复试：地面装饰材料；防水材料。

②地面工程应对下列隐蔽工程项目进行验收：建筑地面下的沟槽、暗管敷设工程；基层（各构造层，如垫层、找平层、隔离层、填充层、防水层）的铺设。

(9)幕墙工程质量验收。

①幕墙工程应对下列材料及其性能指标进行复验：

a. 铝塑复合板的剥离强度；

b. 石材、瓷板、陶板、微晶玻璃板、木纤维板、纤维水泥板和石材蜂窝板的抗弯强度；严寒、寒冷地区石材、瓷板、陶板、纤维水泥板和石材蜂窝板的抗冻性；室内用花岗石的放射性；

c. 幕墙用结构胶的邵氏硬度、标准条件拉伸粘结强度、相容性试验、剥离粘结性试验；石材用密封胶的污染性；

d. 中空玻璃的密封性能；

e. 防火、保温材料的燃烧性能；

f. 铝材、钢材主受力杆件的抗拉强度。

②幕墙工程应对下列隐蔽工程项目进行验收：

a. 预埋件或后置埋件、锚栓及连接件；

b. 构件的连接节点；

c. 幕墙四周、幕墙内表面与主体结构之间的封堵；

d. 伸缩缝、沉降缝、防震缝及墙面转角节点；

e. 隐框玻璃板块的固定；

f. 幕墙防雷连接节点；

g. 幕墙防火、隔烟节点；

h. 单元式幕墙的封口节点。

(10) 涂饰工程质量检验。

① 涂饰工程的基层处理应符合下列要求：

a. 新建建筑物的混凝土抹灰基层在涂饰涂料前应涂刷抗碱封闭底漆；

b. 旧墙面在涂饰涂料前应清除疏松的旧装修层，并涂刷界面剂；

c. 混凝土或抹灰基层涂刷溶剂型涂料时，含水率不得大于 8%；涂刷乳液型涂料时，含水率不得大于 10%；木材基层的含水率不得大于 12%；

d. 基层腻子应平整、坚实、牢固，无粉化、起皮和裂缝；内墙腻子的粘结强度应符合《建筑室内用腻子》(JG/T 298—2010)的规定；

e. 厨房、卫生间墙面必须使用耐水腻子。

(11) 裱糊与软包工程质量检验。

① 软包工程应对木材的含水率及人造木板的甲醛释放量进行复验。

② 裱糊工程应对基层封闭底漆、腻子、封闭底胶及软包内衬材料进行隐蔽工程验收。裱糊前，基层处理应达到下列规定：

a. 新建建筑物的混凝土抹灰基层墙面在刮腻子前应涂刷抗碱封闭底漆；

创新创造：蒙芯科技在工程质量控制中的应用

b. 粉化的旧墙面应先除去粉化层，并在刮涂腻子前涂刷一层界面处理剂；

c. 混凝土或抹灰基层含水率不得大于 8%；木材基层的含水率不得大于 12%；

d. 石膏板基层，接缝及裂缝处应铺加强网布后再覆腻子；

e. 基层腻子应平整、坚实、牢固，无粉化、起皮、空鼓、酥松、裂缝和泛碱；腻子的粘结强度不得小于 0.3 MPa；

f. 基层表面的平整度、立面的垂直度及阴阳角的方正应达到高级抹灰的要求；

g. 基层表面颜色应一致；

h. 裱糊前应用封闭底胶涂刷基层。

(12) 细部工程质量检验。

① 细部工程应对花岗石的放射性和人造木板的甲醛释放量进行复验。

② 细部工程应对下列部位进行隐蔽工程验收：

a. 预埋件（或后置埋件）；

b. 护栏与预埋件的连接节点。

6. 建筑装饰装修工程质量检验方法

建筑装饰装修施工现场进行质量检查的方法有观感目测法、实测法和试验法三种。

(1) 观感目测法。其手段可归纳为看、摸、敲、照。

① "看"即外观目测，是对照规范或规程要求进行外观质量的检查。如饰面表面颜色、质感、造型、平整度等，都可用目测观察其是否符合要求。纸面应无斑痕、空鼓、气泡、

褶皱，每一墙面纸的颜色、花纹一致；斜视无胶痕，纹理无压平、起光现象，对缝无离缝、搭缝、张嘴；对缝处要完整；裁纸的一边不能对缝，只能搭接；墙纸只能在阴角处搭接，阳角应采用包角等。又如，清水墙面是否洁净，喷涂是否密实和颜色是否均匀，内墙抹灰大面及边角是否平直，地面是否光洁、平整，油漆浆活表面观感，施工顺序是否合理，工人操作是否正确等，均是通过观感目测检查、评价。

②"摸"即手感检查，用于建筑装饰装修工程的某些项目。如油漆表面的平整度和光滑度等。

③"敲"是运用工具进行音感检测，对地面工程、装饰装修工程中的水磨石、面砖、马赛克和大理石贴面等，均应进行敲击检查，通过声音的虚实确定有无空鼓，还可根据声音的清脆和沉闷，判定是否属于面层空鼓。另外，用手敲玻璃，如发出颤动声响，一般是底灰不满或压条不实。

④"照"是指对于人眼不能直接达到的高度、深度和亮度不足的部位，检查人员借助灯光或镜子反光来检查，如门窗上口的填缝等。

（2）实测法。实测法就是通过实测数据与建筑装饰装修施工质量验收规范所规定的允许偏差对照，来判别质量是否合格。实测检查法的手段可归纳为靠、吊、量、套。

①"靠"是指用工具（靠尺、楔形塞尺）测量表面平整度。其适用于地面、墙面、顶棚等要求平整度的项目。

②"吊"是指用工具（托线板、线坠等）测量垂直度。如用线坠和托线板吊测墙、柱的垂直度等。

③"量"是用测量工具和计量仪表等检查装饰构造尺寸、轴线、位置标高、湿度、温度等偏差。

④"套"是以方尺套方，辅以塞尺检查。如对阴阳角的方正、踢脚线的垂直度、室内装饰配置构件的方正等项目的检查。对门窗洞口及装饰构配件的对角线（串角）检查，也是套方的特殊手段。

（3）试验法。试验法是指必须通过试验手段，才能对质量进行判断的检查方法。例如，在建筑装饰装修施工中，有大量的预埋件、连接件、锚固件等，为保证饰面板与基层连接的安全牢固性，对于钉件的质量、规格、螺栓及各种连接紧固件的设置位置、数量与埋入深度等，必要时进行拉力试验，检验焊接和预埋连接件的质量。

7. 按质量事故处理的规定执行

当发生质量事故时，项目部各级人员必须根据岗位相应职责，严格按照质量保证计划的规定对该质量事故进行有效控制，避免该事故进一步扩展；同时，对该质量事故进行分类，分析事故原因，并及时处理。

在质量事故处理中科学地分析事故产生的原因，是及时、有效地处理质量事故的前提。

5.3.4 建筑装饰装修工程项目质量的持续改进

施工过程中对质量管理活动和施工工作的主动控制与动态控制，对出现影响质量的问题及时采取纠正措施，对经分析、预计可能发生的问题及时、主动采取预防措施，在使得整个施工活动处于受控状态的同时，也使得整个施工活动的质量得到改进。纠正措施和预防措施的采取既针对质量管理活动，也针对施工工作。具体反映为在各分部分项工程施工中质量通病的防治措施。

5.3.5 建筑装饰装修工程项目质量的政府监督

建筑装饰装修工程是建设工程的一部分。《中华人民共和国建筑法》《建筑工程质量管理条例》明确规定，政府行政主管部门设立专门机构对建设工程质量行使监督职能，其目的是保证建设工程质量、保证建设工程的使用安全及环境质量。

政府对建设工程的监督内容包括政府监督管理体制和管理职能、工程质量管理制度。

1. 政府监督管理体制

国务院住房城乡建设主管部门对全国的建设工程质量实施统一监督管理。县级以上地方人民政府住房城乡建设主管部门对本行政区域内的建设工程质量实施监督管理。

县级以上政府住房城乡建设主管部门和其他有关部门履行检查职责时，有权要求被检查的单位提供有关工程质量的文件和资料，有权进入被检查单位的施工现场进行检查，在检查中发现工程质量存在问题时，有权责令其改正。

政府的工程质量监督管理具有权威性、强制性和综合性的特点。

2. 管理职能

(1) 建立和完善工程质量管理法规：制定、修订行政性法律法规和工程技术规范标准，如《中华人民共和国建筑法》《中华人民共和国招标投标法》《建筑工程质量管理条例》等行政性法律法规，以及如工程设计规范、《建筑工程施工质量验收统一标准》(GB 50300—2013)、工程施工质量验收规范等工程技术规范标准。

(2) 建立和落实工程质量责任制：针对建设工程行政领导的工程质量责任、建设工程各主体的工程质量责任和工程质量终身负责制等，国家相关法律法规(含部门规章)作出相关规定。

(3) 建设活动主体资格的管理：国家对从事建设活动的主体实行严格的从业许可证制度，对从事建设活动的专业技术人员实行严格的执业资格制度。住房城乡建设主管部门及有关专业部门按各自分工，负责各类资质标准的审查、从业单位的资质等级的认定、专业技术人员资格等级的核查和注册，并对资质等级和从业范围等实施动态管理。

(4) 工程承发包管理：国家相关法律法规(含部门规章)规定了建设工程招标投标承发包的范围、类型、条件，行政主管部门对建设工程招标、投标、承发包活动的依法监督，以及行政主管部门对建设工程合同的管理。

(5) 建设工程的建设控制程序：国家相关法律法规(含部门规章)规定了建设工程的建设程序，并针对建设工程的报建、施工图设计文件审查、工程施工许可、工程材料和设备准用、工程质量监督、施工验收备案等方面，分别规定了行政主管部门的监督管理职责，以及建设工程各主体的工作职责。

3. 工程质量管理制度

我国住房城乡建设主管部门已颁发了多项建设工程质量管理制度，主要有以下4个方面：

(1) 施工图设计文件审查制度。施工图审查是指国务院住房城乡建设主管部门和省、自治区、直辖市人民政府住房城乡建设主管部门委托依法认定的设计审查机构，根据国家法律、法规、技术标准与规范，对施工图进行结构安全和强制性标准、规范执行情况等进行的独立审查。

(2) 工程质量监督制度。国家实行建设工程质量监督管理制度。工程质量监督管理的主体是各级政府住房城乡建设主管部门和其他有关部门。工程质量监督管理由住房城乡建设主管部门或其他有关部门委托的工程质量监督机构具体实施。

工程质量监督机构的主要任务如下：受政府主管部门的委托，对建设工程项目进行质量监督；制订质量监督工作方案，并确定相应建设工程的质量监督工程师和助理质量监督师；检查建设工程各方主体的质量行为；检查建设工程实体质量；监督工程质量验收；向委托部门报送工程质量监督报告；对预制建筑构件和商品混凝土的质量进行监督；受委托部门委托按规定收取工程质量监督费；政府主管部门委托的工程质量监督管理的其他工作。

(3)工程质量检测制度。工程质量检测工作是对工程质量进行监督管理的重要手段之一。工程质量检测机构是对建设工程、建筑构件、制品及现场所用的有关建筑材料、设备质量进行检测的法定单位。在住房城乡建设主管部门领导和标准化管理部门指导下开展检测工作，其出具的检测报告具有法定效力。法定的国家级检测机构出具的检测报告，在国内为最终判定，在国外具有代表国家的性质。

(4)工程质量保修制度。建设工程质量保修制度是指建设工程在办理交工验收手续后，在规定的保修期限内，因勘察、设计、施工、材料等原因造成的质量问题，要由施工单位负责维修、更换，由责任单位负责赔偿损失。质量问题是指工程不符合国家工程建设强制性标准、设计文件及合同中对质量的要求。

建设工程承包单位在向建设单位提交工程竣工验收报告时，应向建设单位出具工程质量保修书，质量保修书中应明确建设工程的保修范围、保修期限和保修责任等。

模块小结

建筑装饰装修工程项目质量控制是致力于满足建筑装饰装修工程质量的要求，也就是为了保证建筑装饰装修工程质量，满足合同、规范标准所采取的一系列措施、方法和手段。本模块通过质量控制的概念、影响质量的因素等使同学们了解建筑装饰装修质量的相关知识，通过对项目的全面质量管理体系和项目的质量控制实施，使同学们掌握质量保证体系的建立，掌握从质量总目标设定、质量保证计划的建立到质量保证计划实施全过程的内容。

实训训练

实训题目：

某学校虚拟仿真实训中心装饰装修工程，为节省资金，选择了涂料内墙面，甲乙双方约定提前交工。由于工期紧，施工方日夜连续施工。完工后检查时发现楼层内挥发性气味极浓，调查发现施工单位选用了水性涂料，且部分材料质量不符合要求。

问题：

(1)施工单位能否选用水性涂料作为内墙涂饰材料？常见的水性涂料有哪些？

(2)造成该质量事故的主要原因是什么？

(3)我国《民用建筑工程室内环境污染控制标准》(GB 50325—2020)对选用水性涂料有哪些强制性规定？

习题

一、单选题

1. 影响建筑装饰装修工程项目质量的因素不包括(　　)。
   A. 劳动时间　　　　B. 施工方法　　　　C. 人员素质　　　　D. 施工环境
2. 施工质量计划的编制主体是(　　)。
   A. 监理公司　　　　B. 设计企业　　　　C. 施工供应方　　　D. 施工承包方
3. 施工质量计划的内容一般不包括(　　)。
   A. 工程检测项目方法与计划
   B. 质量管理组织机构、人员及资源配置计划
   C. 质量回访及保修措施计划
   D. 为确保工程质量所采取的施工技术方案、施工程序
4. 按国家现行规定，造成直接经济损失 35 万元的工程质量事故，应定为(　　)质量事故。
   A. 一般　　　　　　B. 严重　　　　　　C. 重大　　　　　　D. 特大
5. 根据《建筑工程施工质量验收统一标准》(GB 50300—2013)，施工质量验收的最小单位是(　　)。
   A. 单位工程　　　　B. 分部工程　　　　C. 分项工程　　　　D. 检验批
6. PDCA 循环原理中各字母表示错误的是(　　)。
   A. P—Plan　　　　　　　　　　　　　B. D—Do
   C. C—Construct　　　　　　　　　　 D. A—Action

二、简答题

1. 简述 PDCA 循环工作法的基本内容。
2. 施工质量保证计划的内容有哪些？
3. 建筑装饰装修工程质量检验的方法有哪些？

三、案例

背景材料：某业主投资对原有客房进行改造，施工内容包括墙面壁纸、软包，地面地毯、木门窗更换。高档客房内有仿古门套、窗棂等装饰和配套机电改造。质量标准要达到《建筑装饰装修工程质量验收标准》(GB 50210—2018)合格标准。

业主与一家施工单位签订了施工合同。工程开始后，甲方代表提出以下要求：

(1)除甲方指定的材料外，壁纸、软包布、地毯必须经甲方确认样品后方可采购和使用。

(2)因饭店是四星级，所以对工程中所用的各种软包布、衬板、填充料、地毯、壁纸、边柜材料必须进行环保和消防检测，对其燃烧性能和有害物质含量进行复试，合格后才能用于工程中。

(3)为保证木工制作不变形，木材含水率要小于 9%。

(4)壁纸的种类、规格、图案、颜色和燃烧性能等级必须符合设计要求及现行国家标准的有关规定。

(5)裱糊工程必须达到拼接横平竖直，拼接处花纹、图案吻合，不离缝，不搭接，不显拼缝。

该项工程所需要的 160 樘木门是由业主负责供货，木门运达施工单位工地仓库，并经

验收入库。在施工过程中，发现有 10 个木门发生变形，监理工程师随即下令施工单位拆除，经检查原因属于木门使用材料不符合要求。

问题：
(1)裱糊前，基层处理质量应达到什么要求？
(2)甲方代表所提要求是否合理？
(3)针对本工程，请描述一下对细部工程的质量要求。
(4)对木门应如何处理？

模块 6　建筑装饰装修工程项目成本控制

知识目标

了解建筑装饰装修工程项目成本的概念，成本控制的特点及意义；掌握建筑装饰装修工程项目成本控制的 3 个阶段；掌握建筑装饰装修工程项目成本控制的措施。

课件：建筑装饰装修工程项目成本控制

素质目标

能针对建筑装饰装修工程项目特点进行成本控制。牢固树立低碳、绿色、节能、环保施工理念，推动绿色发展。

在建筑装饰装修工程项目的施工过程中，必然要发生活劳动和物化劳动的消耗。这些消耗的货币表现形式叫作生产费用。将建筑装饰装修施工过程中发生的各项生产费用归结到工程项目上，就构成了建筑装饰装修工程项目的成本。建筑装饰装修工程项目成本控制是以降低施工成本，提高效益为目标的一项综合性管理工作，在建筑装饰装修工程项目管理中占有十分重要的地位。

6.1　建筑装饰装修工程项目成本基础知识

6.1.1　建筑装饰装修工程项目成本的概念与构成

1. 建筑装饰装修工程项目成本的概念

建筑装饰装修工程项目成本是在建筑装饰装修施工中所发生的全部生产费用的总和，即在施工中各种物化劳动和活劳动创造的价值的货币表现形式。其包括支付给生产工人的工资、奖金，消耗的材料、构配件、周转材料的摊销费或租赁费，施工机具台班费或租赁费，项目经理部为组织和管理施工所发生的全部费用支出。

在建筑装饰装修工程项目成本管理中，既要看到施工生产中的消耗形成的成本，又要重视成本的补偿，这才是对建筑装饰装修工程项目成本的完整理解。

2. 建筑装饰装修工程项目成本的构成

建筑装饰装修工程项目成本由直接成本和间接成本构成。

（1）直接成本。直接成本是指建筑装饰装修施工过程中直接耗费的构成工程实体或有助于工程形成的各项支出，包括人工费、材料费、机具使用费和其他直接费用。所谓其他直接费用是指人、材、机费以外建筑装饰装修施工过程中发生的其他费用。其包括建筑装饰装修施工过程中发生的材料二次搬运费、临时设施摊销费、生产机具使用费、检验试验费、工程定位复测费、工程点交费、场地清理费等。

（2）间接成本。间接成本是指建筑装饰装修工程项目经理部为施工准备，组织和管理施工生产所发生的全部施工间接费用支出，包括现场管理人员的人工费（基本工资、补贴、福利费）、固定资产使用维护费、工程保修费、劳动保护费、保险费、工程排污费、其他间接费用等。

值得注意的是，下列支出不得列入建筑装饰装修工程项目成本，也不得列入建筑装饰装修施工企业成本：如为购置和建造固定资产、无形资产和其他资产的支出；对外投资的支出；没收的财物；支付的滞纳金、罚款、违约金、赔偿金；企业赞助、捐赠支出；国家法律、法规规定以外的各种支付费和国家规定不得列入成本费用的其他支出。

6.1.2 建筑装饰装修工程项目成本控制的特点及意义

建筑装饰装修工程项目成本控制是建筑装饰装修施工企业为降低建筑装饰装修施工成本而进行的各项控制工作的总称。其包括成本预测、成本计划、成本控制、成本核算和成本分析等。建筑装饰装修工程项目经理部在项目施工过程中，对所发生的各种成本信息，通过有组织、有系统地预测、计划、控制、核算和分析等一系列工作，促使工程项目系统内的各种要素，按照一定的目标运行，使建筑装饰装修工程项目的实际成本能够控制在预定计划成本范围内。工程项目成本控制管理是业主和承包人双方共同关心的问题，直接涉及业主和承包人双方的经济利益。

1. 建筑装饰装修工程项目成本控制的特点

（1）成本控制的集合性。成本目标不是孤立的，它只有与质量目标、进度目标、效率、工作质量要求、消耗等相结合才有价值。

（2）成本控制周期要求短。成本控制的周期不可太长，通常按月进行核算、对比、分析，在实施过程中的成本控制以近期成本为主。

（3）成本控制的责任性。项目参加者对成本控制的积极性和主动性是与他对项目承担的责任形式相联系的。例如，如果订立的工程合同价采用成本加酬金合同方式，承包者对成本控制就没有兴趣；而如果订立的是固定总价合同，他就会严格控制成本开支。

2. 建筑装饰装修工程项目成本控制的意义

（1）建筑装饰装修工程项目成本控制是建筑装饰装修工程项目工作质量的综合反映。建筑装饰装修工程项目成本的降低，表明在施工过程中活劳动和物化劳动消耗的节约。活劳动的节约，表明劳动生产率提高；物化劳动的节约，表明固定资产利用率提高和材料消耗率降低。所以，抓住建筑装饰装修工程项目成本控制这项关键，可以及时发现建筑装饰装修工程项目生产和管理中存在的问题，及时采取措施，充分利用人力、物力，降低建筑装饰装修工程项目成本。

（2）建筑装饰装修工程项目成本控制是增加企业利润，扩大社会积累最主要的途径。在工程项目价格一定的前提下，成本越低，盈利越高。建筑装饰装修施工企业是以装饰施工为主业，因此，其施工利润是企业经营利润的主要来源，也是企业盈利总额的主体，故降低工程项目成本成为装饰装修施工企业盈利的关键。

（3）建筑装饰装修工程项目成本控制是推行项目经理项目承包责任制的动力。

在项目经理项目承包责任制中，规定项目经理必须承包项目质量、工期与成本三大约束性目标。成本目标是经济承包目标的综合体现。项目经理要实现其经济承包责任，就必须充分利用生产要素和市场机制，管好项目，控制投入，降低消耗，提高效率，将质量、工期和成本三大相关目标结合起来综合控制。这样，既可以实现成本控制，又能带动项目的全面管理。

6.2 建筑装饰装修工程项目成本控制过程

按照工程项目成本控制发生的时间顺序，成本控制可分为3个阶段，即事前控制、事中控制和事后控制。

1. 工程成本的事前控制

工程成本的事前控制主要是指工程项目开工前，对影响成本的有关因素进行成本预测和进行成本计划。

(1)成本预测。建筑装饰装修工程项目成本预测是指通过成本信息和装饰装修工程项目的具体情况，并运用一定的专门方法，对未来的成本水平及其可能发展趋势作出科学的估计，其实质就是将建筑装饰装修工程项目在施工之前对成本进行核算。

成本预测是在成本发生前，因此，需要根据预计的多种变化的情况，测算成本的降低幅度，确定降低成本的目标。为确保工程项目降低成本目标的实现，分析和研究各种可能降低成本的措施和途径。例如，改进施工工艺和施工组织；节约材料费用、人工费用、机械使用费；实行全面质量管理，减少和防止不合格品、废品损失和返工损失；节约管理费用，减少不必要的开支等。

成本预测可以使项目经理部在满足业主和企业要求的前提下，选择成本低、效益好的最佳成本方案，并能够在建筑装饰装修工程项目成本的形成过程中，针对薄弱环节，加强成本控制，克服盲目性，提高预见性。

①成本预测的方法。成本预测的方法一般可分为定性方法与定量方法两类。

a. 定性方法主要有专家会议法、主观概率法等。专家会议法就是选择具有丰富经验，对经营和管理熟悉，并有一定专长的各方面专家集中起来，针对预测对象，估计工程成本；主观概率法是与专家会议和专家调查法相结合的方法，即允许专家在预测时提出几个估计值，并评出各值出现的可能性(概率)，然后计算各个专家预测的期望值，最后对所有专家预测期望值求平均值，即预测结果。

b. 定量方法主要有移动平均法、指数平滑法等。所谓移动平均法是指从时间序列的第一项数值开始，按一定项数求序列平均数，逐项移动，边移边平均，即可以得出一个由移动平均数构成的新的时间序列。它将原有统计数据中的随机因素加以过滤，消除数据中的起伏波动情况，使不规则的线型大致上规则化，以显示出预测对象的发展方向和趋势。指数平滑法是一种简便易行的时间序列预测方法，它是在移动平均法基础上发展起来的一种预测方法。使用移动平均法有两个明显的缺点：一是需要大量的历史观察值的储备；二是需要用时间序列中近期观察值的加权方法来解决。因为最近观察中包含着最多的未来情况的信息，所以，必须相对比前期观察值赋予更大的权数。即对近期的观察值应给予最大的权数，而对较远的观察值就给予递减的权数。指数平滑法就是既可以满足这样一种加权法，又不需要大量历史观察值的一种新的移动平均法。

②影响成本水平的因素。影响成本水平的因素主要有物价变化、劳动生产率、物料消

耗指标、项目管理办公费用开支等。可以根据近期内其他工程的实施情况、本企业职工及当地分包企业情况、市场行情等，推测未来哪些因素会对建筑装饰装修工程项目的成本水平产生影响，以及会得到怎样的结果。

总之，成本预测是对工程项目实施之前的成本预计和推断，这往往与实施过程中及其之后的实际成本有出入，而产生预测误差。预测误差的大小反映预测的准确程度。如果误差较大，就应分析产生误差的原因并积累经验。

（2）成本计划。建筑装饰装修工程项目成本计划是以货币形式编制工程项目在计划期内的生产费用、成本水平、成本降低率，以及为降低成本所采取的主要措施和规划的书面方案。它是建立工程项目成本管理责任制，开展成本控制和核算的基础。一般来说，建筑装饰装修工程项目成本计划应包括从开工到竣工所需要的施工成本，它是建筑装饰装修工程项目降低成本的指导文件，是确立目标成本的依据。

建筑装饰装修工程项目成本计划一般由项目经理部编制，规划出实现项目经理成本承包目标的实施方案。其技术组织措施包括以下内容：

①降低成本的措施要从技术和组织方面进行全面设计。

②从费用构成要素方面考虑，首先应降低装饰材料费用。因为材料费用占工程成本的大部分，其降低成本的潜力最大，可以建立自己的建筑装饰材料基地，从厂家直接购进材料。

③降低机械使用费，充分发挥机械生产能力。

④降低人工费用。其根本途径是提高劳动生产率，提高劳动生产率必须通过提高生产工人的劳动积极性来实现。提高工人劳动积极性应与适当的分配制度、激励办法、责任制及思想工作有关，要正确应用行为科学的理论。

⑤降低间接成本。其途径是由各业务部门进行费用节约承包，采取缩短工期的措施。

⑥降低质量成本措施。建筑装饰装修工程项目质量成本包括内部质量损失成本、外部质量损失成本、质量预防成本与质量鉴定成本。降低质量成本的关键是内部质量损失成本，而其根本途径是提高建筑装饰装修工程质量，避免返工和修补。

2. 工程成本的事中控制

建筑装饰装修工程在施工过程中，项目成本控制必须突出经济原则、全面性原则（包括全员成本控制和全过程成本控制）和责权利相结合的原则，根据施工的实际情况，做好项目的进度统计、用工统计、材料消耗统计、机械台班使用统计及各项间接费用支出的统计工作，定期编写各种费用报表，对成本的形成和费用偏离成本目标的差值进行分析，查找原因，并进行纠偏和控制。

通过成本控制，最终实现甚至超过预期的成本目标。建筑装饰装修工程项目的事中成本控制应贯穿工程项目从招标投标阶段开始直至项目竣工验收的全过程，它是建筑装饰装修施工企业全面成本管理的重要环节。

建筑装饰装修工程项目成本计划执行中的具体控制环节包括以下几个方面：

（1）下达成本控制计划。由成本控制部门或工程师根据成本计划再分门别类拟订和下达控制计划给各管理部门和施工现场的管理人员。

（2）建立落实计划成本责任制。建筑装饰装修工程项目成本确定之后，就要按计划要求，采用目标分解的办法，由项目经理部分配到各职能人员、单位工程承包班子和承包班组，签订成本承包合同，然后由承包者提出保证成本计划完成的具体措施，确保成本承包目标的实现。

（3）加强成本计划执行情况的检查与协调。项目经理部应定期检查成本计划的执行情况，并在检查后及时分析，采取措施，控制成本支出，保证成本计划的实现，一般应做好以下工作：

①项目经理部应根据承包成本和计划成本，绘制月度成本折线图。在成本计划实施过程中，按月在同一图上打点，形成实际成本折线，如图 6-1 所示。该图不但可以看出成本发展动态，还可以分析成本偏差。成本偏差有以下 3 种：

实际偏差＝实际成本－承包成本
计划偏差＝承包成本－计划成本
目标偏差＝实际成本－计划成本

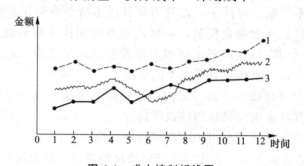

图 6-1　成本控制折线图
1—承包成本；2—计划成本；3—实际成本

应尽量减少目标偏差，目标偏差越小，说明控制效果越好。目标偏差为计划偏差与实际偏差之和。

②根据成本偏差，用因果分析图分析产生的原因，然后设计纠偏措施，制定对策，协调成本计划。对策要列成对策表，落实执行责任，见表 6-1。对责任的执行情况应进行考核。

表 6-1　成本控制纠偏对策表

计划成本	实际成本	目标偏差	解决对策	责任人	最终解决时间

3. 工程成本的事后控制

建筑装饰装修工程全部竣工以后，必须对竣工工程进行决算，对工程成本计划的执行情况加以总结，对成本控制情况进行全面的综合分析考核，以便找出改进成本管理的对策。

(1)工程成本核算。工程成本核算就是根据原始资料记录，汇总和计算工程项目费用的支出，核算承包工程项目的原始资料。在施工过程中项目成本的核算应以每月为一核算期，在月末进行。核算对象应按单位工程划分，并与工程项目管理责任目标成本的界定范围一致。进行核算时，要严格遵守工程项目所在地关于开支范围和费用划分的规定，对计入项目内的人工、材料、机械使用费，其他费用和成本，以实际发生数为准。

(2)工程成本分析与考核。

①工程成本分析是项目经济核算的重要内容，是成本管理和经济活动分析的重要组成部分。成本分析要以降低成本计划的执行情况为依据，对照成本计划和各项消耗定额，检查技术组织措施的执行情况，分析降低成本的主客观原因、量差和价差因素、节约和超支情况，从而提出进一步降低成本措施。

②成本考核是按工程项目成本目标责任制的有关规定，在建筑装饰装修工程项目完成

后，对建筑装饰装修工程项目成本的实际指标与计划、定额、预算进行对比和考核，评定建筑装饰装修工程项目成本计划的完成情况和各责任者的业绩，并为此给以相应的奖励和处罚。通过成本考核，做到奖罚分明，才能有效地调动企业的每一个职工在各自的施工岗位上努力完成目标成本的积极性，为降低建筑装饰装修工程项目成本和增加企业积累，做出自己的贡献。

综上所述，建筑装饰装修工程项目成本管理系统中每一个环节都是相互联系和相互作用的。成本预测是成本决策的前提，成本计划是成本决策所确定目标的具体化。成本控制则是对成本计划的实施进行监督，以保证决策的成本目标实现，而成本核算又是成本计划是否实现的最后检验。它所提供的成本信息又对下一个建筑装饰装修工程项目成本预测和决策提供基础资料。成本考核是实现成本目标责任制的保证和实现决策目标的重要手段。

6.3 降低建筑装饰装修工程项目成本的途径

6.3.1 建筑装饰装修工程项目成本控制的措施

1. 组织措施

建立成本控制组织保证体系，有明确的项目组织机构，使成本控制有专门机构和人员管理，任务职责明确，工作流程规范化。

2. 技术措施

将价值工程应用于设计、施工阶段，进行多方案选择，严格审查初步设计、施工图设计、施工组织设计和施工方案，严格控制设计变更，研究采取相应的有效措施来达到降低成本的目的。

3. 经济措施

推行经济成本责任制，将计划目标进行分解，落实到基层，动态地对建筑装饰装修工程项目的计划成本和实际成本进行比较分析，严格处理各种费用的审批和支付，对节约投资采取鼓励措施。

4. 合同措施

通过合同条款的制定，明确和约束设计、施工阶段的工程项目成本控制。

5. 信息管理措施

利用计算机辅助进行工程项目成本控制。

6.3.2 建筑装饰装修工程项目成本控制的要点

(1)建立与市场经济相适应的管理机制，规范管理程序。以项目管理为核心，建立健全生产力要素市场，实行以等价交换为原则的有偿使用、有偿服务。企业内部市场也要依据这个原则为项目提供物资和劳务。会计工作要改变原来财务会计以编送会计报表为主要目标的做法，将核算重点转移到工程项目和内部市场的经济目标及其结果上来。

(2)将责任成本注入工程成本核算。责任成本是财务成本的发展和延伸。建立健全项目责任成本核算机制是实施成本控制的核心环节。在工程项目中，将委托财务成本、责任成本的双轨制变为单轨制，在核算项目上分为可控成本和不可控成本。凡是可控成本，都作为项目班子的责任成本，通过考核分析落实其责任，提高经济效益。

（3）做好以下几个"结合"：

①同生产经营和科学技术密切结合，全面挖掘降低成本的潜力。

②同抓好工程质量、保证项目功能相结合，在保证工程质量和功能的前提下，实现项目成本目标，做到既提高质量又降低成本。

③同保证工程项目的工期相结合，做到既提高效率、缩短工期又减少费用开支。

④同全员管理成本相结合，将项目成本目标落实到项目班子、项目管理成员及全体职工中，并用系统论的思想，正确处理项目成本目标保证体系和各方面的关系。

6.3.3 建筑装饰装修工程项目各阶段降低成本措施的实施

1. 建筑装饰装修工程项目设计阶段

（1）推行工程设计招标和方案竞选设计。招标和方案竞选有利于择优选定设计方案和设计单位；有利于控制项目投资，降低工程造价，提高投资效益；有利于采用技术先进、经济适用、设计质量水平高的设计方案。

（2）推行限额设计。限额设计是按照批准的设计任务书及成本估算控制初步设计，按照批准的初步设计总概算控制施工图设计。各专业在保证达到使用功能的前提下，按分配的成本限额控制设计，严格控制技术设计和施工图设计的不合理变更，保证总投资限额不被超过。建筑装饰装修工程项目限额设计的全过程实际上就是建筑装饰装修工程项目在设计阶段的成本目标管理过程，即目标设置、目标管理、目标实施检查、信息反馈的控制循环过程。

（3）加强设计标准和标准设计的制定和应用。设计标准是国家的技术规范，是进行工程设计、施工和验收的重要依据，是工程项目管理的重要组成部分，与项目成本控制密切相关。标准设计也称通用设计，是经政府主管部门批准的整套标准技术文件图纸。

采用设计规范可以降低成本，同时可以缩短工期。标准设计按通用条件编制，能够较好地贯彻执行国家的技术经济政策，密切结合当地自然条件和技术发展水平，合理利用能源、资源和材料设备，从而大大降低工程造价。

①可以节约设计费用，加快出图速度，缩短设计周期。

②构配件生产统一配料可以节约材料，有利于生产成本的大幅度降低。

③标准件的使用能使工艺定型，容易使生产均衡和提高劳动生产率，既有利于保证工程质量又有利于缩短工期。

2. 建筑装饰装修工程项目施工阶段

（1）认真审查图纸，积极提出修改意见。在建筑装饰装修工程项目的实施过程中，施工单位应当按照建筑装饰装修工程项目的设计图纸进行施工建设。但由于设计单位在设计中考虑得不周到，设计的图纸可能会给施工带来不便。因此，施工单位应在认真审查设计图纸和材料、工艺说明书的基础上，在保证工程质量和满足用户使用功能要求的前提下，结合项目施工的具体条件，提出积极的修改意见。施工单位提出的意见应该有利于加快工程进度和保证工程质量，同时，能降低能源消耗、增加工程收入。在取得业主和施工单位的许可后，进行设计图纸的修改，同时办理增减账。

（2）制定技术先进、经济合理的施工方案。施工方案的制定应该以合同工期为依据，综合考虑建筑装饰装修工程项目的规模、性质、复杂程度、现场条件、装备情况、员工素质等因素。施工方案主要包括施工方法的确定、施工机具的选择、施工顺序的安排和流水施工的组织4项内容。施工方案应具有先进性和可行性。

（3）落实技术组织措施。落实技术组织措施以技术优势来取得经济效益，是降低成本的一个重要方法。在建筑装饰装修工程项目的实施过程中，通过推广新技术、新工艺、新材料都能够起到降低成本的目的。另外，通过加强技术质量检验制度，减少返工带来的成本支出也能够有效地降低成本。为了保证技术组织措施的落实并取得预期效益，必须实行以项目经理为首的责任制。由工程技术人员制定措施，材料负责人员供应材料，现场管理人员和生产班组负责执行，财务人员结算节约效果，最后由项目经理根据措施执行情况和节约效果对有关人员进行奖惩，形成落实技术组织措施的一条龙。

（4）组织均衡施工，加快施工进度。凡是按时间计算的成本费用，如项目管理人员的工资和办公费、现场临时设施费和水电费，以及施工机械和周转设备的租赁费等，在施工周期缩短的情况下，会有明显的节约。但由于施工进度的加快，资源使用相对集中，将会增加一定的成本支出，同时，容易造成工作效率降低的情况。因此，在加快施工进度的同时，必须根据实际情况，组织均衡施工，做到快而不乱，以免发生不必要的损失。

（5）加强劳动力管理，提高劳动生产率。改善劳动组织，优化劳动力的配置，合理使用劳动力，减少窝工；加强技术培训，提高工人的劳动技能和劳动熟练程度；严格劳动纪律，提高工人的工作效率，压缩非生产用工和辅助用工。

（6）加强材料管理，节约材料费用。材料成本在建筑装饰装修工程项目成本中所占的比重很大，具有较大的节约潜力。在成本控制中，应该通过加强材料采购、运输、收发、保管、回收等工作来达到减少材料费用、节约成本的目的。根据施工需要合理储备材料，以减少资金占用；加强现场管理，合理堆放，减少搬运，减少仓储和损耗；落实限额领料，严格执行材料消耗定额；坚持余料回收，正确核算消耗水平；合理使用材料，扩大材料代用；推广使用新材料。

（7）加强机械管理，提高机械利用率。结合施工方案的制定，从机械性能、操作运行和台班成本等因素综合考虑，选择最适合项目施工特点的施工机具；做好工序、工种机械施工的组织工作，最大限度地发挥机械效能；做好机械的平时保养维修工作，使机械始终保持完好状态，随时都能正常运转。

（8）加强费用管理，减少不必要的开支。根据项目需要，配备精干高效的项目管理班子；在项目管理中，积极采用量本利分析、价值工程、全面质量管理等降低成本的管理技术；严格控制各项费用支出和非生产性开支。

（9）充分利用激励机制，调动职工增产节约的积极性。从装饰装修工程项目的实际情况出发，树立成本意识，划分成本控制目标，用活用好奖惩机制。通过责、权、利的结合，对员工执行劳动定额，实行合理的工资和奖励制度，能够大大提高全体员工的生产积极性，提高劳动效率，减少浪费，从而有效地控制工程成本。

模块小结

建筑装饰装修工程项目成本控制是以降低施工成本,提高效益为目标的一项综合性管理工作,其在建筑装饰装修工程项目管理中占有十分重要的地位。本模块通过对建筑装饰装修工程项目成本的概念及构成,成本控制的特点及意义的介绍,使同学们了解成本控制的基本概念。通过了解成本控制的内容及方法,掌握事前控制、事中控制、事后控制中成本预算、成本计划、成本控制、成本核算、成本考核的概念、方法及降低建筑装饰装修工程项目成本的途径。

实训训练

实训题目:

某学校虚拟仿真实训中心装饰装修工程,预算员赵工在编写本装饰装修工程项目的成本计划时,她可以把施工成本按成本构成分解为哪几部分?从本工程主要材料管理方面考虑,怎么更有效地控制本工程成本。

习 题

一、单选题

1. 根据成本信息和工程项目的具体情况,运用一定的专门方法,对未来的成本水平及其可能的发展趋势作出科学的估计,这是(　　)。
   A. 成本控制　　　　　　　　　　B. 成本计划
   C. 成本预测　　　　　　　　　　D. 成本核算

2. 以货币形式编制工程项目在计划期内的生产费用、成本水平、成本降低率及为降低成本所采取的主要措施和规划的书面方案,这是(　　)。
   A. 成本控制　　　　　　　　　　B. 成本计划
   C. 成本预测　　　　　　　　　　D. 成本核算

3. 在施工过程中,对影响建筑项目成本的各种因素加强管理,并采用各种有效措施加以纠正,这是(　　)。
   A. 成本控制　　　　　　　　　　B. 成本计划
   C. 成本预测　　　　　　　　　　D. 成本核算

4. 建筑装饰装修工程项目成本计划一般由(　　)编制。
   A. 项目经理部　　　　　　　　　B. 建设单位
   C. 监理单位　　　　　　　　　　D. 设计单位

二、多选题

1. 工程项目成本管理的任务主要包括（　　）。
   A. 成本预测　　　　　　　　　　B. 成本计划
   C. 成本控制　　　　　　　　　　D. 成本核算
   E. 施工计划

2. 为了取得工程项目成本管理的理想成果，应当从多方面采取措施实施管理，通常可以将这些措施归纳为（　　）。
   A. 管理措施　　　　　　　　　　B. 组织措施
   C. 技术措施　　　　　　　　　　D. 经济措施
   E. 合同措施

三、简答题

1. 简述建筑装饰装修工程项目成本控制的意义。
2. 简述实际成本、承包成本、计划成本的区别与联系。

模块7　建筑装饰装修工程项目安全控制与现场管理

知识目标

掌握建筑装饰装修工程项目安全控制的基础概念、安全控制的实施；掌握建筑装饰装修工程项目现场管理的概念；掌握工程项目现场管理的准备、施工现场的检查与调度。

课件：建筑装饰装修工程项目安全控制与现场管理

素质目标

能针对建筑装饰装修工程项目特点进行工程项目安全控制和现场管理。培养学生安全施工意识，节能环保的施工理念。

7.1　建筑装饰装修工程项目安全控制

建筑装饰装修施工是一项复杂的生产过程，施工安全管理关系到社会的安全和公共利益。因此，切实增强施工安全的责任意识，从施工过程的各个环节、各个方面落实安全生产责任，是确保工程施工安全的前提。

7.1.1　建筑装饰装修工程项目安全控制的基础元素

1. 安全生产

安全生产是指处于避免人身伤害、设备损坏及其他不可接受的损害风险（危险）状态下进行的生产活动。

2. 安全控制

安全控制是指为确保安全生产，对生产过程中涉及安全方面的事宜，通过致力于满足生产安全所进行的计划、组织、指挥、协调、监控和改进等一系列的管理活动，从而保证施工中的人身安全、设备安全、结构安全、财产安全和适宜的施工环境。

3. 危险源

危险源是可能导致人身伤害或疾病、财产损失、工作环境破坏或这些情况组合的危险因素和有害因素。

危险因素强调突发性和瞬间作用，有害因素强调在一定时期内的慢性损害和累积作用。

危险源是安全管理的主要对象。安全管理也可称为危险管理或安全风险管理。

在实际生活和生产过程中的危险源是以多种多样形式存在的。危险源导致事故的原因可归结为危险源的能量意外释放或有害物质泄漏。根据危险源在事故发生、发展中的作用，可将危险源分为两大类，即第一类危险源和第二类危险源。

(1)第一类危险源。可能发生意外释放的能量的载体或危险物质称作第一类危险源。能量或危险物质的意外释放是事故发生的物理本质。通常,将产生能量的能量源或拥有能量的能量载体作为第一类危险源来对待处理,如易燃易爆物品,有毒、有害物品等。

(2)第二类危险源。可能造成约束、限制能量措施失效或破坏的各种不安全因素称作第二类危险源,如易燃易爆物品的容器,有毒、有害物品的容器,机械制动装置等。

第二类危险源包括人的不安全行为、物的不安全状态和不良环境条件3个方面。

4. 事故

事故的发生是两类危险源共同作用的结果:第一类危险源失控是事故发生的前提;第二类危险源失控则是第一类危险源导致事故的必要条件。

在事故的发生和发展过程中,第一类危险源是事故的主体,决定事故的严重程度;第二类危险源则决定事故发生的可能性大小。

7.1.2 建筑装饰装修工程项目安全控制基础知识

1. 建筑装饰装修工程项目安全控制的概念

建筑装饰装修工程项目安全控制就是工程项目在施工过程中,组织安全生产的全部管理活动。通过对生产因素具体的状态控制,使生产因素不安全的行为和状态减少或消除,不引发人为事故,尤其是不引发使人受到伤害的事故,充分保证建筑装饰装修工程项目效益目标的实现。

安全法规、安全技术和工业卫生是安全控制的三大主要措施。安全法规也称劳动保护法规,是用立法的手段制定保护职业安全生产的政策、规程、条例和制度;安全技术是指在施工过程中为防止和消除伤亡事故或减轻繁重劳动所采取的措施;工业卫生是指在施工过程中为防止高寒、严寒、粉尘、噪声、振动、毒气、污染等对劳动者身体健康的危害采取的防护和医疗措施。

2. 建筑装饰装修工程项目安全控制的方针

建筑装饰装修工程项目安全控制的目的是安全生产,因此,安全控制的方针也应符合安全生产的方针,即"安全第一,预防为主,综合治理"。

3. 建筑装饰装修工程项目安全控制的目标

建筑装饰装修工程项目安全控制的目标是减少和消除生产过程中的事故,保证人员健康安全和财产免受损失。具体可包括减少或消除人的

杜邦安全管理理论

不安全行为的目标,减少或消除设备、材料的不安全状态的目标,改善生产环境和保护自然环境的目标,安全管理的目标。

4. 建筑装饰装修工程项目安全控制的特点

(1)控制面广。由于建设工程规模较大,生产工艺复杂,工序多,遇到的不确定性因素多,安全控制工作涉及范围大,控制面广。

(2)控制的动态性。由于建设工程项目的单件性,使得每项工程所处的条件不同,所面临的危险因素和防范措施也会有所改变,有些工作制度和安全技术措施也会有所调整,员工同样要有熟悉的过程。

(3)控制系统的交叉性。建设工程项目是开放系统,受自然环境和社会环境影响很大,安全控制需要将工程系统和环境系统及社会系统结合起来。

(4)控制的严谨性。安全状态具有触发性,其控制措施必须严谨,一旦失控就会造成损失和伤害。

5. 建筑装饰装修工程项目安全控制的任务

建筑装饰装修施工企业是以施工生产经营为主业的经济实体。全部生产经营活动，是在特定空间进行人、财、物动态组合的过程，并通过这一过程向社会交付有商品性的建筑装饰产品。

在完成建筑装饰产品过程中，人员的频繁流动、生产复杂性和产品的一次性等显著的生产特点，决定了组织安全生产的特殊性。安全生产是工程项目重要的控制目标之一，也是衡量建筑装饰装修工程项目管理水平的重要标志。因此，工程项目必须将实现安全生产当作组织施工活动时的重要任务。

建筑装饰装修工程项目安全控制，主要包括安全施工与劳动保护两个方面。安全施工是建筑装饰装修施工企业组织施工活动和安全工作的指导方针，要确立"施工必须安全，安全促进施工"的辩证思想；劳动保护是保护劳动者在施工中的安全和健康。

安全控制的任务就是要想尽一切办法找出施工生产中的不安全因素，用技术上与管理上的措施去消除这些不安全的因素，做到预防为主，防患于未然，保证施工的顺利进行，保证员工的安全与健康。

7.1.3 建筑装饰装修工程项目安全控制的实施

1. 建筑装饰装修工程项目安全管理制度

安全生产是我国的一项重大政策，也是企业管理的重要原则之一。做好安全生产工作，对于保证劳动者在生产中的安全健康，搞好企业的经营管理，促进经济发展和社会稳定具有重要的意义。因此，制定合理的安全管理制度必不可少。

建筑装饰装修工程项目安全管理制度主要有以下几项：

(1) 安全施工生产责任制。
(2) 安全技术措施计划制度。
(3) 安全施工生产教育制度。
(4) 安全施工生产检查制度。
(5) 工伤事故的调查和处理制度。
(6) 防护用品及食品安全管理制度。
(7) 安全值班制度。

工程伦理：
安全事故典型案例

2. 建筑装饰装修工程项目安全控制的程序

(1) 确定项目的安全目标。按"目标管理"方法，在以项目经理为首的项目管理系统内进行分解，从而确定各岗位的安全目标，实现全员安全控制。

(2) 编制项目安全技术措施计划。对生产过程中的不安全因素，用技术手段加以消除和控制，并用文件化的方式表示，这是落实"预防为主"方针的具体体现，是进行工程项目安全控制的指导性文件。

(3) 安全技术措施计划的落实和实施。安全技术措施计划的落实和实施包括建立健全安全生产责任制、设置安全生产设施、进行安全教育和培训、沟通和交流信息、通过安全控制使生产作业的安全状况处于受控状态。

(4) 安全技术措施计划的检查。安全技术措施计划的检查包括安全检查、纠正不符合情况，并做好检查记录工作。根据实际情况补充和修改安全技术措施。

(5)持续改进，直至完成工程项目的所有工作。

3. 建筑装饰装修工程项目安全控制的基本要求

(1)必须取得安全行政主管部门颁发的安全施工许可证后才可开工。

(2)总承包单位和每一个分包单位都应持有施工企业安全资格审查认可证。

(3)各类人员必须具备相应的执业资格才能上岗。

(4)所有新员工必须经过三级安全教育，即进厂、进车间和进班组的安全教育。

(5)特殊工种作业人员必须持有特种作业操作证，并严格按照规定定期进行复查。

(6)对查出的安全隐患要做到"五定"，即定整改责任人、定整改措施、定整改完成时间、定整改完成人、定整改验收人。

(7)必须把好安全生产"六关"，即措施关、交底关、教育关、防护关、检查关、改进关。

(8)施工现场安全设施齐全，并符合国家及地方有关规定。

(9)施工机械(特别是现场安设的起重设备等)经安全检查合格后方可使用。

4. 建筑装饰装修工程项目施工安全技术措施计划

(1)工程项目施工安全技术措施计划的主要内容包括工程概况、控制目标、控制程序、组织机构、职责权限、规章制度、资源配置、安全措施、检查评价、奖惩制度等。

(2)编制施工安全技术措施计划时，对于某些特殊情况应予以考虑。

①对结构复杂、施工难度大、专业性较强的工程项目，除制订项目总体安全保证计划外，还必须制定单位工程或分部分项工程的安全技术措施。

②对高处作业、井下作业等专业性强的作业，电器、压力容器等特殊工种作业，应制定单项安全技术规程，并应对管理人员和操作人员的安全作业资格和身体状况进行合格性检查。

(3)制定和完善施工安全操作规程，编制各施工工种，特别是危险性较大工种的安全施工操作要求，作为规范和检查考核员工安全生产行为的依据。

(4)施工安全技术措施包括安全防护设施的设置和安全预防措施，主要有17个方面的内容，如防火、防毒、防爆、防洪、防尘、防雷击、防触电、防坍塌、防物体打击、防机械伤害、防起重设备滑落、防高空坠落、防交通事故、防寒、防暑、防疫、防环境污染方面的措施。

5. 施工安全技术措施计划的实施

(1)落实安全责任，实施责任管理。建筑装饰装修工程项目经理部承担控制、管理施工生产进度、成本、质量、安全等目标的责任。因此，必须同时承担进行安全管理、实现安全生产的责任。

①建立、完善以项目经理为首的安全生产领导组织，有组织、有领导地开展安全管理活动。项目经理承担组织、领导安全生产的责任。

②建立项目经理部各级人员安全生产责任制度，明确各级人员的安全责任，抓制度落实、抓责任落实，定期检查安全责任落实情况。

③建筑装饰装修工程项目应通过监察部门的安全生产资质审查，并得到认可。

④建筑装饰装修工程项目经理部负责施工生产中物的状态审验与认可，承担物的状态漏验、失控的管理责任，接受由此而出现的经济损失惩罚。

⑤一切管理、操作人员均需要与工程项目经理部签订安全协议，向工程项目经理部作出安全保证。

⑥对安全生产责任落实情况的检查，应认真、详细地记录，作为分配、奖惩的原始资料之一。

(2) 安全教育与训练。进行安全教育与训练，能增强人的安全生产意识，掌握安全生产知识，有效地防止人的不安全行为，减少人的失误。安全教育与训练是进行人的行为控制的重要方法和手段。因此，进行安全教育与训练要适时、宜人、内容合理、方式多样且形成制度。组织安全教育与训练应做到严肃、严格、严密、严谨、讲求实效。

(3) 安全检查。安全检查是发现不安全行为和不安全状态的重要途径，是消除事故隐患、落实整改措施、防止事故伤害、改善劳动条件的重要方法。

①安全检查的形式。安全检查有普遍检查、专业检查和季节性检查等。

②安全检查的内容。安全检查的内容主要是查思想、查管理、查制度、查现场、查隐患、查事故处理。

③安全检查的方法。安全检查常用的有一般检查方法和安全检查方法。

④消除危险因素的关键。安全检查的目的是发现、处理、消除危险因素，避免事故伤害，实现安全生产。消除危险因素的关键环节，在于认真整改，真正地、确确实实地将危险因素消除。对于一些由于各种原因而一时不能消除的危险因素，应逐项分析，寻求解决办法，安排整改计划，尽快予以消除。

安全检查的整改必须坚持"三定"和"不推不拖"，不使危险因素长期存在而危及人的安全。

(4) 安全技术交底。

①安全技术交底的基本要求。

a. 项目经理部必须实行逐级安全技术交底制度，纵向延伸到班组全体作业人员。

b. 技术交底必须具体、明确，针对性强。

c. 技术交底的内容应针对分部分项工程施工中给作业人员带来的潜在危害和存在的问题。

d. 应优先采用新的安全技术措施。

e. 应将工程概况、施工方法、施工程序、安全技术措施等向工长详细交底。

f. 定期向由两个以上作业队和多工种进行交叉施工的作业队伍进行书面交底。

g. 保持书面安全技术交底签字记录。

②安全技术交底的主要内容。

a. 本工程项目的施工作业特点和危险点。

b. 针对危险点的具体预防措施。

c. 应注意的安全事项。

d. 相应的安全操作规程和标准。

(5) 作业标准化。在操作者产生的不安全行为中，由于不知道正确的操作方法，为了干得快些而省略了必要的操作步骤，坚持自己的操作习惯等原因所占比例很大。按科学的作业标准规范人的行为，有利于控制人的不安全行为，减少人的失误。

(6) 生产技术与安全技术的统一。生产技术工作是通过完善生产工艺过程、完备生产设备、规范工艺操作、发挥技术的作用来保证生产顺利进行的。其包含了安全技术在保证生产顺利进行的全部职能和作用。两者的实施目标虽然各有侧重，但工作目的完全统一在保证生产顺利进行、实现效益这一共同的基点上。生产技术与安全技术统一，体现了安全生产责任制落实、具体地落实"管生产同时管安全"的管理原则。

6. 现场安全施工生产的具体措施与要求

现场安全施工生产的要求主要包括预防高处坠落、物体打击、起重吊装事故、用电安全、冬雨期施工安全、现场防火等多方面。

(1)预防高处坠落的措施与要求。凡在坠落高度基准面2 m及2 m以上进行施工作业都称为高处作业。高处作业可分为4级：2～5 m为一级，5～15 m为二级，15～30 m为三级，30 m以上为特级。高处作业的安全防护措施有：高处作业人员要定期进行体检；正确使用安全带、安全帽及安全网；按规定搭设脚手架，设置防护栏和挡脚板，不准有探头板；凡施工人员可能从中坠落的各种洞口(如楼梯口、电梯口、预留洞、坑井等)，均需要采取有效的安全防护措施。

(2)预防物体打击的措施与要求。物体打击是建筑工地常见多发事故之一，如坠落物砸伤、物体搬运时的砸伤或挤伤等。施工时应注意以下事项：

①进入施工现场人员要正确戴好安全帽。

②禁止从高处或楼内向下抛物料，随时清理高处作业范围的杂物，以免碰落伤人。

③施工现场要设置固定进楼通道和出入口，并要搭设长度不小于3 m的护头棚。

④吊运物料要严格遵守起重操作规定，使用装有脱钩装置的吊钩或长环。

⑤人工搬运材料、构配件时，要精神集中，互相配合。搬运大型物料时，要有专人指挥、停放要平稳。

(3)预防起重吊装事故的措施与要求。

①起重机械设备要定期维修保养，严禁带故障作业。对卷扬机等垂直运输设备要安装超高限位器，吊钩、长环、钢丝绳都必须经过严格检查。

②操作时要按操作规程进行，坚持"十个不准吊"，如信号不清、吊物下方有人、吊物超负荷、捆扎不牢、6级以上大风等情况下不准吊。

③起重机不得在架空输电线下面工作。在其一侧工作时，起重臂与架空输电线水平距离：1 kV以下线路不得少于1.5 m，1～20 kV线路不得少于2 m，3.5～110 kV线路不得少于4 m。

④在一个施工现场内若有多台起重机同时作业，则两个大臂(起重臂)的高度或水平距离要保持不小于5 m。

(4)施工用电安全措施与要求。

①若工程工期超过半年，施工现场的供电工程均应按正式的供电工程安装和运行，执行供电局的有关规定。

②施工现场内一般不得架设裸线。架空线路与施工建筑物的水平距离一般不得少于10 m，与地面的垂直距离不得少于6 m。跨越建筑物时与顶部的垂直距离不得少于2.5 m。在高压线下方10 m范围内，不准停放材料、构配件等，不准搭设临时设施，不准停放机械设备，严禁在高压线下从事起重吊装作业。

③各种电气设备均应有接零或接地保护，严禁在同一系统中将接零、接地两种保护混用。

④每台电气设备应有单独的开关及熔断保险，严禁一闸多机。

⑤配电箱操作面的操作部位不得有带电体明露，箱内各种开关、熔断器，其定额容量必须与被控制的电设备容量相匹配。

⑥移动式电气设备、手持电动工具及临时照明线均需在配电箱内装设漏电保护器。

⑦照明线路按照标准架设，不准采用一根火线一根地线的做法，不准借用保护接地作

照明零线,不准擅自派无电工执照的人员乱动电气设备及电动机械。

⑧电焊、气焊作业中的安全技术,要切实注意防弧光、防烟尘、防触电、防短路、防爆。氧气瓶、乙炔瓶要保持一定距离,与明火保持10 m以上,附近禁止吸烟。

(5)施工现场防火措施与要求。

①施工现场必须认真执行《中华人民共和国消防条例》和公安部关于建筑工地防火的基本措施,现场应画出用火作业区,建立严密的防火制度,消除火灾隐患。

②现场材料堆放及易燃品的防火要求:木材垛之间要保持一定距离,材料废料要及时清除;临时工棚设置处要有灭火器及蓄水池、蓄水桶;工棚防火间距,城区不少于5 m,农村不少于7 m;距离易燃仓库用火生产区不少于30 m;锅炉房、厨房及明火设施设置在工棚下风方向。

7. 施工现场发生工伤事故的处理

当发生人身伤亡、重大机械事故或火灾、火险时,基层施工人员要保持冷静,及时向上级报告并积极参加抢救,保护现场,排除险情,防止事故扩大。要按照有关规定,依事故轻重大小分别由各级领导查清事故原因与责任,提出处理意见、制订防范措施。

现场发生火灾时,要立即组织职工进行抢救,并立即向消防部门报告,提供火情,提供电器、易燃易爆物的情况及位置。

7.2 建筑装饰装修工程项目现场管理

7.2.1 建筑装饰装修工程项目现场管理的概念、内容与建筑装饰装修施工作业计划

1. 建筑装饰装修工程项目现场管理的概念

建筑装饰装修工程项目现场管理是建筑装饰装修施工企业为完成建筑装饰装修产品的施工任务,从接受施工任务开始到工程验收交工为止的全过程中,围绕施工现场和施工对象而进行的生产事务的组织管理工作。其目的是在施工现场充分利用施工条件,发挥各施工要素的作用,保持各方面工作的协调,使施工能正常进行,并按时、按质提供建筑装饰装修产品。

2. 建筑装饰装修工程项目现场管理的内容

(1)进行开工前的现场施工条件的准备,促成工程开工。

(2)进行施工中的经常性准备工作。

(3)编制施工作业计划,按计划组织综合施工,进行施工过程的全面控制和全面协调。

(4)加强对施工现场的平面管理,合理利用空间,做到文明施工。

(5)利用施工任务书进行基层队组的施工管理。

(6)组织工程的交工验收。

创新创造:无人机施工现场管理

3. 建筑装饰装修施工作业计划

建筑装饰装修施工作业计划是计划管理中最基本的环节,是实现年季度计划的具体行动计划。其是指导现场施工活动的重要依据。

(1)编制施工作业计划的依据。
①企业年度、季度施工进度计划。
②企业承揽与中标的工程任务及合同要求。
③各种施工图纸和有关技术资料、单位工程施工组织设计。
④各种材料、设备的供应渠道、供应方式和进度。
⑤工程承包组的技术水平、生产能力、组织条件及历年达到的各项技术经济指标水平。
⑥工程资金供应情况。
(2)施工作业计划编制的内容。施工作业计划一般指月度施工作业计划。其主要内容有编制说明和施工作业计划表。
①编制说明的主要内容有编制依据、施工队组的施工条件、工程对象条件、材料及物资供应情况、具体困难或需要解决的问题等。
②月度施工作业计划表，包括以下几项内容：
a. 主要计划指标汇总表；
b. 工程项目计划表；
c. 主要实物工程量汇总表；
d. 施工进度表；
e. 劳动力需用量及平衡表；
f. 主要材料需用量表；
g. 大型施工机械设备需用量计划表；
h. 预制构配件需用量计划表；
i. 技术组织措施、降低成本计划表。

7.2.2 建筑装饰装修工程项目现场管理的准备工作

1. 组织准备

组织准备是建立工程施工的经营和指挥机构及职能部门，并配备一定的专业管理人员的工作。大、中型工程应成立专门的施工准备工作班子，具体开展施工准备工作。对于不需要单独组织项目经营指挥机构和职能部门的小型工程，则应明确规定各职能部门有关人员在施工准备工作中的职责，形成相应非独立的施工准备工作班子。有了组织机构和人员分工，繁重的施工准备工作才能在组织上得到保证。

2. 技术准备

(1)向建设单位和设计单位调查了解工程项目的基本情况，获取有关技术资料。
(2)对施工区域的自然条件进行调查。
(3)对施工区域的技术经济条件进行调查。
(4)对施工区域的社会条件进行调查。
(5)编制施工组织设计和工程预算。

3. 物资准备

物资准备的目的是为施工全过程创造必要的物质条件。其主要有以下内容：
(1)施工前，应及早办理物资计划申请和订购手续，组织预制构件、配件和铁件的生产或订购，调配机械设备等。

(2)施工开始后,应抓好进场材料、配件和机械的核对、检查和验收,进行场内材料运输调度及材料的合理堆放,抓好材料的修旧利废等工作。

4. 施工队伍准备

(1)按计划分期分批组织施工队伍进场。
(2)办理临时工、合同工的招收手续。
(3)按计划培训施工中所需的稀缺工种、特殊工种的工人。

5. 现场场地准备

(1)搞好"三通一平",即路通、电通、水通,平整、清理施工场地。
(2)现场施工测量。对拟装饰装修工程进行抄平、定位放线等。

6. 提出开工报告

当各项工作准备就绪后,由施工承包单位提出开工报告,待批准后工程才能开工。开工报告一式四份,送公司审批后,公司留存一份,退回三份,格式可参照建筑工程开工申请报告的表格样式填写。

7.2.3 施工现场检查、施工调度及交工验收

1. 施工现场检查

施工现场检查的主要内容包括施工进度、平面布置、质量、安全、节约等方面。

(1)施工进度。施工进度安排要严格按照施工组织设计中的施工进度计划要求来执行。施工现场管理人员要定期检查施工进度情况,对施工进度拖后的施工队或班组,要督促其在保证质量与安全的前提下加快施工速度;否则,有可能使工期拖后而影响工程按期完成交付使用。

(2)平面布置。施工现场的平面布置是合理使用场地,保证现场道路、水、电、排水系统畅通,搞好施工现场场容,以实现科学管理、文明施工为目的的重要措施。施工平面布置管理的经常性工作有检查施工平面规划的贯彻、执行情况,督促按施工平面图的规定兴建各项临时设施,摆放大宗材料、成品、半成品及生产机械设备。

(3)质量。对工程质量的检查和督促是保证和提高工程质量的重要措施,是施工中不可缺少的工作。施工企业工程质量的好坏决定其竞争力的大小,进而决定其生存与发展。

施工作业的检查与督促的主要内容有检查工程施工是否遵守设计规定的工艺流程,是否严格按图施工;施工是否遵守操作规程和施工组织设计规定的施工顺序;材料的储备、发放是否符合质量管理的规定;隐蔽工程的施工是否符合质量检查验收规范。

(4)安全。工程安全的检查和督促是防止工程施工高空作业和工程交叉穿插施工中发生伤亡事故的重要措施。首先,要加强对工人的安全教育,克服麻痹思想,不断提高职工安全生产的意识。同时,还要经常对职工进行有针对性的安全生产教育,新工人上岗前要进行安全生产的基本知识教育,对容易发生事故的工种还要进行安全操作训练,确实掌握安全操作技术才能独立操作。

(5)节约。工程节约的检查和督促可涉及施工管理的各个方面,它与劳动生产率、材料消耗、施工方案、平面布置、施工进度、施工质量等都有关。施工中节约的检查与督促要以施工组织设计为依据,以计划为尺度,认真检查督促施工现场人力、财力和物力的节约情况,经常总结节约经验,查明浪费的问题和原因并切实加以解决。

2. 施工调度

施工调度的主要任务是监督、检查计划和工程合同的执行情况，协调总包、分包及各施工单位之间的协作配合关系；及时、全面地掌握施工进度；采取有效措施，处理施工中出现的矛盾，克服薄弱环节，促进人力、物力的综合平衡，保证施工任务保质、保量、快速地完成。

施工调度是实现正确施工指挥的重要手段，是组织施工各环节、各专业、各工种协调动作的中心。

3. 交工验收

工程交工验收的是最终建筑装饰装修产品，即竣工工程交付使用。被验收的工程应达到下列标准要求：工程项目按照工程合同规定和设计图纸要求已全部施工完毕，达到国家规定的质量标准，能够满足使用要求；设备调试、运转达到设计要求；交工工程做到面明、地净、水通、灯亮及采暖通风设备运转正常；建筑物外用工地以内的场地清理完毕；技术档案资料齐全，竣工结算已经完毕。

交工验收工作主要有两项，即双方及有关部门的检查、鉴定及工程交接。

建设单位在收到施工企业提交的交工资料以后，应组织人员会同交工单位、监理单位和其他建设管理部门根据施工图纸、施工验收规范，共同对工程进行全面的检查和鉴定。经检查、鉴定符合要求后，合同双方即可签署交工验收证书，逐项办理固定资产移交。根据承包合同的规定办理工程结算手续。除注明的承担保修的内容外，双方的经济关系和法律责任即可解除。

模块小结

建筑装饰装修工程项目安全控制就是工程项目在施工过程中，组织安全生产的全部管理活动。通过对生产因素具体的状态控制，使生产因素不安全的行为和状态减少或消除，不引发人为事故，尤其是不引发使人受到伤害的事故，充分保证建筑装饰装修工程项目效益目标的实现。本模块介绍了建筑装饰装修工程项目安全控制的概念、安全控制的实施，使学生能够进行现场安全的初步控制。通过学习建筑装饰装修工程项目现场管理的相关知识，了解现场管理的概念，掌握现场施工准备、现场检查与调度。

实训训练

实训题目：

某学校虚拟仿真实训中心装饰装修工程安全工作专题会上，总监理工程师说，因工程中易燃物品较多，为了保证安全，施工现场电焊工作必须具有"两证一器一监护"。总监说的"两证一器一监护"是指什么？小王在顶岗实习期间，被公司分到本装修工程项目部，他的企业指导老师是安全员李工。每次跟着李工巡检工地现场，小王都会认真学习。小王在进行安全巡查时应重点巡查哪些方面？

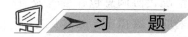 习 题

一、单选题

1. 施工企业应当建立健全（　　）制度，加强对职工安全生产的教育培训；未经安全生产教育培训的人员，不得上岗作业。
   A. 安全生产教育培训
   B. 安全技能学习激励
   C. 劳保用品和学习资料统一配发
   D. 岗位责任

2. 建筑装饰装修施工企业在编制施工组织设计时，对专业性较强的工程项目（　　）。
   A. 应当确定项目施工人员安全技能要求
   B. 应当确定防护用品类型和标准
   C. 视情况决定是否编制专项安全施工组织设计，但必须采取安全技术措施
   D. 应当编制专项安全施工组织设计，并采取安全技术措施

3. 建设工程安全管理的方针是（　　）。
   A. 安全第一，预防为主，综合治理
   B. 质量第一，兼顾安全
   C. 安全至上
   D. 安全责任重于泰山

4. （　　）就是要求在进行生产和其他工作时将安全工作放在一切工作的首要位置。
   A. 预防为主　　　B. 以人为本　　　B. 安全优先　　　D. 安全第一

5. 目前，我国建筑业伤亡事故的主要类型是（　　）。
   A. 高处坠落、坍塌、物体打击、机械伤害、触电
   B. 高处坠落、中毒、坍塌、触电、火灾事故
   C. 坍塌、粉尘、高处堕落、触电、塔式起重机事故
   D. 坍塌、物体打击、机械伤害、触电、火灾事故

6. 安全交底应有书面材料，有（　　）。
   A. 交底日期
   B. 双方的签字
   C. 双方的签字和交底日期
   D. 安全员签字和交底日期

7. 三级安全教育是指（　　）三级。
   A. 企业法定代表人、项目负责人、班组长
   B. 公司、项目、班组
   C. 公司、总包单位、分包单位
   D. 建设单位、施工单位、监理单位

8. 患有（　　）疾病的人员仍可以从事架子工作业。
   A. 高血压　　　B. 心脏病　　　C. 口腔溃疡　　　D. 癫痫病

9. 遇有（　　）级以上大风时应停止室外高处作业。
   A. 3　　　　　　　B. 4　　　　　　　C. 5　　　　　　　D. 6
10. 搭、拆脚手架时作业人员必须戴（　　），系安全带，穿防滑鞋。
    A. 护目镜　　　　B. 安全帽　　　　C. 耳塞　　　　　D. 耳机
11. 下列不是常用的安全电压的是（　　）V。
    A. 12　　　　　　B. 110　　　　　　C. 24　　　　　　D. 36
12. 施工现场明火作业时必须开具（　　）。
    A. 动火证　　　　B. 出入证　　　　C. 证明信　　　　D. 动工证
13. 临时木工间、油漆间和木、机具间等每（　　）m² 配备一只种类合适的灭火器。
    A. 15　　　　　　B. 20　　　　　　C. 25　　　　　　D. 30

二、案例

1. 背景材料：某三星级饭店进行装饰装修改造。按照合同要求，施工期间不能对营业区域造成影响。施工单位对施工区域与营业区域进行了分割，封闭措施完善、有效，控制严格，对施工环境的影响降到最低限度，甲方较为满意。

   问题：
   (1) 施工现场料具及保安消防管理有哪些内容？
   (2) 现场文明施工管理内容是什么？

2. 背景材料：2018 年 9 月，某施工单位甲由建设方邀请招标获得某市体育馆的内外装饰装修工程。该单位此后又将各单位工程分包给不同的施工单位。其中，乙单位负责内墙面涂饰工程，而丙单位负责吊顶工程。由于各分项工程属于不同单位，现场秩序比较混乱。施工过程中，由于吊顶施工用电焊火花飞溅，引起地面堆放的油漆材料起火，继而引发火灾，造成直接经济损失达 280 多万元。

   问题：
   (1) 施工单位甲通过邀请招标方式获得该市体育馆装饰装修工程是否合理，为什么？
   (2) 在施工单位乙和丙施工过程中，应怎样注意明火使用？
   (3) 装饰装修工程对发包与承包有什么要求？
   (4) 哪个单位应负责施工现场管理？应怎样组织装饰装修工程现场文明施工管理？

3. 背景材料：某煤炭集团食堂进行装修改造，施工中需要大量拆除原有旧装修，施工单位配合建设单位对原有结构进行安全鉴定，个别部位需进行结构补强。对楼板局部开裂进行碳纤维加固，对混凝土梁开裂进行夹钢板及增加空腔钢梁加固，确保了机关办公楼整体结构的安全及牢固。

   施工单位制定了文明、安全防护、消防保卫、环保环卫措施如下：
   (1) 文明施工措施。
   ① 项目经理对安全现场的安全生产员直接负责，工长对管辖作业班组的安全生产员直接负责，在组织安排生产的同时落实安全施工技术措施，进行安全交底和检查。
   ② 作业班组实行联合安全保卫措施，通过操作人员之间的相互监督、控制、保护的关系和作用，实现对不安全行为有效控制。
   ③ 施工安全检查体系：
   a. 质检部负责对项目部的安全生产和文明施工实施监督与抽查。项目经理部质量安全员负责对施工项目的安全、文明施工活动监督和跟踪检查，发现问题立即组织人员画因果

图、排列图，找出主要原因，然后指定整改措施。作业班组兼职安全员负责对班组安全、文明活动进行检查和落实。

b. 公司每旬对项目部进行一次检查，平时对工地进行不定期抽查。项目经理部每周对工地进行安全文明施工抽查。

(2) 安全防护技术措施。

①认真执行建筑施工现场安全防护基本标准，在施工现场大门口设置施工告示。

②严格执行《施工现场临时用电安全技术规范》(JGJ 46—2005)，安装、维修或拆除临时用电工程，设两名电工负责，制定安全用电技术措施和电气防火措施。

③橡皮电缆敷设要沿墙壁用绝缘子固定，高度不得小于 2.5 m。

④开关箱必须有漏电保护，其动作电流不大于 30 mA，动作时间不小于 0.1 s，进入开关箱的电源线严禁用插销连接。

⑤电焊机械应放置在通风良好的干燥位置，周围严禁易燃物存放。

(3) 消防保卫措施。

①施工现场配置足够的消防器材并合理布局，规范安放，消防器材设明显标志，并保证灵活有效。

②施工现场实行用火审批制度，作业用火前必须经消防保卫组检查批准，发放用火证，电气焊工必须持证上岗，施焊时安排专人看火并有灭火措施及器材。

③现场建材的保管要符合防火、防盗要求，库房禁止使用易燃材料搭设，易燃品设专库存放，并保持通风干燥。

④建立出入场管理制度，现场保安 24 h 值班，做好值班记录。

(4) 环保环卫措施。

①施工现场的材料按施工平面图堆放整齐，场内卫生由专人清扫，垃圾统一归堆密闭储存，及时外运。

②装饰装修施工中的油漆涂料分项工程施工应符合《民用建筑工程室内环境污染控制标准》(GB 50325—2020) 的强制性条文要求：

a. 民用建筑工程室内装修中所采用的水性涂料、水性胶粘剂、水性处理剂必须有总挥发性有机化合物(TVOC)和游离甲醛含量检测报告；溶剂型涂料、溶剂型胶粘剂必须有总挥发性有机化合物(TVOC)、苯、游离甲苯二异氰酸酯(TDI)(聚氨酯类)含量检测报告，并符合设计要求和规范规定。

b. 建筑材料和装修材料的检测项目不全或对检测结果有疑问时，必须将材料送有资格的检测机构进行检测，检验合格后方可使用。

c. 民用建筑工程室内装修所采用的稀释剂和溶剂，严禁使用苯、工业苯、石油苯、重质苯及混苯。

d. 严禁在民用建筑工程室内用有机溶剂清洗施工用具。

e. 民用建筑工程所用建筑材料和装饰装修材料的类别、数量和施工工艺等，应符合设计要求和规范的有关规定。

③施工现场经常有专人撒水，防止扬尘。进入现场的水泥、白灰全部入库存放。

问题：

(1) 在装饰装修施工中，哪些部位严禁擅自改动？

(2) 针对装饰装修工程特点，你认为在施工过程中要对哪类有害物质进行控制？

(3)装饰装修施工用电必须遵守《施工现场临时用电安全技术规范》(JGJ 46—2005)，针对强制性条文，在临时用电安全方面是否有补充？

(4)对装饰装修工程，施工现场对易燃易爆材料有哪些安全管理要求？

4.背景材料：某装饰装修公司承担了某宾馆的室内、外装饰装修工程，该工程结构形式为钢筋混凝土框架结构，地上10层、地下1层。工程项目包括围护墙砌筑、抹灰、制作吊顶、地砖地面、门窗、涂饰、木作油漆和幕墙等。为运送施工材料，室外装有一部卷扬机。检查时发现，操作卷扬机的机工未在，而由一名工人正在操作机械运送一名工人和一车沙子上楼。施工单位在现场的消防通道处堆放了一些施工材料，如水泥、饰面砖等，现场消防通道宽度为2 m，以供人通行；临时供电采用三级配电二级保护，采用漏电保护开关，设置分段保护，合闸(正常)供电的配电箱未上锁，在现场临时照明用电为220 V。而在室外脚手架上做玻璃幕墙骨架焊接的一名操作人员，既无用火证又无操作证；在木门加工处正在使用中的电锯无防护罩。

根据以上叙述，指出施工单位在现场安全生产方面存在哪些问题？

模块 8　建筑装饰装修工程项目资源管理

知识目标

掌握建筑装饰装修工程项目人力、材料、机械设备、技术、资金等资源管理的基本内容。

课件：建筑装饰装修
工程项目资源管理

素质目标

能针对建筑装饰装修工程项目进行人力、材料、机械设备、技术、资金等资源管理工作。培养学生严谨、细致的工作作风，树立爱党报国、敬业奉献、服务人民的职业理念。

8.1　建筑装饰装修工程项目资源管理基础知识

8.1.1　建筑装饰装修工程项目资源管理的概念

建筑装饰装修工程项目资源是装饰装修工程项目中使用的人力资源、材料、机械设备、技术、资金和基础设施等的总称。建筑装饰装修工程项目资源管理是指对装饰装修工程项目所需人力、材料、机械设备、技术、资金和基础设施所进行的计划、组织、指挥、协调和控制等的活动。

建筑装饰装修工程项目资源管理的特点主要表现在：装饰装修工程项目所需资源的种类多、需用量大；装饰装修工程项目建设过程具有不均衡性；资源供应受外界影响大，具有复杂性和不确定性，资源经常需要在多个装饰项目中协调；资源对装饰项目成本的影响大。

8.1.2　建筑装饰装修工程项目资源管理的内容

建筑装饰装修工程项目资源管理的内容主要包括人力资源管理、材料管理、机械设备管理、技术管理和资金管理 5 个方面。

（1）人力资源管理。人力资源管理是指能够推动经济和社会发展的体力和脑力劳动者。在装饰装修工程项目中，人力资源包括不同层次的管理人员和参与装饰装修工程项目的各种工人。装饰装修工程项目人力资源管理是指装饰装修工程项目组织对该装饰装修工程项目的人力资源进行的科学的计划、适当的培训、合理的配置、准确的评估和有效的激励等一系列管理工作。

（2）材料管理。建筑材料成本占整个建筑装饰装修工程造价的比重为 2/3～3/4。加强装饰装修工程项目的材料管理，对于提高装饰装修工程质量，降低装饰装修工程成本都将起到积极的作用。

建筑材料可分为主要材料、辅助材料和周转材料。

(3)机械设备管理。机械设备往往实行集中管理与分散管理结合的办法，其主要任务在于正确选择机械设备，保证机械设备在使用中处于良好状态，减少机械设备闲置、损坏，提高施工效率和利用率。

在装饰装修工程项目中，机械设备的供应来自4种渠道，即企业自有设备(这里指为配合装饰装修工艺成品化施工所需要购买的设备)、本企业向专业租赁公司租用设备、市场租赁设备，以及分包方自带机械设备。

(4)技术管理。技术管理是指装饰装修工程项目实施的过程中对各项技术活动和技术工作的各种资源进行科学管理的总称。

(5)资金管理。建筑装饰装修工程项目资金管理应以保证收入、节约支出、防范风险和提高经济效益为目的。通过对资金的预测和对比及装饰装修工程项目奖金计划等方法，不断地进行分析和对比、计划调整与考核，以达到降低成本、提高效益的目的。

8.1.3 建筑装饰装修工程项目资源管理的方法

建筑装饰装修工程项目中资源也称为生产要素，是工程项目实施必不可少的，其费用一般占工程总费用的80%，所以，资源节约是工程成本节约的主要途径。如果资源不能得到保证，任何考虑得再周密的工作计划也不能实行。资源管理的任务就是按照项目的实施计划编制资源的使用和供应计划，进行资源的优化配置，将项目实施所需用的资源按正确的时间、正确的数量供应到正确的地点，并对生产要素进行动态管理，降低资源成本消耗。

1. 进行资源的优化配置

生产力由诸多要素组合而成，但需要优化配置生产要素才能提高生产力水平。生产要素的管理就是要适时、适量、比例适当、位置适宜地配备或投入生产要素，所投入的生产要素应当在施工过程中搭配适当，协调地在项目中发挥作用，有效地形成生产力，以满足施工要求。

2. 对资源进行动态管理

工程项目的实施过程是一个不断变化的过程，对资源的需求是不断变化的。资源的配置和组合需要不断调整，这就需要动态管理。动态管理的基本内容就是按照项目的内在规律，有效地计划、组织、协调和控制资源，使之在项目中合理流动，在动态中寻求平衡。

8.1.4 建筑装饰装修工程项目资源管理的一般程序

(1)明确项目的资源需求；
(2)分析项目整体的资源状态；
(3)确定资源的各种提供方式；
(4)编制资源的相关配置计划；
(5)提供并配置各种资源；
(6)控制项目资源的使用过程；
(7)跟踪分析并总结改进。

8.2 建筑装饰装修工程项目人力资源管理

8.2.1 人力资源管理计划

项目经理部应根据项目进度计划和作业特点优化配置人力资源，制订人力需求计划，并上报企业人力资源管理部门批准。企业人力资源管理部门与劳务分包公司签订劳务分包合同。远离企业本部的项目经理部，可以在企业法定代表人授权下与劳务分包公司签订劳务分包合同。

企业人力资源管理部门只有建立并持续改进项目人力资源管理体系，完善人力资源管理制度、明确管理责任、规范管理程序，才能有效地完成人力资源管理的任务。

项目经理部接收到派遣的作业人员后，应根据工程需要，或保持原建制不变，或对有关工种工人重新进行组织。劳动力组织的形式有以下几种：

(1)专业班组。专业班组是由同一工种(专业)的工人组成的班组。专业班组只完成其专业范围内的施工过程。该组织形式有利于专业化施工，提高劳动熟练程度和劳动效率，但对工种之间的相互协作配合不利。

(2)混合班组。混合班组是由相互联系的多工种工人组成的班组，工人可以在一个集体中进行混合作业，以本工种为主兼做其他工作。这种班组对工种之间的协作有利，工序衔接紧凑，但不利于专业工人技能和熟练程度的提高。

(3)大包队。大包队是扩大的专业班组和混合班组。其适于用单位工程和分部工程的综合作业承包，队伍内部还可以再划分专业班组分工种施工。它们的优点是独立施工能力强，能单独承担并完成独立的装饰项目，有利于相互协作配合，简化项目经理部的管理工作。

8.2.2 人力资源配置

企业劳动管理部门首先审核项目的施工进度计划和各工种需用量计划，然后与企业内部劳务队伍或外部劳务市场的劳务分包企业签订分包合同，进行劳动力配置。工程项目劳动力分配总量要按企业的建筑安装工人劳动生产率控制，项目经理部可以在企业法人授权下与劳务分包企业签订分包合同。

配置时应做好的工作：

(1)配置时，应在人力资源需求计划的基础上进一步具体化，编制工种需求计划，考查是否漏配，必要时根据实际需要调整人力资源需求计划。

(2)配置劳动力时，要尽量使用自有资源，做到恰到好处，既不能浪费又不能压力过大，让工人有超额完成任务的可能，以获得超额奖，激发工人的工作热情。

(3)尽量使在作业层上的劳动力和劳动组织保持稳定，防止频繁调动，不利于施工。当正在使用的劳动组织不适应任务要求时，应坚决进行调整，要敢于打乱原建制进行优化组合。

(4)为保证作业的需要，工种组合、能力搭配应适当，技工与小工的比例必须适当、配套。

(5)尽量使劳动力均衡配置，以便于管理，使劳动力资源强度适当，以达到节约的目的。

8.2.3 人力资源控制

人力资源控制应包括人力资源的选择、签订施工分包合同、人力资源培训等内容。

1. 人力资源的选择

要根据装饰装修工程项目需求确定人力资源的性质、数量、标准及组织中工作岗位的需求，提出人员补充计划；对有资格的求职人员提供均等的就业机会；根据岗位要求和条件允许来确定合适人选。

2. 签订施工分包合同

施工分包合同有专业装饰装修工程分包合同与劳务作业分包合同之分。分包合同的发包人一般是取得施工总承包合同的承包单位，分包合同中一般仍沿用施工总承包合同中的名称，即称为承包人；分包合同的承包人一般是专业化的装饰装修施工单位或劳务作业单位，在分包合同中一般称为分包人或劳务分包人。

施工分包合同的承包方式有两种：一种是按施工预算或投标价承包；另一种是按施工预算中的清单装饰装修工程量承包。劳务分包合同的内容应包括：装饰装修工程名称、工作内容及范围、提供劳务人员的数量、合同工期、合同价款及确定原则；合同价款的结算和支付，安全施工，重大伤亡及其他安全事故处理，装饰装修工程质量、验收与保修，工期延误，文明施工材料机具供应，文物保护，发包人、承包人的权利和义务，违约责任等。同时，应考虑劳务人员的各种保险和共同管理。

3. 人力资源培训

人力资源培训包括培训岗位、人数，培训内容、目标、方法、地点和培训费用等，应重点培训生产线关键岗位的操作运行人员和管理人员。人员的培训时间应与装饰装修工程项目的建设进度相衔接，例如，设备操作人员应在设备安装调试前完成培训工作，以便这些人员参加设备安装、调试过程，熟悉设备性能，掌握处理事故技能等，保证装饰装修工程项目顺利完成。组织应重点考虑供方、合同方人员的培训方式和途径，可以由组织直接进行培训，也可以根据合同约定由供方、合同方自己进行培训。

人力资源培训包括管理人员的培训和工人的培训。

8.2.4 人力资源考核

人力资源考核是指对装饰装修工程项目组织人员的工作作出评价。考核是一个动态过程，通过考核的形式，使装饰装修工程项目的管理良性循环。考核具有过程性与不确定性的特点。

8.3 建筑装饰装修工程项目材料管理

项目材料管理就是与项目有关的各部门、各系统通过科学的管理方法和手段，对项目所使用的材料在流通过程和消耗过程中的经济活动进行计划、组织、监督、激励、协调、控制，以保证施工生产的顺利进行。

8.3.1 建筑装饰装修工程项目材料管理任务

项目材料从采购、供应、运输到施工现场验收、保管、发放、使用涉及材料的流通和消耗两个过程，由此决定了项目材料管理具有以下两大任务：

(1)在流通过程的管理一般称为供应管理。其包括材料从项目采购供应前的策划，供方的评审与评定，合格供方的选择，采购、运输、仓储、供应到施工现场(或加工地点)的全过程。

(2)在使用过程的管理一般称为消耗管理。其包括材料进场验收、保管出库、拨料、耗用过程的跟踪检查、材料盘点、剩余物资的回收利用等全过程。

8.3.2 建筑装饰装修工程项目材料管理计划

项目经理部要及时向物资供应部门提交材料需用计划。材料需用计划内容如下：

(1)单位工程(或整个项目)材料需用计划。此计划根据施工组织设计和施工预算作出，于开工前提出，作为备料依据。具体见第3章资源需用量计划中的主要材料需用量计划表。

(2)工程材料(年、季、月)需用计划。此计划根据施工预算、生产进度、现场条件，按工程计划期提出，作为备料依据。由于工程的特点，必须考虑材料的储备问题，合理制定材料期末储备量。计划表中应包括使用单位、品名、规格、单位、数量、交货地址、地点、日期、材料技术准备等。

材料管理计划的执行和检查工作：材料管理计划编制后，要积极组织执行和实现，并要明确分工，各部门要相互支持、协调配合，搞好综合平衡，及时发现问题，采取有效措施，保证计划的全面完成。

8.3.3 建筑装饰装修工程项目材料采购供应管理

1. 项目材料采购供应管理的概念

项目材料采购供应管理就是对项目所需物资的采购供应活动进行计划、组织、监督、控制，努力降低物资在流通领域的成本。

2. 项目材料采购供应管理的任务

通过对供应商的评审，选择合理的供应方式和价格，适时地将工程所需材料配套供应至项目指定地点，保证项目施工生产的顺利进行，并在材料的流通过程中为企业创造较好的经济效益。

3. 项目材料采购应遵循的原则

(1)政策法规的原则。

(2)按计划采购的原则。

(3)"三比一算"的原则。质量、价格、运距是组成材料流通成本的基本要素，比质量、比价格、比运距、核算成本是对采购人员最基本的要求。采购人员应认真做到"同等质量比价格，同等价格比质量"。

(4)开展质量成本活动原则。在采购前，采购人员应充分了解材料的用途，根据工程的不同使用部位和对材料的质量要求选择不同的材质标准进行采购供应，以达到降低成本的目的。

4. 项目材料采购供应中的质量把关

(1)进入施工现场的材料,要根据工程技术部门的要求,做到主要材料随货同行,证随料走,证物相符。

(2)项目经理部根据国家和地方的有关规定,对进入现场的材料按规定进行取样复验。对复验不合格的材料另行堆码,做好标识,防止将不合格材料用于工程。

8.3.4 建筑装饰装修工程项目材料运输与库存管理

1. 材料的运输

材料的运输是材料供应工作的重要环节,材料运输管理要贯彻"及时、准确、安全、经济"的原则,搞好运力调配、材料发运与接运,有效地发挥运力作用。

2. 材料的库存管理

材料的库存管理是材料管理的重要组成部分。材料库存管理工作的内容和要求主要有:合理确定仓库的地点、面积、结构和储存、装饰、计量等仓库作业设施的配备;精心计算库存,建立库存管理制度;把好物资验收入库关,做到科学保管和保养;做好材料的出库和退库工作;做好清仓盘点和到库工作。另外,材料的仓库管理应当积极配合生产部门做好消耗考核和成本核算,以及回收废旧物资,开展综合利用。

8.3.5 建筑装饰装修工程项目材料现场管理

1. 项目材料现场管理的主要任务

项目材料现场管理,就是在现场施工过程中采取科学的方法、先进的手段,在材料进场验收、保管、发放、回收等阶段实施因地制宜的管理措施,使材料在企业的生产领域中发挥最大作用,降低企业的材料消耗水平,获得较大利益。

2. 项目材料现场管理的内容

(1)施工准备阶段项目材料管理的内容。了解工程概况,调查现场条件和周围货源情况及供应条件;了解工程基本情况和业主、设计对材料供应的基本要求;了解工期和材料的供应方式、付款方式和业主供应材料情况;了解施工方案,掌握工程施工进度,现场平面布置及材料近期的需用量;了解项目经理部对材料管理工作的具体要求。

(2)施工中项目材料管理的内容。

①根据施工进度,编制好各类材料计划,确保生产顺利进行。

②做好材料验收与存储工作,保证物资的原使用功能。

③针对不同的施工方式采取不同的方法开展限额领料工作。

④通过跟踪管理的方式检查操作者用料情况,发现不良现象及时指正,对纠错不改的给予经济处罚。

(3)施工后期竣工收尾阶段项目材料管理的内容。主要做好清理、盘点和核算工作,为竣工结算提供可靠、有效的资料。其主要内容如下:

①掌握工程施工进度和用料情况,控制材料进场数量,避免造成积压浪费。

②及时回收剩余材料,与主管部门沟通,将剩余材料及时调配给其他项目。

③进行各种材料的结算和核算工作。

④及时分析项目材料使用情况,编制有关报表,总结工程材料供应与管理效果。

3. 项目材料的进场验收管理

(1) 项目材料验收的要求。项目材料验收是企业材料由流通领域向消耗领域转移的中间环节,也是保证进入现场的材料满足工程达到预定的质量标准,以供用户最终使用的要求,确保用户生命安全的重要手段和保证。因此,项目材料验收必须做到认真、及时、准确、公正、合理。

(2) 项目材料验收的内容。

①质量验收。质量验收包括内在质量和环境质量。保证材料的质量满足合同中约定的标准。

②数量验收。核对进场材料的数量与单据中是否一致。

③单据验收。查看是否有国家强制性产品认证书、材质证明、装箱单、发货单、合格证等。

④环保验收。查看是否有影响企业环保的因素。

⑤安全卫生验收。查看是否有影响企业职业卫生健康安全的因素。

(3) 项目材料验收的依据。

①订货合同、采购计划及所约定的标准。

②经有关单位和部门确认后封存的样品或样本。

③材质证明或合格证。

(4) 项目材料验收的程序。项目材料验收的程序包括验收准备、单据验收、数量验收、质量验收、环保与职业安全验收、办理验收手续。

(5) 项目材料的储运与保管。项目材料储运与保管要求达到布局合理、库容整洁、管理科学、制度严密、保管员基本功扎实和服务态度良好的"文明仓库"标准。

(6) 项目材料的出库。

①项目材料的出库必须准确、及时,当面点交,不合格材料不得出库使用。

②认真执行"先进先出"的原则,出库的凭证和手续必须齐全,符合要求,严格按照计划、定额发料。

4. 项目材料使用监督

现场材料管理责任者应对现场材料的使用进行分工监督。监督的内容包括是否合理用料,是否严格执行配合比,是否认真执行领发料手续,是否做到谁用谁清,是否按规定进行用料交付和工序交接,是否做到按平面图堆料,是否按要求保管材料等。检查是监督的手段,检查要做到情况有记录、原因有分析、责任要明确、处理有结果。

5. 周转材料管理

周转材料是施工中可多次周转使用,但不构成产品实体所必须使用的料具,如支撑体系、模板体系等。周转材料的管理,就是在项目施工过程中,根据施工生产的需要,及时、配套地组织材料进场,通过合理的计划精心保养,监督控制周转材料的消耗,加速其周转,避免人为的浪费和不合理的消耗。

8.3.6 建筑装饰装修工程项目材料管理考核

材料管理考核应通过经济核算和责任考核,对材料资源投入、使用、调整及计划与实际的对比分析,找出管理存在的问题。材料管理考核工作应对按计划保质、保量、及时供应材料，以及对材料计划、使用、回收及相关制度进行效果评价。通过考核能及时反馈信息，提高资金使用价值，持续改进。材料管理考核应坚持计划管理、跟踪检查、总量控制、节奖超罚的原则。

8.4 建筑装饰装修工程项目机械设备管理

机械设备管理是指按照机械设备特点在工程施工过程中协调人、机械设备和施工生产对象之间的关系，充分发挥机械设备的优势，争取获得最佳经济效益而做的组织、计划、指挥、监督和调节等工作。

8.4.1 机械设备管理的具体任务及制度

1. 机械设备管理的具体任务

（1）按照技术上先进、经济上合理、施工上适用，安全、可靠的原则选择机械设备，为项目提供合理的技术装备。

（2）采用先进的管理方法和制度，加强保养维修工作，减轻机械设备磨损，使设备始终处于良好的技术状态。

（3）根据项目施工的需要，做好机械设备的供应、平衡、调剂、调度等工作；监督机务人员正确操作、确保安全、主动服务、方便施工。

（4）做好各项目管理工作，如机械设备的验收、登记、保管工作，运转记录、统计报表技术档案工作，备用配件和节能工作，技术安全工作等。

（5）做好机械设备的挖潜、革新、改造和更新工作。

（6）做好机械设备的经济核算工作。

（7）做好机务人员的技术培训工作。

2. 机械设备管理的制度

采用先进的管理方法和制度是合理使用机械设备，使机械设备保持在最佳状态运行，提高使用效率，做到安全作业，延长使用机械设备寿命的重要保证。机械设备管理的制度主要有以下几项：

（1）人机固定和操作证制度。

（2）操作人员岗位责任制度。

（3）机械设备档案管理制度。

（4）合理使用、维护机械设备制度。

（5）安全作业制度。

3. 机械设备的选择

机械设备的选择是机械设备管理的首要环节，机械设备选择的原则是：切实需要、实际可能和经济合理。选择时，要全面考虑技术经济要求，综合多方面因素进行分析比较，并按以下要求进行：

（1）不同的机械设备，其技术性能指标不同，选择时要首先考虑是否满足施工的需要。

（2）选择机械设备必须考虑企业自身或可能租赁的机械装备水平，挖掘内部潜力，考虑经济效益、实际可能。要尽量避免新购机械设备。对于新购机械设备，要进行生产效率提高、能源的节约、质量的改进、繁重体力劳动的减轻等效果的计算与比较，择优购买。可用计算机械设备投资回收期的方法衡量投资效果，尽量缩短回收期。

（3）选择的机械设备要适用，系列配套，装备合理，品种数量比例适当，大、中、小结合。

（4）选择机械设备时要考虑零配件的来源和维修的方便性。

（5）选择机械设备要考虑其技术经济性是否先进，可以按下面几个因素进行分析比较：生产性、可靠性、节约性、维修性、环保性、耐用性、成套性、安全性、灵活性。可采用加权平均法按等级进行评分，取各项分值总和最高者。

8.4.2 机械设备管理计划

工程项目所需机械设备通常从专业机械租赁公司或建筑机械设备租赁市场租用，分包工程施工队可自带施工机械设备进场作业。对施工中确实需要的新购设备，要报经主管部门审批后，方可购买。

项目经理部要根据施工要求选择合适的施工机械，由经理部机管员根据工程需要编制施工机械设备使用计划，编制依据为工程施工组织设计，根据其不同的施工方法、生产工艺及技术措施，选配不同的施工机械设备，具体见第3章资源需用量计划中的主要施工机具需用量计划表。

8.4.3 机械设备管理任务

机械设备管理包括机械设备购置与租赁、使用管理、操作人员管理、报废和出场管理等。

机械设备管理任务包括：正确选择机械；保证机械设备在使用中处于良好状态；减少闲置和损坏；提高机械设备使用效率及产出水平；机械设备的维护和保养。

1. 机械设备的购置

大型机械设备及特殊设备的购买应在调研的基础上写出经济技术可行性分析报告，经专业管理部门审批后，方可购买；中、小型机械设备应在调研的基础上，选择性价比较好的产品。机械设备的选择原则：适用于装饰项目要求，使用安全可靠，技术先进，经济合理。

在有多台同类机械设备可供选择时，需要综合考虑它们的技术特性。

2. 机械设备的租赁

机械设备的租赁是施工企业向租赁公司（站）及拥有机械设备的单位支付一定租金，取得使用权的业务活动。这种方法有利于加速机械设备的周转，提高其使用效率和完好率，减少资源的浪费。

3. 机械设备的使用

机械设备的使用应实行定机、定人、定岗位的三定制度，有利于操作人员熟悉机械设备特性，熟练掌握操作技术，合理和正确地使用、维护机械设备，提高机械设备效率；有利于大型机械设备的单机经济核算和考评操作人员使用机械设备的经济效果；也有利于定员管理、工资管理。具体做法如下：

（1）人机固定。实行机械设备使用、保养责任制，将机械设备的使用效益与个人经济利益联系起来。

(2)实行操作证制度。坚持实行操作证制度,无证不准上岗,采取办培训班、进行岗位训练等形式,有计划、有步骤地做好培养和提高工作。专用机械设备的专门操作人员必须经过培训和统一考试,确认合格,发给驾驶证。这是保证机械设备得到合理使用的必要条件。

(3)遵守合理使用规定,防止机件早期磨损,延长机械设备使用寿命和修理周期。实行单机或机组核算,根据考核的成绩实行奖惩,这也是一项提高机械设备管理水平的重要措施。

(4)建立机械设备档案制度。记录和统计机械设备情况,为使用和维修提供方便。

(5)合理组织机械设备施工。必须加强维修管理,提高机械设备的完好率和单机效率,并合理地组织机械设备的调配,做好施工的计划工作。

(6)做好机械设备的综合利用。机械设备的综合利用是指现场安装的机械设备尽量做到一机多用。尤其是垂直运输机械设备,必须综合利用,使其效率充分发挥。其负责垂直运输各种构件材料,同时用作回转范围内的水平运输、装卸车等。因此,要按小时安排好机械设备的工作,充分利用时间,大力提高其利用率。

(7)努力组织好机械设备的流水施工。当施工的推进主要靠机械设备而不是人力的时候,划分施工段的大小必须考虑机械设备的服务能力,将机械设备作为分段的决定因素。要使机械设备连续作业,不停歇,必要时三班作业。一个工程项目有多个单位工程时,应使机械设备在单位工程之间流水,减少进出场时间和装卸费用。

(8)机械设备安全作业。项目经理部在机械设备作业前,应向操作人员进行安全操作交底,使操作人员对施工要求、场地环境、气候等安全生产要素有清楚的了解,项目经理部按机械设备的安全操作要求安排工作和进行指挥,不得要求操作人员违章作业,也不得强令机械设备带病作业,更不得指挥和允许操作人员野蛮施工。

(9)为机械设备的施工创造良好条件。现场环境、施工平面图应适合机械设备作业要求,交通道路畅通,夜间施工安排好照明。协助机械设备部门落实现场机械设备标准化。

4. 机械设备操作人员管理

机械设备操作人员必须持上岗证,即通过专业培训考核合格后,经有关部门注册,操作证年审合格,在有效期内,且所操作的机种与所持证上允许操作机种吻合。另外,机械设备操作人员还必须明确机组人员责任制,并建立考核制度,奖优罚劣,使机组人员严格按照规范作业,并在本岗位上发挥出最优的工作业绩。责任制应对机长、机员分别制定责任内容,对机组人员应做到责、权、利三者相结合,定期考核,奖罚明确到位,以激励机组人员努力做好本职工作,使其操作的设备在一定条件下发挥出最大效能。

8.4.4 机械设备的保养、修理和报废

创新创造:中国首台
装修机器人

1. 机械设备的保养

机械设备的保养可分为例行保养和强制保养。

(1)例行保养属于正常使用管理工作,不占用机械设备的运行时间,由操作人员在机械设备使用前期和中间进行。例行保养的内容主要有保持机械设备的清洁,检查运行情况,防止机具腐蚀,按技术要求紧固易于松脱的螺栓,调整各部位不正常的行程和间隙。

(2)强制保养是按一定周期,需要占用机械设备的运转时间而停工进行的保养。这种保养是按一定周期的内容分级进行的,保养周期根据各类机械设备的磨损规律、作业条件、

操作维修水平及经济性四个主要因素确定,保养级别由低到高,如起重机、挖土机等大型设备要进行一级到四级保养;汽车、空压机等进行一级到三级保养;其他一般机械设备进行一级、二级保养。

2. 机械设备的修理

机械设备的修理是对机械设备的自然损耗进行修复,排除机械运行故障,对损坏的零部件进行更换修复。对机械设备的预检和修理可以保证机械设备的使用效率,延长其使用寿命。机械设备修理可分为大修、中修和零星小修。大修是对机械设备进行全面的解体检查修理,保证各零部件的质量和配合要求,使其达到良好的技术状态,恢复可靠性和精度等工作性能,以延长机械使用寿命;中修是大修间隔期间对少数总成进行大修的一次性平衡修理,其他不进行大修的总成只执行检查保养,中修的目的是对不能继续使用的部分总成进行大修,使整机状态达到平衡以延长机械设备的大修周期;零星小修是一般临时安排的修理,其目的是消除操作人员无力排除的突然故障,零星小修可分为零件损坏和一般事故性损坏等问题,其一般都是和保养相结合,不列入修理计划。而大修和中修则需要列入修理计划,并按照计划、预检修制度执行。

3. 机械设备的报废和出场

机械设备属于下列情况之一的应当更新:
(1)损耗严重,大修后性能、精度仍不能满足规定要求的;
(2)在技术上已经落后,耗能超过标准20%以上的;
(3)使用年限长,已经经过 4 次以上大修或者 1 次大修费用超过正常大修费用 1 倍的。
(4)通过严格的技术鉴定和成本分析给出结论,向有关部门申请报废的。

8.4.5 机械设备管理考核

机械设备的管理考核应对项目机械设备的配置、使用、维护,以及技术安全措施、机械设备使用效率和使用成本等进行分析和评价,找出管理存在的问题。改进机械设备的管理,提高管理水平。可采用以下技术经济指标考核:
(1)现场机械设备完好率;
(2)机械设备利用率;
(3)机械设备效率;
(4)机械化程度;
(5)机械设备技术状况和事故统计。

8.5 建筑装饰装修工程项目技术管理

建筑装饰装修工程项目技术管理是指在施工生产经营活动中,对各项技术活动与其技术要素的科学管理。所谓技术活动,是指技术学习、技术运用、技术改造、技术开发、技术评价和科学研究的过程;所谓技术要素,是指技术人才、技术装备和技术信息等。

技术管理的基本任务是:正确贯彻党和国家各项技术政策和法令、认真执行国家和上级制定的技术规范、规程，按创全优工程的要求，科学地组织各项技术工作、建立正常的技术工作秩序、提高建筑装饰装修施工企业的技术管理水平，不断革新原有技术和采用新技术，达到保证工程质量、提高劳动效率、实现生产安全、节约原材料和能源、降低工程成本的目的。

8.5.1 技术管理内容

技术管理内容可分为基础工作和业务工作两大部分。

（1）基础工作是指为开展技术管理活动创造前提条件的最基本的工作。其包括技术责任制、技术标准与规模、技术原始记录、技术文件管理、科学研究与信息交流等工作。

（2）业务工作是指技术管理中日常开展的各项业务活动。其主要包括以下几项工作：

①施工技术准备工作。施工技术准备工作包括图纸会审、编制施工组织设计、技术交底、措施技术检验、安全技术等。

②施工过程中的技术管理工作。施工过程中的技术管理工作包括技术复核、质量监督、技术处理等。

③技术开发工作。技术开发工作包括科学技术研究、技术革新、技术引进、技术改造和技术培训等。

基础工作和业务工作是相互依赖、缺一不可的。基础工作为业务工作提供必要的条件，任何一项业务工作都必须靠基础工作才能进行。但企业做好技术管理的基础工作不是最终目的，技术管理的基本任务必须由各项具体的业务工作才能完成。

8.5.2 技术档案管理

技术档案是按照一定的原则、要求，经过移交、整理、归档后保管起来的技术文件材料。其既记录了各建筑物、构筑物的真实历史，又是技术人员、管理人员和操作人员智慧的结晶。技术档案实行统一领导、分专业管理。资料收集应做到及时、准确、完整，分类正确，传递及时，符合地方法规要求，无遗留问题。

8.5.3 技术管理考核

装饰装修工程项目技术管理考核包括对技术管理工作计划的执行、施工方案的实施，技术措施的实施，技术问题的处置，技术资料收集、整理和归档及技术开发、新技术和新工艺应用情况进行的分析与评估。

8.6 建筑装饰装修工程项目资金管理

8.6.1 资金管理计划

建筑装饰装修工程项目资金流动包括建筑装饰装修工程项目资金的收入与支出。

建筑装饰装修工程项目收入与支出计划管理是建筑装饰装修工程项目资金管理的重要内容，要做到收入有规定，支出有计划，追加按程序；做到在计划范围内一切开支有审批，主要大宗工料支出有合同，使建筑装饰装修工程项目资金运营在受控状态。由建筑装饰装修工程项目经理部主持此项工作，由主管业务部门分别编制，财务部门汇总平衡。

建筑装饰装修工程项目资金收支计划的编制，是建筑装饰装修工程项目经理部资金管理工作中首先要完成的工作，一方面需要上报企业管理层审批；另一方面建筑装饰装修工程项目资金收支计划是实现建筑装饰装修工程项目资金管理目标的重要手段。

8.6.2 资金控制

资金控制包括保证资金收入与控制资金支出。

生产的正常进行需要一定的资金保证，建筑装饰装修工程项目的资金来源包括组织（公司）拨付资金，向发包人收取的工程款和备料款，以及通过组织（公司）获得的银行贷款等。对建筑装饰装修工程项目来讲，收取工程款的备料款是装饰装修工程项目资金的主要来源，重点是工程款收入。由于建筑装饰装修工程项目的生产周期长，采用的是承发包合同形式，工程价款一般按月度结算收取，因此，要抓好月度价款结算，组织好日常工程价款收入，管理好资金入口。

控制资金支出主要是控制装饰装修工程项目资金的出口。施工生产直接或间接的生产费用投入需要消耗大量资金，要精心计划，节约使用资金，以保证装饰装修工程项目的资金支付能力。一般来说，工、料、机的投入有的要在交易发生期支付货币资金，有的可作为流动负债延期支付。从长期角度讲，工、料、机投入都要有消耗定额，管理费用要有开支标准。要抓好开源节流，组织好工料款回收，控制好生产费用支出，保证项目资金正常运转。只有在资金周转中的投入能得到补偿，得到增值，才能保证生产继续进行。

模块小结

建筑装饰装修工程项目资源管理主要包括人力资源管理、材料管理、机械设备管理、技术管理和资金管理。本模块从资源管理计划、供应、控制、考核等方面对人力资源、材料、机械设备、技术和资金等进行了介绍，为同学们在实践中进行资源管理打下基础。

实训训练

实训题目：

某学校虚拟仿真实训中心装饰装修工程，开工前项目经理委派实习生小王进行现场临时设施搭设面积的计算。小王考虑现场搭设材料仓库时，材料一次进场和分批进场哪一方式更合理？周转仓库的面积和周转时间怎么确定？

习 题

一、填空题

1. 建筑装饰装修工程项目资源管理的内容主要包括_____、_____、_____、_____和_____五个方面。
2. 建筑材料可分为_____、_____和_____。
3. 人力资源控制应包括_____、_____和_____等内容。
4. 人力资源培训包括_____的培训和_____的培训。
5. 施工机械设备选择的原则是_____、_____和_____。

二、单择题

1. （　　）是由同一工种（专业）的工人组成的班组。
   A. 专业班组　　　　B. 非专业班组　　　　C. 混合班组　　　　D. 大包对
2. 项目材料采购应遵循的原则不包括（　　）。
   A. 遵循政策法规的原则
   B. 按计划采购的原则
   C. 坚持"三比一算"的原则
   D. 就近原则
3. 施工中，项目材料管理的内容不包括（　　）。
   A. 了解项目经理部对材料管理工作的具体要求
   B. 根据施工进度，编制好各类材料管理计划，确保生产顺利进行
   C. 做好材料验收与存储工作，保证物资的原使用功能
   D. 针对不同的施工方式采取不同的方法开展限额领料工作
4. 施工后期竣工收尾阶段项目材料管理的内容不包括（　　）。
   A. 通过跟踪管理的方式检查操作者用料情况，发现不良现象及时指正，对纠错不改的给予经济处罚
   B. 掌握工程施工进度和用料情况，控制材料进场数量，避免造成积压浪费
   C. 及时回收剩余材料，与主管部门沟通，将剩余材料及时调配给其他项目
   D. 进行各种材料的结算和核算工作
5. 关于机械设备更新说法不正确的是（　　）。
   A. 损耗严重，大修后性能、精度仍不能满足规定要求的
   B. 在技术上已经落后，耗能超过标准30%以上的
   C. 使用年限长，已经经过4次以上大修或者1次大修费用超过正常大修费用1倍的
   D. 通过严格的技术鉴定和成本分析给出结论，向有关部门申请报废的

三、简答题

1. 简述建筑装饰装修工程项目材料现场管理的内容。
2. 简述建筑装饰装修工程项目机械设备使用的具体做法。

模块 9　建筑装饰装修工程项目信息管理

知识目标

掌握建筑装饰装修工程项目信息管理的内容；掌握建筑装饰装修工程项目信息的特点、工程项目相关的信息管理工作；了解建筑装饰装修工程项目管理信息系统相关知识。

课件：建筑装饰装修工程项目信息管理

素质目标

能针对建筑装饰装修工程项目进行信息管理。增强创新意识、培养加快建设数字中国的使命担当，培养学生严谨、细致的工作作风，树立爱党报国、敬业奉献、服务人民的职业理念。

9.1　建筑装饰装修工程项目信息管理

9.1.1　建筑装饰装修工程项目信息管理的内涵、特点

随着科学技术和计算机网络的发展，人类正在进入一个高速发展的新时代，这个时代就是人们常说的信息时代，在建设工程领域也不可避免地要依赖信息来提升工作和管理效率。信息能及时地反映各协调方的需求，指导生产，控制过程。

1. 建筑装饰装修工程项目信息管理的内涵

（1）信息是指用口头的方式、书面的方式或电子的方式传输（传达、传递）的知识、新闻，或可靠的不可靠的情报。声音、文字、数字和图像等都是信息表达的形式。建筑装饰装修工程项目的实施需要人力资源和物质资源，应认识到信息也是项目实施的重要资源之一。

（2）信息管理是指信息传输合理的组织和控制。施工方在投标过程、承包合同洽谈过程、施工准备过程、施工过程、验收过程，以及保修期工作过程中形成大量的各种信息。这些信息不但在施工方内部各部门之间流转，其中，许多信息还必须提供给政府住房城乡建设主管部门、业主方、设计方、相关的施工合作方和供货方等，还有许多有价值的信息应有序地保存，以供其他项目施工借鉴。上述过程包含了信息传输的过程，由谁（哪个工作岗位或工作部门等）、在何时、向谁（哪个项目主管和参与单位的工作岗位或工作部门等）、以什么方式、提供什么信息等，这就是信息管理的内涵。信息管理不能简单地理解为仅对产生的信息进行归档和一般的信息领域的行政事务管理。为充分发挥信息资源的作用和提高信息管理的水平，施工单位及其项目管理部门都应设置专门的工作部门（或专门的人员）负责信息管理。

（3）建筑装饰装修工程项目信息管理是通过对各个系统、各项工作和各种数据的管理，

使项目的信息能方便和有效地获取、存储(存档是存储的一项工作)、处理和交流。

(4)建筑装饰装修工程项目信息管理旨在通过有效的项目信息传输组织和控制为项目建设的增值服务。

(5)建筑装饰装修工程项目信息包括在项目决策过程、实施过程(设计准备、设计、施工和物资采购过程等)和运行过程中产生的信息,以及其他与项目建设有关的信息。

2. 建筑装饰装修工程项目信息的特点

(1)真实性。真实是信息的基本特点,也是信息的价值所在。要千方百计地找到信息事物真实的一面,为决策和装饰装修工程项目管理服务。不符合事实的信息不仅无用而且有害,真实、准确地把握好信息是处理数据的最终目的。

(2)系统性。在实际的装饰装修工程项目的施工中,不能拿到图纸或者业主给定的技术文件,就片面地产生和使用这些信息。信息本身不是直接得到的,而是需要全面地掌握各方面的数据后才能得到。信息也是系统中的组成部分之一。

(3)时效性。由于信息在工程实际中是动态的、不断变化的、不断产生的,要求及时地处理数据,及时得到信息,才能做好决策和工程管理工作,避免事故的发生,真正做到事前管理。信息本身具有强烈的时效性,因此,需要利用有效的时差以使信息获得最大化的利用。

(4)不完全性。由于使用数据的人对客观事物的认识具有局限性,同样的信息渠道,就会因施工管理人员对技术掌握的深度不同,而获得不尽相同的信息,其不完全性在所难免。应该认识到这种不完全性,提高自身对客观事物的认识深度,减少不完全性因素。

3. 建筑装饰装修工程项目相关的信息管理工作

(1)收集并整理相关公共信息。公共信息包括法律、法规和部门规章信息,市场信息及自然条件信息。

①法律、法规和部门规章信息,可采用编目管理或建立计算机文档存入计算机。无论采用何种管理方式,都应在工程项目信息管理系统中建立法律、法规和部门规章表。

②市场信息,包括材料价格表,材料供应商表,机械设备供应商表,机械设备价格表,新材料、新技术、新工艺、新管理方法信息表等。应通过各种表格及时反映出市场动态。

③自然条件信息,应建立自然条件表,表中应包括地区、年平均气温、年最高气温、年最低气温、冬雨风季时间、年最大风力、地下水水位高度、交通运输条件、环保要求等内容。

(2)收集并整理工程总体信息。工程总体信息包括工程名称、工程编号、建筑面积、总造价;建设单位、设计单位、施工单位、监理单位和参与装饰装修其他各单位等基本项目信息;装饰装修工程特点、工程实体信息、场地与环境、施工合同信息等。

(3)收集并整理相关施工信息。施工信息内容包括施工记录信息、施工技术资料信息等。施工记录信息包括施工日志、质量检查记录、材料设备进场记录、用工记录等。施工技术资料信息包括主要原材料、成品、半成品、构配件、设备出厂质量证明和试(检)验报告,施工试验记录,预检记录,隐蔽工程验收记录,施工组织设计,技术交底资料,工程质量检验评定资料,竣工验收资料,设计变更洽商记录,竣工图等。

(4)收集并整理相关项目管理信息。项目管理信息包括项目管理规划(大纲)信息,项目管理实施规划信息,项目进度控制信息,项目质量控制信息,项目安全控制信息,项目成本控制信息,项目现场管理信息,项目合同管理信息,项目材料管理信息,构配件管理信息,工、器具管理信息,项目人力资源管理信息,项目机械设备管理信息,项目资金管理信息，项目技术管理信息，项目组织协调信息，项目竣工验收信息，项目考核评价信息等。

①项目进度控制信息包括施工进度计划表、资源计划表、资源表、完成工作分析表等。

②项目成本信息要通过责任目标成本表、实际成本表、降低成本计划和成本分析等来管理和控制。而降低成本计划由成本降低率表、成本降低额表、施工和管理费降低计划表组成。成本分析由计划偏差表、实际偏差表、目标偏差表和成本现状分析表等组成。

③项目安全控制信息主要包括安全交底、安全设施验收、安全教育、安全措施、安全处罚、安全事故、安全检查、复查整改记录等。

④项目竣工验收信息主要包括工程项目质量合格证书、单位装饰装修工程交工质量核定表、交工验收证明书、施工技术资料移交表、工程项目结算、回访与保修书等。

4. 信息管理手册的主要内容

施工方、业主方和项目参与其他各方都有各自的信息管理任务，为充分利用和发挥信息资源的价值、提高信息管理的效率及实现有序的和科学的信息管理，各方都应编制各自的信息管理手册，以规范信息管理工作。信息管理手册描述和定义信息管理的任务、执行者（部门）、每项信息管理任务执行的时间及其工作成果等。其主要内容如下：

(1)确定信息管理的任务(信息管理任务目录)；

(2)确定信息管理的任务分工表和管理职能分工表；

(3)确定信息的分类；

(4)确定信息的编码体系和编码；

(5)绘制信息输入、输出模型(反映每一项信息处理过程的信息的提供者、信息的整理加工者、信息整理加工的要求和内容，以及经整理加工后的信息传递给信息的接受者，并用框图的形式表示)；

(6)绘制各项信息管理工作的工作流程图(如信息管理手册编制和修订的工作流程，为形成各类报表和报告，收集信息、审核信息、录入信息、加工信息、传输信息和发布的工作流程，以及工程档案管理的工作流程等)；

(7)绘制信息处理的流程图(如施工安全管理信息、施工成本控制信息、施工进度信息、施工质量信息、合同管理信息等信息处理的流程)；

(8)确定信息处理的工作平台(如以局域网作为信息处理的工作平台，或用门户网站作为信息处理的工作平台等)及明确其使用规定；

(9)确定各种报表和报告的格式及报告周期；

(10)确定项目进展的月度报告、季度报告、年度报告和工程总报告的内容及其编制原则与方法；

(11)确定工程档案管理制度；

(12)确定信息管理的保密制度，以及与信息管理有关的制度。

在当今的信息时代，在国际工程管理领域产生了信息管理手册，它是信息管理的核心指导文件。信息管理手册被我国施工企业引入并在工程实践中得以应用。

5. 信息管理部门的主要任务

项目管理班子中各个工作部门的管理工作都与信息处理有关，它们也都承担一定的信息管理任务，而信息管理部门是专门从事信息管理的工作部门。其主要工作任务如下：

(1)负责主持编制信息管理手册，在项目实施过程中进行信息管理手册必要的修改和补

充,并检查和督促其执行;

(2)负责协调和组织项目管理班子中各个工作部门的信息处理工作;

(3)负责信息处理工作平台的建立和运行维护;

(4)与其他工作部门协同组织收集信息、处理信息和形成各种反映项目进展和项目目标控制的报表和报告;

(5)负责工程档案管理等。

9.1.2 建筑装饰装修工程项目信息管理的方法

建筑装饰装修工程项目信息管理的核心是实现工程管理信息化。

1. 信息化的内涵

信息化是指信息资源的开发和利用,以及信息技术的开发和应用。信息化是继人类社会农业革命、城镇化和工业化后的又一个新的发展时期的重要标志。

信息资源对人类社会的发展是非常宝贵的财富,它应得以广泛开发和充分利用。

"信息技术"包括有关数据处理的软件技术、硬件技术和网络技术等。国际社会上认为,一个社会组织的信息技术水平是衡量其文明程度的重要标志之一。

2. 工程管理信息化和施工管理信息化的内涵

工程管理信息化属于领域信息化的范畴,它与企业信息化也有联系。

我国建筑业和基本建设领域的应用信息技术与工业发达国家相比,尚存在较大的数字鸿沟,它反映在信息技术在工程管理中应用的观念上,也反映在有关的知识管理上,还反映在有关技术的应用方面。

数字经济与数字生态 2000 中国高层年会提出的"认知数字经济、改善数字生态、弥合数字鸿沟、消除数字冲突、把握数字机遇"是推动信息化的重要战略任务。

工程管理信息化是指工程管理信息资源的开发和利用,以及信息技术在工程管理中的开发和应用。施工管理信息化是工程理信息化的一个分支,其内涵是施工管理信息资源的开发和利用,以及信息技术在施工管理中的开发和应用。

工程管理的信息资源如下:

(1)组织类工程项目信息,如建筑业的组织信息、项目参与方的组织信息、与建筑业有关的组织信息和专家信息等;

(2)管理类工程项目信息,如与投资控制、进度控制、质量控制、合同管理和信息管理有关的信息等;

(3)经济类工程项目信息,如建设物资的市场信息、项目融资的信息等;

(4)技术类工程项目信息,如与设计、施工和物资有关的技术信息等;

(5)法规类工程项目信息等。

应重视以上信息资源的开发和利用,它的开发和利用将有利于建设工程项目的增值,即有利于节约投资/成本、加快建设进度和提高建设质量。

信息技术在工程管理中的开发和应用,包括在项目决策阶段的开发管理、实施阶段的项目管理与使用阶段的设施管理中开发和应用信息技术。

3. 信息技术在工程管理中应用的发展过程

自 20 世纪 70 年代开始,信息技术经历了一个迅速发展的过程,信息技术在工程管理中的应用也有一个相应的发展过程。

（1）20世纪70年代，单项程序的应用，如工程网络计划的时间参数的计算程序，施工图预算程序等。

（2）20世纪80年代，程序系统的应用，如项目管理信息系统、设施管理信息系统(Facility Management Information System，FMIS)等。

（3）20世纪90年代，程序系统的集成，是随着工程管理的集成而发展的。

（4）20世纪90年代末期至今，基于网络平台的工程管理。工程项目大量数据处理的需要，在当今的时代应重视利用信息技术的手段（主要指的是数据处理设备和网络）进行信息管理。其核心的技术是基于网络的信息处理平台，即在网络平台上（如局域网，或互联网）进行信息处理。

我国未来建筑信息化发展将形成以建筑信息模型（Building Information Modeling，简称BIM)为核心的产业革命。BIM的理念正在深入人心，已有非常多的设计和施工单位开始使用BIM技术，BIM应用引爆了工程建设信息化热潮。BIM正在改变项目参与各方的工作协同理念和协同工作方式，使各方都能提高工作效率并获得收益。

BIM的定义有多种版本，在2009年，国外的一份BIM市场报告中将BIM定义为："BIM是利用数字模型对项目进行设计、施工和运营的过程。"美国国家BIM标准将BIM定义为："BIM是一个设施（建设项目）物理和功能特性的数字表达；BIM是一个共享的知识资源，是一个分享有关这个设施的信息，为该设施从概念到拆除的全生命周期中的所有决策提供可靠依据的过程；在项目不同阶段，不同利益相关方通过在BIM中插入、提取、更新和修改信息，以支持和反映其各自职责的协同作业。"

在国际上，许多建设工程项目都专门设立信息管理部门（或称为信息中心），以确保信息管理工作的顺利进行；也有一些大型建设工程项目专门委托咨询公司从事项目信息动态跟踪和分析，以信息流指导物质流，从宏观上和总体上对项目的实施进行控制。

建筑信息模型(BIM)技术能够应用于工程项目规划、勘察、设计、施工、运维等各阶段，实现建筑全生命期各参与方在同一多维建筑信息模型基础上的数据共享，为产业链贯通、工业化建造和繁荣建筑创作提供技术保障。

通过近些年工程行业BIM应用的积极探索，已实现在一些大型医院、场馆、学校、商业综合体或鲁班奖创优项目中落地应用、提质增效，如通过BIM+GIS的投资规划、三维建模、性能分析、BIM审图、管综优化、工程量管理、工艺模拟、BIM+VR/AR/智慧工地、竣工模型交付、运维管理等方面达到一定应用深度，实现对工程环境、能耗、经济、质量、安全等方面的分析、检查和模拟，减少图纸错、漏、碰、缺，为项目全过程的方案优化和科学决策提供依据，实现项目的虚拟建造和精细化管理，为建筑业的转型升级、节能环保创造条件。通过BIM技术不断融入生产，必将极大地促进建筑领域生产方式的变革。

但目前，BIM在工程领域的推广仍旧存在着政策法规和标准不完善、发展不平衡、本土应用软件不成熟、技术人才不足等问题，工程行业各界人士应采取切实可行的措施，更进一步推动BIM在工程领域的普及应用。

4. 工程管理信息化的意义

工程管理信息资源的开发和充分利用，可吸取类似项目正反两个方面的经验和教训，许多有价值的组织信息、管理信息、经济信息、技术信息和法规信息将有助于项目决策期多种可能方案的选择，有利于项目实施期的项目目标控制，也有利于项目完成后的运行。

信息技术在工程管理中的开发和应用能实现以下目标：

(1)信息存储数字化和存储相对集中；
(2)信息处理和变换的程序化；
(3)信息传输的数字化和电子化；
(4)信息获取便捷；
(5)信息透明度提高；
(6)信息流扁平化。

创新创造：深圳首个"5G+"智慧建造工地亮相"火眼金睛"实现自动抓拍

创新创造：智慧工地智慧在哪儿

信息技术在工程管理中的开发和应用的意义如下：

(1)"信息存储数字化和存储相对集中"有利于项目信息的检索和查询，有利于数据和文件版本的统计，并有利于项目的文档管理；

(2)"信息处理和变换的程序化"有利于提高数据处理的准确性，并可提高数据处理的效率；

(3)"信息传输的数字化和电子化"可提高数据传输的抗干扰能力，使数据传输不受距离限制并可提高数据传输的保真度和保密性；

(4)"信息获取便捷""信息透明度提高"及"信息流扁平化"有利于项目参与方之间的信息交流和协同工作。

工程管理信息化有利于提高建设工程项目的经济效益和社会效益，以达到为项目建设增值的目的。

9.2 建筑装饰装修工程项目管理信息系统

9.2.1 建筑装饰装修工程项目管理信息系统的内涵

工程项目管理信息系统是基于计算机的项目管理的信息系统，主要用于项目的目标控制。管理信息系统是基于计算机管理的信息系统，但主要用于企业的人、财、物、产、供、销的管理。工程项目管理信息系统与管理信息系统服务的对象和功能是不同的。

工程项目管理信息系统，主要是用计算机进行项目管理有关数据的收集、记录、存储、过滤和将数据处理的结果提供给项目管理班子成员。其是项目进展的跟踪和控制系统，也是信息流的跟踪系统。

工程项目管理信息系统可以在局域网上或基于互联网的信息平台上运行。

9.2.2 建筑装饰装修工程项目管理信息系统的功能与意义

1. 建筑装饰装修工程项目管理信息系统的功能

建筑装饰装修工程项目管理信息系统的功能有成本控制(施工方)、进度控制和合同管理。有些工程项目管理信息系统还包括质量控制和一些办公自动化的功能。

(1) 成本控制的功能。
① 投标估算的数据计算和分析。
② 计划施工成本。
③ 计算实际成本。
④ 计划成本与实际成本的比较分析。
⑤ 根据工程的进展进行施工成本预测等。
(2) 进度控制的功能。
① 计算工程网络计划的时间参数,并确定关键工作和关键路线。
② 绘制网络图和计划横道图。
③ 编制资源需用量计划。
④ 进度计划执行情况的比较分析。
⑤ 根据工程的进展进行工程进度预测。
(3) 合同管理的功能。
① 合同基本数据查询。
② 合同执行情况的查询和统计分析。
③ 标准合同文本查询和合同辅助起草等。

2. 建筑装饰装修工程项目管理信息系统的意义

20 世纪 70 年代末期和 80 年代初期,国际上已有工程项目管理信息系统的商业软件,工程项目管理信息系统现已被广泛地用于业主方和施工方的项目管理。工程项目管理信息系统的主要意义如下:
(1) 实现项目管理数据的集中存储。
(2) 有利于项目管理数据的检索和查询。
(3) 提高项目管理数据处理的效率。
(4) 确保项目管理数据处理的准确性。
(5) 可方便地形成各种项目管理需要的报表。

9.3 建筑装饰装修工程项目文档资料管理

建筑装饰装修工程项目管理信息大部分是以文档资料的形式出现的,因此,工程项目文档资料管理是日常信息管理工作的一项主要内容。工程项目文档资料是有形的,是信息或数据的载体,它以记录的方式存在,具有集中、归档的性质。对项目文档资料进行科学系统的管理,能使项目实施过程规范化、正规化,提高项目管理工作的效率,确保项目归档文件材料的完整性和可靠性。工程项目文档资料管理是具体的,其工作主要包括文档资料传递流程的确定,文档资料登录和编码系统的建立,文档资料的收集积累、加工整理、检索保管、归档保存和提供利用服务等。

建筑装饰装修工程项目文档资料包括各类文件、项目信件、设计图纸、合同书、会议纪要、各种报告、通知、记录、签证、单据、证明、书函等文字、数值、图表、图片及音像资料。

1. 文档资料的传递流程

确定文档资料的传递流程是要研究文档资料的流转通道及方向,研究文档资料的来源、使用者和保存节点,规定传输方向和目标。项目管理班子中的信息管理人员是文档资料传递渠道的中枢,所有文档资料都应统一归口传递至信息管理者,进行集中收发和管理,以避免散落和遗失。信息管理人员将接收到的文档资料经加工整理、归类保存后,再按信息规划规定的传递渠道传递给文档资料的接收者。项目管理人员也可根据需要随时自行查阅经整理分类后的文档资料。

负责项目文档资料的管理人员必须熟悉各项项目管理的业务,通过研究分析项目文档资料的特点和规律对其进行科学管理,使文档资料在项目管理中得到充分利用,提供有效服务。除此之外,管理人员还应全面了解和掌握项目建设的进展情况和项目管理工作开展的实际情况,结合对文档资料的整理分析,对重要信息资料进行摘要综述,编制相关工程报告。

2. 文档资料的登录和编码

信息分类和编码是对文档资料进行科学管理的重要手段。任何接收和发送的文档资料都应登记,建立信息资料的完整记录。对文档资料进行登录,将它们列为项目管理单位的正式资源和财产,可以做到有据可查,便于归类、加工和整理,并通过登录掌握归档资料及其变化的情况,有利于文档资料的清点和补缺。

为便于登录和归类,利用计算机对文档进行管理时,需要对文档资料进行统一编码,建立编码系统,确定分类归档存放的基本框架结构。为文档资料赋予独特的识别符号(如字符和数字等),就可以给出信息资料的编码,而编码结构是表示文档资料的组成方式和相互之间的关系。

3. 文档资料的存放

为使文档资料在项目管理中得到有效的利用和传递,需要按照科学方法将文档资料存放与排列。随着装饰装修工程建设的进程,信息资料的逐步积累,数量会越来越多,如果随意存放,需要时可能会查找困难,而且容易丢失。存放与排列可以编码结构的层次编码作为标识,将文档资料一件件、一本本地排列在书架上,位置应明显,易于查找。为做好装饰装修工程项目文档资料的管理工作,全面、完整地反映其工作活动和成果,客观地记录项目建设的整个历史,充分发挥文档资料在项目建设、项目建成后的使用管理,以及项目维护中的作用,应将文档资料整理归档、立卷、装订成册。项目信息资料只有经过科学系统地组合与排列,才能成为系统的、完整的文档,为项目管理服务,同时,作为归档保存的项目文件。

> 模块小结

建筑装饰装修工程项目信息管理是将项目信息作为管理对象,对信息传输的合理组织和控制,也是通过各个系统、各项工作和各种数据的管理,使项目的信息能方便、有效地获取、存储、存档、处理和交流。项目信息管理旨在通过有效的项目信息传输的组织和控制为项目建设的增值服务。本模块内容使学生了解了建筑装饰装修工程项目信息管理的内容,在熟悉信息管理概念的基础上,掌握了建筑装饰装修工程项目信息的特点、工程项目相关的信息管理工作、项目信息系统的功能、项目文档管理。

实训训练

某学校虚拟仿真实训中心装饰装修工程,资料员小张负责该工程项目文档资料管理,其工作具体包括哪些内容?分析 BIM 技术在工程项目信息管理中的应用及优势。

习 题

一、填空题

1. 工程项目管理信息系统是基于计算机的项目管理的信息系统,主要用于项目的_____。
2. 建筑装饰装修工程项目管理信息大部分是以_____的形式出现的。

二、单选题

1. 下列关于建筑装饰装修工程项目信息管理内涵的说法,正确的是( )。
   A. 信息管理是指信息的收集和整理
   B. 信息管理的目的是有效地反映工程项目管理的实际情况
   C. 建筑装饰装修工程项目的信息是指工程项目部在项目运行各阶段产生的信息
   D. 建筑装饰装修工程项目管理信息交流的问题会不同程度地影响项目目标实现
2. 建筑装饰装修工程项目信息管理的目的是( )。
   A. 使信息增值
   B. 获得信息
   C. 为项目建设的增值服务
   D. 对信息进行组织和控制
3. 建筑装饰装修工程项目管理因重视利用信息技术的手段进行信息管理,其核心的手段是( )。
   A. 服务于信息处理的应用软件
   B. 收发电子邮件的专用软件
   C. 基于网络的信息处理平台
   D. 基于企业内部信息管理的网络系统
4. 真实是信息的基本特点,也是信息价值所在。要千方百计地找到信息的真实一面,为决策和装饰装修工程项目管理服务。体现了建筑装饰装修工程项目信息的( )。
   A. 真实性
   B. 系统性
   C. 时效性
   D. 不完安全性
5. 由于信息在实际工程中是动态、不断变化、不断产生的,要求及时地处理数据,及时得到信息,才能做好决策和工程管理工作,避免事故的发生,真正做到事前管理。体现了建筑装饰装修工程项目信息的( )。
   A. 真实性
   B. 系统性
   C. 时效性
   D. 不完全性

三、简答题

1. 简述工程项目相关信息管理的主要工作。
2. 简述信息技术在工程管理中应用的发展过程。

模块 10 绿色建造与环境管理

课件：绿色建造与
环境管理

知识目标

掌握绿色建造计划的编制、绿色建筑的评价；掌握环境管理的内容、目的和措施。

素质目标

能针对建筑装饰装修工程项目进行绿色评价及环境管理。培养学生树立低碳、绿色、节能、环保施工意识，践行绿水青山就是金山银山的理念，站在人与自然和谐共生的高度谋划发展。增强创新意识，激发推动绿色发展的使命担当。

根据建筑业发展"十三五"规划，建筑节能及绿色建筑发展目标：城镇新建民用建筑全部达到节能标准要求，能效水平比 2015 年提升 20％。到 2020 年，城镇绿色建筑占新建建筑比重达到 50％，新开工全装修成品住宅面积达到 30％，绿色建材应用比例达到 40％。装配式建筑面积占新建建筑面积比例达到 15％。当前，采用绿色建造施工刻不容缓。

10.1 绿色建造

绿色建造的内涵是指在建设工程项目寿命期内，对勘察、设计、采购、施工、试运行过程的环境因素、环境影响进行统筹管理和集成控制的过程。

为了更好地对绿色建造施工过程进行管理，做到有章可依，应制定相应的规章制度、成立专门的部门、明确管理内容和考核要求。

10.1.1 绿色建造计划的编制

绿色建造计划是集设计、施工、采购、试运行等过程的一体化环境管理要求；环境管理计划是施工过程的环境管理要求。

1. 编制依据

（1）环境条件和相关法律法规要求，如《建筑工程绿色施工规范》（GB/T 50905—2014）、《绿色建筑评价标准》（GB/T 50378—2019）、《建筑工程绿色施工评价标准》（GB/T 50640—2010）。

（2）项目管理范围和项目工作分解结构。绿色建造计划可以按照项目全过程一体化编制，也可以按照设计、施工、采购、试运行过程分别进行专项编制，如绿色建筑设计计划、绿色施工计划等，但应考虑设计、施工一体化的绿色建造要求。环境管理计划一般在施工阶段由施工单位编制。

(3)项目管理策划的绿色建造要求。根据项目的实际情况和指标体系,以及每类指标包含的控制项、评分项和加分项,制定目标实现的管理措施和方法。应有针对性地选用适宜的技术、设备和材料,对规划、设计、施工、运行各阶段进行全过程控制。对评价时应提供的分析、测试报告和相关文件,应有专人收集、整理。

2. 编制内容

(1)绿色建造范围和管理职责分工。绿色建造计划的确定需由建设单位、施工单位、设计单位等共同协调实施。其中,设计单位需要负责绿色建筑项目的设计工作,同时,负责绿色施工的相关施工图设计。

(2)绿色建造目标和控制指标。

①绿色建造目标是在全寿命周期内,节约资源、保护环境、减少污染,为人们提供健康、适用、高效的使用空间,最大限度地实现人与自然和谐共生的高质量建筑。具体说就是节地、节材、节水、节能、保证室内环境质量。

②绿色建造指标包括安全耐久、健康舒适、生活便利、资源节约、环境宜居五大类。

(3)重要环境因素控制计划及响应方案。环境因素包括室内温度、室内日光照明和声、空气质量、室外地域、自然通风等。响应方案以人、建筑和自然环境的协调发展为目标,在利用天然条件和人工手段创造良好、健康的居住环境的同时,尽可能地控制和减少对自然环境的使用和破坏。

(4)节能减排及污染物控制的主要技术措施。根据绿色建造五大类指标,采取相应措施节能减排和控制污染物。也就是在建筑施工中,尽量选取环保、节能型材料;在建筑使用中,尽量降低设备运行的耗能。达到提高围护结构热工性能;降低建筑供暖空调负荷比例;降低严寒和寒冷地区住宅建筑外窗传热系数;提高节水器具用水效率;提高住宅建筑隔声性能等目标。

主要技术具体措施有多项,下面举例说明:

①建筑选址应光照充足,建筑朝向应通风良好,建筑之间的距离应合理。

②夏季炎热应采取遮阳措施,保持合理的窗墙面积比,良好的窗密封性能。

③墙体采用岩棉、玻璃棉、聚苯乙烯塑料、聚氨酯泡沫塑料与聚乙烯塑料等新型高效保温绝热材料及复合墙体,降低外墙传热系数。

④采取增加窗玻璃层数、窗上加贴透明聚酯膜、加装门窗密封条、使用低辐射玻璃(Low-E玻璃)、封装玻璃和绝热性能好的塑料窗等措施,改善门窗绝热性能,有效阻挡室内空气与室外空气的热传导。

⑤采用高效保温材料保温屋面、架空型保温屋面、浮石砂保温屋面和倒置型保温屋面等节能屋面。在南方地区和夏热冬冷地区屋面采用屋面遮阳隔热技术。

⑥采用综合考虑建筑物的通风、遮阳、自然采光等建筑围护结构优化集成节能技术。例如,双层幕墙技术是中间带有可调遮阳板、且可通风的方式,其在夏季可有效遮阳和通风排热,在冬季又可使太阳透过,减少采暖负荷。

⑦采用热泵技术。

⑧采用采暖末端装置可调技术。

⑨采用新风处理及空调系统的余热回收技术。新风负荷一般占建筑物总负荷的30%~40%。变新风量所需的供冷量比固定的最小新风量所需的供冷量少20%左右。新风量如果能够从最小新风量到全新风变化,在春、秋季节可节约近60%的能耗。通过全热式换热器将空调房间排风与新风进行热、湿交换,利用空调房间排风的降温除湿,可实现空调系统

的余热回收。

⑩独立除湿空调节电技术。在中央空调消耗的冷量中，40%～50%用来除湿。冷冻水供水温度提高1℃，效率可提高3%左右。采用除湿独立方式，同时结合空调余热回收，中央空调电耗可降低30%以上。

⑪各种辐射型采暖空调末端装置节能技术。地板辐射、顶棚辐射、垂直板辐射是辐射型采暖的主要方式。其可避免吹风感，同时可使用高温冷源和低温热源，大大提高热泵的效率。

⑫建筑热电冷联产技术。

⑬太阳能一体化建筑。太阳能一体化建筑是当前太阳能利用的发展趋势。利用太阳能为建筑物提供生活热水、冬季采暖和夏季空调，同时，可以结合光伏电池技术为建筑物供电。

(5)绿色建造所需要的资源和费用。绿色建造所需资源从大的方面来说包括人、材、物；从小的方面来说需要懂绿色建造指标体系的设计人员、施工人员、管理人员，满足绿色建造要求的各类环保、节能材料和施工机具，以及所需要的费用。人、材、物、资金最好根据施工进度编制。

10.1.2 绿色建造计划的实施

1. 深化设计

项目管理机构应该对施工图进行项目的深化设计和优化，采用绿色施工技术，制定绿色施工措施，提高绿色施工效果。

在目前阶段，因施工图基本仍由设计单位负责，施工单位的绿色设计主要是指绿色设计优化或深化。在施工图会审阶段，工程项目经理需要组织有关人员对施工图从绿色设计的角度进行会审，提出改进建议，实现施工图设计绿色优化的目的。

2. 绿色建造活动内容

(1)选用符合绿色建造要求的绿色建筑、建材和机具，实施节能降耗措施；

(2)进行节约土地的施工平面布置；

(3)确定节约水资源的施工方法；

(4)确定降低材料消耗的施工措施；

(5)施工现场固体废弃物的回收利用和处置措施；

(6)确保施工产生的粉尘、污水、废气、噪声、光污染的控制效果。

对绿色施工过程及绿色施工取得的效果，工程项目管理机构需根据职责分工，指派有关人员采用图片、录像、台账等方式予以记录并归档。

绿色机具主要是指能耗低、噪声小、施工效率高的机械、器具和设备，如低噪声高频振捣器等。

10.2 绿色建筑评价

我国绿色建筑历经10余年的发展，已实现从无到有、从少到多、从个别城市到全国范围,从单体到城区、到城市规模化的发展,直辖市、省会城市及计划单列市保障性安居工程已全面强制执行绿色建筑标准。绿色建筑实践工作稳步推进、绿色建筑发展效益明显,从国家到地方、从政府到公众,全社会对绿色建筑的理念、认识和需求逐步提高,绿色建筑蓬勃开展。我国首部《绿色建筑评价标准》(GB/T 50378—2006)发布实施至今,中间经历一次修订[《绿色建筑评价标准》(GB/T 50378—2014)],对评估建筑绿色程度、保障绿色建筑质量、规范和引导我国绿色建筑健康发展发挥了重要的作用。然而,随着我国生态文明建设和建筑科技的快速发展,我国绿色建筑在实施和发展过程中遇到了新的问题、机遇和挑战。建筑科技发展迅速,建筑工业化、海绵城市、建筑信息模型、健康建筑等高新建筑技术和理念不断涌现并投入应用,而这些新领域方向和新技术发展并未在《绿色建筑评价标准》(GB/T 50378—2014)中充分体现。因此又修订出台了《绿色建筑评价标准》(GB/T 50378—2019),提出推进绿色发展,建立健全绿色低碳循环发展的经济体系,构建市场导向的绿色技术创新体系,推进资源全面节约和循环利用,实施国家节水行动,降低能耗、物耗,实现生产系统和生活系统循环链接,倡导简约适度、绿色低碳的生活方式,开展创建节约型机关、绿色家庭、绿色学校、绿色社区和绿色出行等行动。

(1)绿色建筑评价应遵循因地制宜的原则,结合建筑所在地域的气候、环境、资源、经济和文化等特点,对建筑全寿命期内的安全耐久、健康舒适、生活便利、资源节约、环境宜居等性能进行综合评价。

(2)绿色建筑充分利用场地原有的自然要素,能够减少开发建设对场地及周边生态系统的改变。从适应场地条件和气候特征入手,优化建筑布局,有利于创造积极的室外环境。对场地风环境、光环境的组织和利用,可以改善建筑的自然通风和日照条件,提高场地舒适度;对场地热环境的组织,可以降低热岛强度;对场地声环境的组织,可以降低建筑室内外噪声。

(3)绿色建筑应结合地形地貌进行场地设计与建筑布局,且建筑布局应与场地的气候条件和地理环境相适应,并应对场地的风环境、光环境、热环境、声环境等加以组织和利用。

10.2.1 一般规定

1. 评价对象

绿色建筑评价应以单栋建筑或建筑群为评价对象,临时建筑不得参评。单栋建筑应为完整的建筑,不得从中剔除部分区域。建筑群是指位置毗邻、功能相同、权属相同、技术体系相同(相近)的两个及以上单体建筑组成的群体。常见的建筑群有住宅建筑群、办公建筑群。无论评价对象是单栋建筑还是建筑群,计算系统性、整体性指标时,边界都应选取合理、口径一致,一般以城市道路完整围合的最小用地面积为宜。

绿色建造:中国智慧绿色建造服务获国际认可

2. 评价时间

绿色建筑评价应在建筑工程竣工后进行。在建筑工程施工图设计完成后,可以进行预评价。预评价能够更早地掌握建筑工程可能实现的绿色性能,可以及时优化或调整建筑方案或技术措施,为建成后的运行管理做准备;同时,作为设计评价的过渡,与各地现行的设计标识评价制度相衔接。

3. 评价分级

绿色建筑评价指标体系中控制项的评定结果应为达标或不达标；评分项和加分项的评定结果应为分值。

绿色建筑划分应为基本级、一星级、二星级、三星级 4 个等级。

当满足全部控制项要求时，绿色建筑等级应为基本级。

绿色建筑星级等级应按下列规定确定：

(1) 一星级、二星级、三星级 3 个等级的绿色建筑均应满足本标准全部控制项的要求，且每类指标的评分项得分不应小于其评分项满分值的 30%；

(2) 一星级、二星级、三星级 3 个等级的绿色建筑均应进行全装修，全装修工程质量、选用材料及产品质量应符合国家现行有关标准的规定；

(3) 当总得分分别达到 60 分、70 分、85 分且应满足表 10-1 的要求时，绿色建筑等级分别为一星级、二星级、三星级。

表 10-1 一星级、二星级、三星级绿色建筑的技术要求

项目	一星级	二星级	三星级
围护结构热工性能的提高比例，或建筑供暖空调负荷降低比例	围护结构提高 5%，或负荷降低 5%	围护结构提高 10%，或负荷降低 10%	围护结构提高 20%，或负荷降低 15%
严寒或寒冷地区住宅建筑外窗传热系数降低比例	5%	10%	20%
节水器具用水率等级	3 级	2 级	2 级
住宅建筑隔声性能	—	室外与卧室之间、分户墙（楼板）两侧卧室之间的空气声隔声性能以及卧室楼板的撞击声隔声性能达到低限标准限值和高要求标准限值的平均值	室外与卧室之间、分户墙（楼板）两侧卧室之间的空气声隔声性能以及卧室楼板的撞击声隔声性能达到高要求标准限值

GB 50378—2019 绿色建筑性能评价申报书

绿色建筑标识制作指南

绿色建筑自评总述和得分情况

10.2.2 安全耐久性评价

1. 控制项

(1) 场地应避开滑坡、泥石流等地质危险地段，易发生洪涝地区应有可靠的防洪涝基础设施；场地应无危险化学品、易燃易爆危险源的威胁，应无电磁辐射、含氡土壤的危害。

(2) 建筑结构应满足承载力和建筑使用功能要求，建筑外墙、屋面、门窗、幕墙及外保温等围护结构应满足安全、耐久和防护的要求。

①建筑结构的承载力和建筑使用功能要求主要涉及安全与耐久,是满足建筑长期使用要求的首要条件。结构的耐久性是指在规定的使用年限内结构构件保持承载力和外观的能力,并满足建筑使用功能要求。

②建筑外墙、屋面、门窗、幕墙及外保温等围护结构应满足安全、耐久和防护要求,与建筑主体结构连接可靠,且能适合主体结构在多遇地震及各种荷载作用下的变形。建筑围护结构防水对于建筑美观、耐久性能、正常使用功能和寿命都有重要的影响。

(3)外遮阳、太阳能设施、空调室外机位、外墙花池等外部设施应与建筑主体结构统一设计、施工,并应具备安装、检修与维护条件。

外部设施需要定期检修和维护,因此,在建筑设计时应考虑后期检修和维护条件,如设计检修通道、马道和吊篮固定端等。当与主体结构不同施工时,应设预埋件,并在设计文件中明确预埋件的检测验证参数及要求,确保其安全性与耐久性。例如,每年频发的空调外机坠落伤人或安装人员作业时跌落伤亡事故,已成为建筑的重大危险源,故新建或改建建筑设计时应预留与主体结构连接牢固的空调外机安装位置,并与拟订的机型大小匹配,同时,预留操作空间,保障安装、检修、维护人员安全。

(4)建筑内部的非结构构件、设备及附属设施等应连接牢固并能适应主体结构变形。建筑内部的非结构构件包括非承重墙体、附着于楼屋面结构的构件、装饰构件和部件等。设备是指建筑中为建筑使用功能服务的附属机械、电气构件、部件和系统。其主要包括电梯、照明和应急电源、通信设备、管道系统、采暖和空气调节系统、烟火监测和消防系统、公用天线等。附属设施包括整体卫生间、橱柜、储物柜等。

建筑内部非结构构件、设备及附属设施等应满足建筑使用的安全性。如门窗、防护栏杆等应满足现行国家相关设计标准要求并安装牢固,防止跌落事故发生;且应根据腐蚀环境选用材料或进行耐腐蚀处理。近年,因装饰装修脱落导致人员伤亡事故屡见不鲜,如吊链或连接件锈蚀导致吊灯掉落、吊顶脱落、瓷砖脱落等。室内装饰装修除应符合现行国家相关标准的规定外,还需要对承重材料的力学性能进行检测验证。装饰构件之间及装饰构件与建筑墙体、楼板等构件之间的连接力学性能应满足设计要求,连接可靠并能适合主体结构在地震作用之外各种荷载作用下的变形。

建筑部品、非结构构件及附属设备等应采用机械固定、焊接、预埋等牢固性构件连接方式或一体化建造方式与建筑主体结构进行可靠连接,防止由于个别构件破坏引起连续性破坏或倒塌。应注意的是,以膨胀螺栓、捆绑、支架等连接或安装方式均不能视为一体化措施。

(5)建筑外门窗必须安装牢固,其抗风压性能和水密性能应符合现行国家有关标准的规定。

(6)卫生间、浴室的地面应设置防水层,墙面、顶棚应设置防潮层。为避免水蒸气透过墙体或顶棚,使隔壁房间或住户受潮气影响,导致如墙体发霉、破坏装修效果(壁纸脱落、发霉、涂料层起鼓、粉化、地板变形等)等情况发生,要求所有卫生间、浴室墙、地面做防水层,墙面、顶棚均作防潮处理。

(7)走廊、疏散通道等通行空间应满足紧急疏散、应急救护等要求,且应保持畅通。在发生突发事件时,疏散和救护顺畅非常重要,必须在场地和建筑设计中考虑到对策和措施。建筑应根据其高度、规模、使用功能和耐火等级等因素合理设置安全疏散和避难设施。安全出口和疏散门的位置、数量、宽度及疏散楼梯间的形式,应满足人员安全疏散的要求。重在强调保持通行空间路线畅通、视线清晰,不应有阳台花池、机电箱等凸向走廊、疏散通道的设计，防止对人员活动、步行交通、消防疏散埋下安全隐患。

（8）应具有安全防护的警示和引导标识系统。安全标志可分为禁止标志、警告标志、指令标志和提示标志 4 类。

设置显著、醒目的安全警示标志，能够起到提醒建筑使用者注意安全的作用。警示标志一般设置于人员流动大的场所，青少年和儿童经常活动的场所，容易碰撞、夹伤、湿滑及危险的部位和场所等。如禁止攀爬、禁止倚靠、禁止伸出窗外、禁止抛物、注意安全、当心碰头、当心夹手、当心车辆、当心坠落、当心滑倒、当心落水等。

设置安全引导指示标志包括紧急出口标志、避险处标志、应急避难场所标志、急救点标志、报警点标志等，以及其他促进建筑安全使用的引导标志等。如紧急出口标志，一般设置于便于安全疏散的紧急出口处，结合方向箭头设置于通向紧急出口的通道、楼梯口等处。

2. 评分项

（1）安全评分项。

①抗震设计合理。

②有保障人员安全的防护措施，如提高阳台、外窗、窗台、防护栏杆等安全防护水平；建筑物出入口均设外墙饰面、门窗玻璃意外脱落的防护措施，并与人员通行区域的遮阳、遮风或挡雨措施结合；利用场地或景观形成可降低坠物风险的缓冲区、隔离带等。

③采用具有安全防护功能的产品或配件、具有安全防护功能的玻璃、具备防夹功能的门窗。

④室内外地面或路面设置防滑措施：建筑出入口及平台、公共走廊、电梯门厅、厨房、浴室、卫生间等设置防滑措施；建筑室内外活动场所采用防滑地面；建筑坡道、楼梯踏步防滑等级达到现行行业标准。

⑤采取人车分流措施，且步行和自行车交通系统有充足照明。

（2）耐久性措施。

①采取提升建筑适变性的措施：采取通用开放、灵活可变的使用空间设计，或采取建筑使用功能可变措施；建筑结构与建筑设备管线分离；采用与建筑功能和空间变化相适应的设备设施布置方式或控制方式。

②采取提升建筑部品部件耐久性的措施：使用耐腐蚀、抗老化、耐久性能好的管材、管线、管件；活动配件选用长寿命产品，并考虑部品组合的同寿命性；不同使用寿命的部品组合时，采用便于分别拆换、更新和升级的构造。

③提高建筑结构材料的耐久性：按 100 年进行耐久性设计；采用耐久性能好的建筑结构材料。对于混凝土构件，提高钢筋保护层厚度或采用高耐久混凝土；对于钢构件，采用耐候结构钢及耐候型防腐涂料；对于木构件，采用防腐木材、耐久木材或耐久木制品。

④采用耐久性好、易维护的装饰装修建筑材料：耐久性好的外饰面材料、防水和密封材料、易维护的室内装饰装修材料（表 10-2）。

表 10-2　耐久性好、易维护的装饰装修建筑材料评价内容

分类	评价内容
外饰面材料	采用水性氟涂料或耐候性相当的涂料
	选用耐久性与建筑幕墙设计年限相匹配的饰面材料
	合理采用清水混凝土

续表

防水和密封材料	选用耐久性符合现行国家标准《绿色产品评价 防水与密封材料》(GB/T 35609—2017)规定的材料
室内装饰装修材料	选用耐洗刷性≥5 000次的内墙涂料
	选用耐磨性好的陶瓷地砖(有釉砖耐磨性比低于4级,无釉砖磨抗体积不大于127 mm³)
	采用免装饰面层的做法

10.2.3 健康舒适评价

1. 控制项

(1)室内空气中的氨、甲醛、苯、总挥发性有机物、氡等污染物浓度应符合现行国家标准。建筑室内和建筑主出入口处应禁止吸烟,并应在醒目位置设置禁烟标志。

(2)应采取措施避免厨房、餐厅、打印复印室、卫生间、地下车库等区域的空气和污染物串通到其他空间;应防止厨房、卫生间的排气倒灌。

(3)给水排水系统的设置应符合以下几项:

①生活饮用水水质应满足现行国家标准;

②应制订水池、水箱等储水设施定期清洗消毒计划并实施,且生活饮用水储水设施每半年清洗消毒不应少于1次;

③应使用构造内自带水封的便器,且其水封深度不应小于50 mm,且不能采用活动机械密封替代水封;

④非传统水源管道和设备应设置明确、清晰的永久性标识,避免在施工、日常维护或维修时发生误接、误饮、误用的情况。

(4)主要功能房间的室内噪声级和外墙、隔墙、楼板与门窗的隔声性能应满足现行国家标准的最低限要求;

(5)建筑照明数量和质量应符合规定,有人员长期停留的场所的照明设备无危险。

(6)应采取措施保障室内热环境。采用集中供暖空调系统的建筑,房间内的温度、湿度、新风量等设计参数应符合现行国家标准;采用非集中供暖空调系统的建筑,应具有保障室内热环境的措施或预留条件,如分体空调的安装条件等。

(7)围护结构热工性能应符合:在室内设计温度、湿度条件下,建筑非透光围护结构内表面不得结露;供暖建筑的屋面、外墙内部不应产生冷凝;屋顶和外墙隔热性能应满足现行国家标准。

(8)主要功能房间应具有现场独立控制的热环境调节装置。

(9)地下车库应设置与排风设备联动的一氧化碳浓度监测装置。

2. 评分项

(1)室内空气品质。氨、甲醛、苯、总挥发性有机物、氡等污染物浓度低于现行国家标准;室内PM2.5年均浓度不高于25 μg/m³,且室内PM10年均浓度不高于50 μg/m³;选用的装饰装修材料满足现行国家绿色产品评价标准中对有害物质限量的要求。

(2)水质。直饮水、集中生活热水、游泳池水、采暖空调系统用水、景观水体等的水质满足现行国家有关标准的要求;使用符合现行国家有关标准要求的成品水箱;采取保证储水不变质的措施;所有给水排水管道、设备、设施设置明确、清晰的永久性标识。

(3)声环境与光环境。

①噪声级达到现行国家标准;主要功能房间的隔声性能良好;

②充分利用天然光,住宅建筑室内主要功能空间至少60%面积比例区域,其采光照度值不低于300 lx的小时数平均不少于8 h/d;公共建筑内区域采光系数满足采光要求的面积比例达到60%、地下空间平均采光系数不小于0.5%的面积与地下室首层面积的比例达到10%以上、室内主要功能空间至少60%面积比例区域的采光照度值不低于采光要求的小时数平均不少于4 h/d。

③主要功能房间有眩光控制措施。

(4)室内湿热环境。

①采用自然通风或复合通风的建筑:建筑主要功能房间室内热环境参数在适应性热舒适区域的时间比例,达到30%。

②采用人工冷热源的建筑:主要功能房间达到现行国家标准《民用建筑室内热湿环境评价标准》(GB/T 50785—2012)规定的室内人工冷热源热湿环境整体评价Ⅱ级的面积比例,达到60%。

③住宅建筑:通风开口面积与房间地板面积的比例在夏热冬暖地区达到12%,在夏热冬冷地区达到8%,在其他地区达到5%。

④公共建筑:过渡季典型工况下主要功能房间平均自然通风换气次数不小于2次/h的面积比例达到70%。

⑤设置可调节遮阳设施,改善室内热舒适度。

10.2.4 生活便利评价

1. 控制项

(1)建筑、室外场地、公共绿地、城市道路相互之间应设置连贯的无障碍步行系统。

(2)场地人行出入口500 m内应设有公共交通站点或配备联系公共交通站点的专用接驳车。

(3)停车场应具有电动汽车充电设施或具备充电设施的安装条件,并应合理设置电动汽车和无障碍汽车停车位。

(4)自行车停车场所应位置合理、方便出入。

(5)建筑设备管理系统应具有自动监控管理功能。

(6)建筑应设置信息网络系统。

2. 评分项

(1)出行与无障碍。

①场地出入口到达公共交通站点的步行距离不超过500 m,或到达轨道交通站的步行距离不大于800 m;场地出入口步行距离为800 m范围内设有不少于2条线路的公共交通站点。

②建筑室内公共区域、室外公共活动场地及道路均满足无障碍设计要求;建筑室内公共区域的墙、柱等处的阳角均为圆角,并设有安全抓杆或扶手;设有可容纳担架的无障碍电梯。

(2)服务设施。

①住宅建筑。场地出入口到达幼儿园的步行距离不大于300 m;到达小学的步行距离不大于500 m;到达中学的步行距离不大于1 000 m;到达医院的步行距离不大于1 000 m;到达群众文化活动设施的步行距离不大于800 m;到达老年人日间照料设施的步行距离不大于500 m;场地周边500 m范围内具有不少于3种商业服务设施。

②公共建筑。建筑内至少兼容两种面向社会的公共服务功能；向社会公众提供开放的公共活动空间；电动汽车充电桩的车位数占总车位数的比例不低于10%；周边500 m范围内设有社会公共停车场(库)；场地不封闭或场地内步行公共通道向社会开放。

③城市绿地、广场及公共运动场地等开敞空间，步行可达。场地出入口到达城市公园绿地、居住区公园、广场的步行距离不大于300 m；到达中型多功能运动场地的步行距离不大于500 m。

④合理设置健身场地和空间。室外健身场地面积不少于总用地面积的0.5%；设置宽度不少于1.25 m的专用健身慢行道，健身慢行道长度不少于用地红线周长的1/4且不少于100 m；室内健身空间的面积不少于地上建筑面积的0.3%且不少于60 m²；楼梯间具有天然采光和良好的视野，且与主入口的距离不大于15 m。

(3)智慧运行。

①设置分类、分级用能自动远传计量系统，且设置能源管理系统实现对建筑能耗的监测、数据分析和管理。

②设置PM10、PM2.5、CO_2浓度的空气质量监测系统，且具有存储至少一年的监测数据和实时显示等功能。

③设置用水远传计量系统、水质在线监测系统。设置用水量远传计量系统，能分类、分级记录、统计分析各种用水情况；利用计量数据进行管网漏损自动检测、分析与整改，管道漏损率低于5%；设置水质在线监测系统，监测生活饮用水、管道直饮水、游泳池水、非传统水源、空调冷却水的水质指标，记录并保存水质监测结果，且能随时供用户查询。

④具有智能化服务系统。具有家电控制、照明控制、安全报警、环境监测、建筑设备控制、工作生活服务等至少三种类型的服务功能，具有远程监控的功能，具有接入智慧城市(城区、社区)的功能。

(4)物业管理。

①制定完善的节能、节水、节材、绿化的操作规程、应急预案，实施能源资源管理激励机制，且有效实施。

②建筑平均日用水量满足现行国家标准《民用建筑节水设计标准》(GB 50555—2010)中节水用水定额的要求。

③定期对建筑运营效果进行评估，并根据结果进行运行优化，包括制订绿色建筑运营效果评估的技术方案和计划；定期检查、调适公共设施设备，具有检查、调试、运行、标定的记录，且记录完整；定期开展节能诊断评估，并根据评估结果制定优化方案并实施；定期对各类用水水质进行检测、公示。

④每年组织不少于两次的绿色建筑技术宣传、绿色生活引导、灾害应急演练等绿色教育宣传和实践活动，并有活动记录；具有绿色生活展示、体验或交流分享的平台，并向使用者提供绿色设施使用手册，每年开展一次针对建筑绿色性能的使用者满意度调查，且根据调查结果制定改进措施并实施、公示。

10.2.5 资源节约评价

1. 控制项

(1)结合场地自然条件和建筑功能需求，对建筑的体形、平面布局、空间尺度、围护结构等进行节能设计，且应符合现行国家有关节能设计的要求。

因地制宜是绿色建筑设计首先需要考虑的因素，不仅仅需要考虑当地气候条件，其建筑的形体、尺度还需要综合场地周边的传统文化、地方特色统筹协调，建筑物的平面布局应结合场地地形、环境等自然条件制约，并权衡各因素之间的相互关系，通过多方面分析、优化建筑的规划设计。绿色建筑设计还应在综合考虑基地容积率、限高、绿化率、交通等功能因素基础上，统筹考虑冬夏季节能需求，优化设计体形、朝向和窗墙面积比。

(2)采取措施降低部分负荷、部分空间使用下的供暖、空调系统能耗。区分房间的朝向细分供暖、空调区域，并对系统进行分区控制。

(3)根据建筑空间功能设置分区温度，合理降低室内过渡区空间的温度设定标准。也就是在保证使用舒适度的前提下，合理设置少用能、不用能空间，减少用能时间、缩小用能空间，通过建筑空间设计达到节能效果。

室内过渡空间是指门厅、中庭、高大空间中超出人员活动范围的空间，由于其较少或没有人员停留，可适当降低温度标准，以达到降低供暖空调用能的目的。"小空间保证、大空间过渡"是指在设计高大空间建筑时，将人员停留区域控制在小空间范围内，大空间部分按照过渡空间设计。

(4)主要功能房间的照明功率密度值不应高于现行国家标准《建筑照明设计标准》(GB 50034—2013)规定的现行值；公共区域的照明系统应采用分区、定时、感应等节能控制；采光区域的照明控制应独立于其他区域的照明控制。

在建筑的实际运行过程中，照明系统的分区控制、定时控制、自动感应开关、照度调节等措施对降低照明能耗作用很明显。照明系统分区需要满足自然光利用、功能和作息差异的要求。功能差异如办公区、走廊、楼梯间、车库等的分区；作息差异一般是指日常工作时间、值班时间等的不同。对于公共区域(包括走廊、楼梯间、大堂、门厅、地下停车场等场所)可采取分区、定时、感应等节能控制措施。如楼梯间采取声、光控或人体感应控制；对于走廊、地下车库可采用定时或其他的集中控制方式。

(5)冷热源、输配系统和照明等各部分能耗应进行独立分项计量。

(6)垂直电梯应采取群控、变频调速或能量反馈等节能措施；自动扶梯应采用变频感应启动等节能控制措施。

(7)制订水资源利用方案，统筹利用各种水资源，按使用用途、付费或管理单元，分别设置用水计量装置；用水点处水压大于 0.2 MPa 的配水支管应设置减压设施，并应满足给水配件最低工作压力的要求；用水器和设备应满足节水产品的要求。

(8)不应采用建筑形体和布置严重不规则的建筑结构。

(9)建筑造型要素应简约，无大量装饰性构件，住宅建筑的装饰性构件造价占建筑总造价的比例不应大于 2%；公共建筑的装饰性构件造价占建筑总造价的比例不应大于 1%。

(10)500 km 以内生产的建筑材料重量占建筑材料总重量的比例应大于 60%；现浇混凝土应采用预拌混凝土，建筑砂浆应采用预拌砂浆。

2. 评分项

(1)节地与土地利用。

①住宅建筑，按照其所在居住街坊人均住宅用地指标来判定是否节地，见表10-3。居住街坊是指住宅建筑集中布局，由支路等城市道路围合(一般为 2~4 hm² 住宅用地，为 300~1 000 套住宅)形成的居住基本单元。

表 10-3 居住街坊人均住宅用地指标

建筑气候区划	人均住宅用地指标 A/ m²					得分
	平均3层及以下	平均4~6层	平均7~9层	平均10~18层	平均19层及以上	
Ⅰ、Ⅶ	33<A≤36	29<A≤32	21<A≤22	17<A≤19	12<A≤13	15
	A≤33	A≤29	A≤21	A≤17	A≤12	20
Ⅱ、Ⅵ	33<A≤36	27<A≤30	20<A≤21	16<A≤17	12<A≤13	15
	A≤33	A≤27	A≤20	A≤16	A≤12	20
Ⅲ、Ⅳ、Ⅴ	33<A≤36	24<A≤27	19<A≤20	15<A≤16	11<A≤12	15
	A≤33	A≤24	A≤19	A≤15	A≤11	20

②公共建筑,根据不同功能建筑的容积率来判定,见表10-4。

表 10-4 公共建筑容积率(R)

行政办公、商务办公、商业金融、旅馆饭店、交通枢纽等	教育、文化、体育、医疗卫生、社会福利等	得分
1.0≤R<1.5	0.5≤R<0.8	8
1.5≤R<2.5	R≥2.0	12
2.5≤R<3.5	0.8≤R<1.5	16
R>3.5	1.5≤R<2.0	20

③合理开发利用地下空间,见表10-5。

表 10-5 地下空间开发利用指标

建筑类型	地下空间开发利用指标		得分
住宅建筑	地下建筑面积与地上建筑面积的比率 R_r、地下一层建筑面积与总用地面积的比率 R_p	5%≤R_r<20%	5
		R_r≥20%	7
		R_r≥35%且R_p<60%	12
公共建筑	地下建筑面积与总用地面积之比 R_{p1}、地下一层建筑面积与总用地面积的比率 R_p	R_{p1}≥0.5	5
		R_{p1}≥0.7且R_p<70%	7
		R_{p1}≥1.0且R_p<60%	12

④采用机械式停车设施、地下停车库或地面停车楼等方式,住宅建筑地面停车位数量与住宅总套数的比率小于10%;公共建筑地面停车占地面积与其总建设用地面积的比率小于8%。

(2)节能与能源利用。

①优化建筑围护结构的热工性能,围护结构热工性能比现行国家相关建筑节能设计标准规定的提高幅度达到5%~15%。建筑供暖空调负荷降低5%~15%。

②供暖空调系统的冷、热源机组能效均优于现行国家标准《公共建筑节能设计标准》(GB 50189—2015)的规定,以及现行有关国家标准能效限定值的要求。

③通风空调系统风机的单位风量耗功率比现行国家标准《公共建筑节能设计标准》(GB 50189—2015)的规定低20%;集中供暖系统热水循环泵的耗电输热比、空调冷热水系统循环水泵的耗电输冷(热)比比现行国家标准《民用建筑供暖通风与空气调节设计规范》(GB 50736—2012)规定值低20%。

④采用节能型电气设备及节能控制措施,主要功能房间的照明功率密度值达到现行国家标准《建筑照明设计标准》(GB 50034—2013)规定的目标值;照明产品、三相配电变压器、水泵、风机等设备满足现行国家有关标准的节能评价;采光区域的人工照明随天然光照度变化自动调节,不仅可以保证良好的光环境,避免室内产生过高的明暗亮度对比,还能在较大程度上降低照明能耗。

⑤采取措施降低建筑能耗,建筑能耗相比现行国家有关建筑节能标准降低10%～20%。

⑥结合当地气候和自然资源条件合理利用可再生能源。

(3)节水与水资源利用。

①使用较高用水效率等级的卫生器具,全部卫生器具的用水效率等级达到2级;或者50%以上卫生器具的用水效率等级达到1级且其他达到2级;或者全部卫生器具的用水效率等级达到1级。

②绿化灌溉采用节水灌溉系统,设置土壤湿度感应器、雨天自动关闭装置等节水控制措施,或种植无须永久灌溉植物。

绿化灌溉应采用喷灌、微灌等节水灌溉方式。采用再生水灌溉时,因水中微生物在空气中极易传播,应避免采用喷灌方式。微灌包括滴灌、微喷灌、涌流灌和地下渗灌。

无须永久灌溉植物是指适应当地气候,仅依靠自然降雨即可以维持良好的生长状态的植物,或在干旱时体内水分丧失,全株呈风干状态而不死亡的植物。无须永久灌溉植物仅在生根时需要进行人工灌溉,因而不需设置永久的灌溉系统,但临时灌溉系统应在安装后一年之内移走。

③空调循环冷却水系统采取设置水处理措施、加大集水盘、设置平衡管或平衡水箱等方式,避免冷却水泵停泵时冷却水溢出;或者采用无蒸发耗水量的冷却技术。

公共建筑集中空调系统的冷却水补水量占据建筑物用水量的30%～50%,减少冷却水系统不必要的耗水对整个建筑物的节水意义重大。

④结合雨水综合利用设施营造室外景观水体,室外景观水体利用雨水的补水量大于水体蒸发量的60%,且采用保障水体水质的生态水处理技术。对进入室外景观水体的雨水,利用生态设施削减径流污染;或者利用水生动植物保障室外景观水体水质。

景观水体的水质保障应采用生态水处理技术,在雨水进入景观水体之前充分利用植物和土壤渗滤作用削减径流污染,通过采用非硬质池底及生态驳岸,为水生动植物提供栖息条件,通过水生动植物对水体进行净化;必要时可采取其他辅助手段对水体进行净化,保障水体水质安全。

⑤使用非传统水源,绿化灌溉、车库及道路冲洗、洗车用水采用非传统水源的用水量占其总用水量的比例不低于40%;冲厕采用非传统水源的用水量占其总用水量的比例不低于30%;冷却水补水采用非传统水源的用水量占其总用水量的比例不低于20%。

非传统水源是指不同于传统地表水供水和地下水供水的水源。其包括再生水、雨水、海水等。再生水又可分为市政再生水和建筑中水。

雨水更适用于季节性利用,如用于绿化、景观水体、冷却等季节性用途,同时,雨水调蓄池在调蓄容积上增加雨水回用容积也可以作为杂用水补充水源使用。

中水和全年降水比较均衡地区的雨水则更适用于非季节性利用,如冲厕等全年性用途。

(4)节材与绿色建材。

①建筑所有区域实施土建工程与装修工程一体化设计及施工。

②合理选用建筑结构材料与构件。在混凝土结构中，400MPa级及以上强度等级钢筋应用比例达到85%；混凝土竖向承重结构采用强度等级不小于C50，混凝土用量占竖向承重结构中混凝土总量的比例达到50%。在钢结构中，Q345及以上高强度钢材用量占钢材总量的比例达到50%以上；螺栓连接等非现场焊接节点占现场全部连接、拼接节点的数量比例达到50%；采用施工时免支撑的楼屋面板。

③建筑装修选用工业化内装部品占同类部品用量比例达到50%以上的部品种类为1、3或者5种。工业化内装部品主要包括整体卫浴、整体厨房、装配式吊顶、干式工法地面、装配式内墙、管线集成与设备设施等。

④可再循环材料和可再利用材料用量比例，住宅建筑达到6%或10%，公共建筑达到10%或15%。利废建材选用及其用量比例：采用一种利废建材，其占同类建材的用量比例不低于50%；选用两种及以上的利废建材，每一种占同类建材的用量比例均不低于30%。

建筑材料的循环利用是建筑节材与材料资源利用的重要内容。有的建筑材料可以在不改变材料的物质形态情况下直接进行再利用，或经过简单组合、修复后可直接再利用，如有些材质的门、窗等。有的建筑材料需要通过改变物质形态才能实现循环利用，如难以直接回用的钢筋、玻璃等，可以回炉再生产。有的建筑材料则既可以直接再利用又可以回炉后再循环利用，如标准尺寸的钢结构型材等。

建筑中选用的可再循环建筑材料和可再利用建筑材料，可以减少生产加工新材料带来的资源、能源消耗及环境污染，具有良好的经济、社会和环境效益。

利废建材即"以废弃物为原料生产的建筑材料"，是指在满足安全和使用性能的前提下，使用废弃物等作为原材料生产出的建筑材料。其中，废弃物主要包括建筑废弃物、工业废料和生活废弃物。在满足使用性能的前提下，鼓励利用建筑废弃混凝土生产再生集料，制作成混凝土砌块、水泥制品或配制再生混凝土；鼓励利用工业废料、农作物秸秆、建筑垃圾、淤泥为原料制作成水泥、混凝土、墙体材料、保温材料等建筑材料；鼓励以工业副产品石膏制作成石膏制品；鼓励使用生活废弃物经处理后制成的建筑材料。

⑤绿色建材应用比例不低于30%。

10.2.6 环境宜居评价

1. 控制项

（1）建筑规划布局应满足日照标准，且不得降低周边建筑的日照标准。不得降低周边建筑的日照标准是指对于新建项目的建设，应满足周边建筑有关日照标准的要求；对于改造项目分两种情况：周边建筑改造前满足日照标准的，应保证其改造后仍符合相关日照标准的要求；周边建筑改造前未满足日照标准的，改造后不可再降低其原有的日照水平。

（2）室外热环境应满足现行国家有关标准的要求。

（3）配建的绿地应符合所在地城乡规划的要求，应合理选择绿化方式，植物种植应适应当地气候和土壤，且应无毒害、易维护，种植区域覆土深度和排水能力应满足植物生长需求，并应采用复层绿化方式。

绿化是城市环境建设的重要内容。大面积的草坪不但维护费用高，其生态效益也远远小于灌木、乔木。因此，合理搭配乔木、灌木和草坪，以乔木为主，能够提高绿地的空间利用率、增加绿量，使有限的绿地发挥更大的生态效益和景观效益。乔、灌、草组合配置，就是以乔木为主，灌木填补林下空间，地面栽花种草的种植模式，垂直面上形成乔、灌、草空间互补和重叠的效果。根据植物的不同特性（如高矮、冠幅大小、光及空间需求等）差异而取长补短，相互兼容，进行立体多层次种植，以求在单位面积内充分利用土地、阳光、空间、水分、养分而达到最大生长量的栽培方式。

植物配置应充分体现本地区植物资源的特点，突出地方特色。因此，在苗木的选择上，要保证绿植无毒、无害，保证绿化环境安全和健康。合理的植物物种选择和搭配会对绿地植被的生长起到促进作用。种植区域的覆土深度应满足乔、灌、草自然生长的需要，一般来说，满足植物生长需求的覆土深度为：乔木大于1.2 m，深根系乔木大于1.5 m，灌木大于0.5 m，草坪大于0.3 m。鼓励各类公共建筑进行屋顶绿化和墙面垂直绿化，既能增加绿化面积，又可以改善屋顶和墙壁的保温隔热效果，还可以有效滞留雨水。

(4)场地的竖向设计应有利于雨水的收集或排放，应有效组织雨水的下渗、滞蓄或再利用；对大于10 hm^{2}的场地应进行雨水控制利用专项设计。

(5)建筑内外均应设置便于识别和使用的标识系统。标识一般有人车分流标识、公共交通接驳引导标识、易于老年人识别的标识、满足儿童使用需求与身高匹配的标识、无障碍标识、楼座及配套设施定位标识、健身慢行道导向标识、健身楼梯间导向标识、公共卫生间导向标识，以及其他促进建筑便捷使用的导向标识等。

在标识系统设计和设置时，应考虑建筑使用者的识别习惯，通过色彩、形式、字体、符号等整体进行设计，形成统一性和可辨识度，并考虑老年人、残障人士、儿童等不同人群对于标识的识别和感知的方式，例如，老年人由于视觉能力下降，需要采用较大的文字、较易识别的色彩系统等，儿童由于身高较低、识字量不够等，需要采用高度适合、色彩与图形化结合等方式的识别系统等。因此，提出根据不同使用人群特点设置适宜的标识引导系统，体现出对不同人群的关爱。

同时，为便于标识识别，应在场地内显著位置上设置标识，标识应反映一定区域范围内的建筑与设施分布情况，并提示当前位置等。建筑及场地的标识应沿通行路径布置，构成完整和连续的引导系统。

(6)建筑场地内不应存在未达标排放或超标排放的气体、液态、气态或固态的污染源。

(7)生活垃圾应分类收集，垃圾容器和收集点的设置应合理并应与周围景观协调。生活垃圾一般可分为4类，包括有害垃圾、易腐垃圾(厨余垃圾)、可回收垃圾和其他垃圾。有害垃圾主要包括废电池(镉镍电池、氧化汞电池、铅蓄电池等)，废荧光灯管(日光灯管、节能灯等)，废温度计，废血压计，废药品及其包装物，废油漆、溶剂及其包装物，废杀虫剂、消毒剂及其包装物，废胶片及废相纸等；易腐垃圾(厨余垃圾)包括剩菜剩饭、骨头、菜根菜叶、果皮等可腐烂有机物；可回收垃圾主要包括废纸，废塑料，废金属，废包装物，废旧纺织物，废弃电器电子产品，废玻璃，废纸塑铝复合包装，大件垃圾等。有害垃圾、易腐垃圾(厨余垃圾)、可回收垃圾应分别收集。

垃圾收集设施规格和位置应符合现行国家有关标准的规定，其数量、外观色彩及标志应符合垃圾分类收集的要求，并置于隐蔽、避风处，与周围景观相协调。垃圾收集设施应坚固耐用，防止垃圾无序倾倒和露天堆放。同时，在垃圾容器和收集点布置时，重视其环境卫生与景观美化问题，做到密闭并相对位置固定，如果按规划需配垃圾收集站，应能具备定期冲洗，消杀条件，并能及时做到密闭清运。

2. 评分项

(1)场地生态与景观。

①充分保护或修复场地生态环境,合理布局建筑及景观。保护场地内原有的自然水域、湿地、植被等,保持场地内的生态系统与场地外生态系统的连贯性。采取净地表层土回收利用等生态补偿措施;或者根据场地实际状况,采取其他生态恢复或补偿措施。

建设项目应对场地的地形和场地内可以利用的资源进行勘察,充分利用原有地形地貌进行场地设计及建筑、生态景观的布局,尽量减少土石方量,减少开发建设过程对场地及周边环境生态系统的改变,包括原有植被、水体、山体、地表行泄洪通道、滞蓄洪坑塘洼地等。在建设过程中确需改造场地内的地形、地貌、水体、植被等时,应在工程结束后及时采取生态复原措施,减少对原场地环境的改变和破坏。场地内外生态系统保持衔接,形成连贯的生态系统更有利于生态建设和保护。

表层土含有丰富的有机质、矿物质和微量元素,适合植物和微生物的生长,有利于生态环境的恢复。对于场地内未受污染的净地表层土进行保护和回收利用是土壤资源保护、维持生物多样性的重要方法。

②规划场地地表和屋面雨水径流,对场地雨水实施外排总量控制,场地年径流总量控制率达到55%~70%。

外排总量控制包括径流减排、污染控制、雨水调节和收集回用等。

年径流总量控制率就是通过自然和人工强化的入渗、滞蓄、调蓄和收集回用,场地内累计一年得到控制的雨水量占全年总降雨量的比例。

从区域角度看,雨水的过量收集会导致原有水体的萎缩或影响水系统的良性循环。要使硬化地面恢复到自然地貌的环境水平,最佳的雨水控制量应以雨水排放量接近自然地貌为标准,因此,从经济性和维持区域性水环境的良性循环角度出发,径流的控制率也不宜过大而应有合适的量(除非具体项目有特殊的防洪排涝设计要求)。出于维持场地生态、基流的需要,年径流总量控制率不宜超过85%。

设计控制雨量的确定要通过统计学方法获得。统计年限不同时,不同控制率下对应的设计雨量会有差异。考虑气候变化的趋势和周期性,推荐采用最近30年的统计数据,特殊情况除外。

③充分利用场地空间设置绿化用地。住宅建筑绿地率达到规划指标105%及以上,住宅建筑所在居住街坊内人均集中绿地面积达到表10-6的要求,公共建筑绿地率达到规划指标105%及以上;绿地向公众开放。

表10-6 住宅建筑所在街坊内人均集中绿地面积

人均集中绿地面积 $A_g/(m^2 \cdot 人^{-1})$		得分
新区建设	旧区建设	
0.50	0.35	2
$0.5 < A_g < 0.60$	$0.35 < A_g < 0.45$	4
$A_g \geq 0.60$	$A_g \geq 0.45$	6

绿地率是指建设项目用地范围内各类绿地面积的总和占该项目总用地面积的比率(%)。绿地包括建设项目用地中各类用作绿化的用地。合理设置绿地可以起到改善和美化环境、调节小气候、缓解城市热岛效应等作用。绿地率及公共绿地的数量是衡量居住区环境质量

的重要指标之一。根据现行国家标准《城市居住区规划设计标准》(GB 50180—2018)，集中绿地是指居住街坊配套建设、可供居民休憩、开展户外活动的绿化场地。集中绿地应满足的基本要求：宽度不小于 8 m，面积不小于 400 m²，集中绿地应设置供幼儿、老年人在家门口日常户外活动的场地。并应有不少于 1/3 的绿地面积在标准的建筑日照阴影线（日照标准的等时线）范围之外，并在此区域设置供儿童、老年人户外活动场地，为老年人及儿童在家门口提供日常游憩及游戏活动场所。

④室外吸烟区位置布局合理，布置在建筑主出入口的主导风的下风向，与所有建筑出入口、新风进气口和可开启窗扇的距离不少于 8 m，且距离儿童和老人活动场地不少于 8 m；室外吸烟区与绿植结合布置，并合理配置座椅和带烟头收集的垃圾筒，从建筑主出入口至室外吸烟区的导向标识完整、定位标识醒目，吸烟区设置吸烟有害健康的警示标识。

⑤利用场地空间设置绿色雨水基础设施。绿色雨水基础设施有雨水花园、下凹式绿地、屋顶绿化、植被浅沟、截污设施、渗透设施、雨水塘、雨水湿地、景观水体等。绿色雨水基础设施有别于传统的灰色雨水设施（雨水口、雨水管道、调蓄池等），能够以自然的方式削减雨水径流、控制径流污染、保护水环境。

下凹式绿地、雨水花园等有调蓄雨水功能的绿地和水体的面积之和占绿地面积的比例达到 40%～60%；衔接和引导不少于 80% 的屋面雨水和道路雨水进入地面生态设施；硬质铺装地面中透水铺装面积的比例达到 50%。

利用场地内的水塘、湿地、低洼地等作为雨水调蓄设施，或利用场地内设计景观（如景观绿地、旱溪和景观水体）来调蓄雨水，可实现有限土地资源综合利用的目标。能调蓄雨水的景观绿地包括下凹式绿地、雨水花园、树池、干塘等。

屋面雨水和道路雨水是建筑场地产生径流的重要源头，易被污染并形成污染源，故宜合理引导其进入地面生态设施进行调蓄、下渗和利用，并采取相应截污措施。地面生态设施是指下凹式绿地、植草沟、树池等，即在地势较低的区域种植植物，通过植物截流、土壤过滤滞留处理小流量径流雨水，达到控制径流污染的目的。洗衣废水若排入绿地，将危害植物的生长，物业应定期检查并杜绝阳台洗衣废水接入雨水管的情况发生。

雨水下渗也是削减径流和径流污染的重要途径之一。硬质铺装地面是指场地中停车场、道路和室外活动场地等，不包括建筑占地（屋面）、绿地、水面等；透水铺装是指既能满足路用及铺地强度和耐久性要求，又能使雨水通过本身与铺装下基层相通的渗水路径直接渗入下部土壤的地面铺装系统，包括采用透水铺装方式或使用植草砖、透水沥青、透水混凝土、透水地砖等透水铺装材料。

(2)室外物理环境。

①场地内的环境噪声优于现行国家标准《声环境质量标准》(GB 3096—2008)的要求，环境噪声值大于 2 类声环境功能区标准限值，且小于或等于 3 类声环境功能区标准限值；或者环境噪声值小于或等于 2 类声环境功能区标准限值。

②建筑及照明设计避免产生光污染，玻璃幕墙的可见光反射比及反射光对周边环境的影响符合《玻璃幕墙光热性能》(GB/T 18091—2015)的规定；室外夜景照明光污染的限制符合现行国家标准《室外照明干扰光限制规范》(GB/T 35626—2017)和现行行业标准《城市夜景照明设计规范》(JGJ/T 163—2008)的规定。

建筑物光污染包括建筑反射光（眩光）、夜间的室外夜景照明及广告照明等造成的光污染。光污染产生的眩光会让人感到不舒服，还会使人降低对灯光信号等重要信息的辨识力，甚至带来道路安全隐患。

③场地内风环境有利于室外行走、活动舒适和建筑的自然通风。在冬季典型风速和风

向条件下，建筑物周围人行区距离地高 1.5 m 处风速小于 5 m/s，户外休息区、儿童娱乐区风速小于 2 m/s，且室外风速放大系数小于 2；除迎风第一排建筑外，建筑迎风面与背风面表面风压差不大于 5 Pa。

过渡季、夏季典型风速和风向条件下，场地内人活动区不出现涡旋或无风区；50%以上可开启外窗室内外表面的风压差大于 0.5 Pa。

④采取措施降低热岛强度。

a. 场地中处于建筑阴影区外的步道、游憩场、庭院、广场等室外活动场地设有乔木、花架等遮阴措施的面积比例，住宅建筑达到 30%~50%，公共建筑达到 10%~20%；场地中处于建筑阴影区外的机动车道，路面太阳辐射反射系数不小于 0.4 或设有遮阴面积较大的行道树的路段长度超过 70%；屋顶的绿化面积、太阳能板水平投影面积，以及太阳辐射反射系数不小于 0.4 的屋面面积合计达到 75%。

b. 热岛现象在夏季出现，不仅会使人们高温中暑的概率变大，同时，还容易形成光化学烟雾污染，并增加建筑的空调能耗，给人们的生活和工作带来负面影响。室外硬质地面采用遮阴措施可有效降低室外活动场地地表温度，减少热岛效应，提高场地热舒适度。

c. 建筑阴影区为夏至日 8:00~16:00 时段在 4 h 日照等时线内的区域。乔木遮阴面积按照成年乔木的树冠正投影面积计算；构筑物遮阴面积按照构筑物正投影面积计算。

10.3 环境管理

在确定项目管理目标时，需同时确定项目环境管理目标；在组织编制工程施工组织设计或项目管理实施规划时，需同时编制项目环境管理计划；该部分内容可包含在施工组织设计或项目管理实施规划中。文明施工实际是项目环境管理的一部分。

环境管理计划侧重施工单位实施施工环境保护的项目环境管理要求，绿色施工计划侧重绿色建造的设计、施工一体化要求。在施工阶段，施工单位可以根据情况将环境管理计划与绿色施工计划合二为一。

10.3.1 环境管理的目的、基本原则和主要内容

建设工程是人类社会发展过程中一项规模浩大、旷日持久的频密生产活动。在这个生产过程中，不仅改变了自然环境，还不可避免地对环境造成污染和损害。因此，在建设工程生产过程中，要竭尽全力控制工程对资源环境的污染和损害程度，采用组织、技术、经济和法律的手段，对不可避免的环境污染和资源损害予以治理，保护环境，造福人类，防止人类与环境关系的失调，促进经济建设、社会发展和环境保护的协调发展。

1. 环境管理的目的

(1) 保护和改善环境质量，从而保护人们的身心健康，防止人体在环境污染影响下产生遗传突变和退化。

(2) 合理开发和利用自然资源，减少或消除有害物质进入环境，加强生物多样性的保护，维护生物资源的生产能力，使之得以恢复。

2. 环境管理的基本原则

(1) 经济建设与环境保护协调发展的原则；
(2) 预防为主、防治结合、综合治理的原则；

(3)依靠群众的原则;
(4)污染者付费的原则。

3. 环境管理的主要内容

(1)预防和治理由生产和生活活动所引起的环境污染;
(2)防止由建设和开发活动引起的环境破坏;
(3)保护有特殊价值的自然环境。

10.3.2 环境管理的措施

1. 水污染的管理

(1)现场应设置沉淀池,废水未经沉淀处理不得直接排入市政污水管网,经二次沉淀后方可排入市政排水管网或回收用于洒水降尘。

(2)对于施工现场由于气焊使用的乙炔发生器产生的污水严禁随地倾倒,要求使用专用容器集中存放,并倒入沉淀池处理。

(3)油漆油料库地面作防渗处理,储存、使用及保管要采取措施和专人负责,防止油料泄漏而污染土壤水体。

(4)施工现场的临时食堂,用餐人数在100人以上的,应设置简易有效的隔油池,使产生的污水经过隔油池后再排入市政污水管网。

(5)禁止将有害废弃物做土方回填,以免污染地下水和环境。

2. 噪声污染的管理

(1)施工噪声的类型。机械性噪声、空气动力性噪声、电磁性噪声、爆炸性噪声。

(2)施工噪声的处理。强噪声机械设备应搭设封闭式机械棚,并尽可能距离居民区远一些设置,以减少强噪声的污染。

尽量选用低噪声或备有消声降噪设备的机械。

凡在居民密集区进行强噪声施工作业时,要严格控制施工作业时间,晚间作业不超过22:00,早晨作业不早于6:00。特殊情况下需要昼夜施工时,应尽量采取降噪措施,并会同建设单位做好周围居民的工作,同时报工地所在地环保部门备案。

装修阶段施工噪声主要源自起重机、升降机等,昼间噪声限值为65 dB(A),夜间噪声限值55 dB(A)。

3. 空气污染的管理

(1)施工现场外围设置的圈挡不得低于1.8 m,避免或减少污染物向外扩散。

(2)施工现场的主要运输道路必须进行硬化处理。现场应采取覆盖、固化、绿化、洒水等有效措施,做到不泥泞、不扬尘。

(3)对现场有毒有害气体的产生和排放,必须采取有效措施严加控制。

(4)对于多层或高层建筑物内的施工垃圾,应采用封闭的专用垃圾道或容器吊运,严禁随意凌空抛洒造成扬尘。现场内还应设置密闭式垃圾站,施工垃圾和生活垃圾分类存放。施工垃圾要及时消运,消运时应尽量洒水或覆盖减少扬尘。

(5)拆除旧建筑物、构筑物时,应配合洒水,减少扬尘污染。

(6)水泥和其他易飞扬的细颗粒散体材料应密闭存放,在使用过程中应采取有效的措施防止扬尘。

(7)对于土方、渣土的运输,必须采取封盖措施。现场出入口处设置冲洗车辆的设施,出场时必须将车辆清洗干净,不得将泥沙带出现场。

(8)对于现场内的锅炉、茶炉、大灶等,必须设置消烟除尘设备。

4. 固体废物的管理

(1)固体废物的类型。施工现场产生的固体废物主要有三种:拆建废物、化学废物及生活固体废物。

①拆建废物,包括渣土、砖瓦、碎石、混凝土碎块、废木材、废钢铁、废弃装饰材料、废水泥、废石灰、碎玻璃等。

②化学废物,包括废油漆材料、废油类(汽油、机油、柴油等)、废沥青、废塑料、废玻璃纤维等。

③生活固体废物,包括炊厨废物、丢弃食品、废纸、废电池、生活用具、煤灰渣、粪便等。

(2)固体废物的治理方法。废物处理是指采用物理、化学、生物处理等方法,将废物在自然循环中,加以迅速、有效、无害地分解处理。根据环境科学理论,可将固体废物的治理方法概括为无害化、安定化和减量化三种。

①无害化(也称安全化):是将废物内的生物性或化学性的有害物质,进行无害化或安全化处理。例如,利用焚化处理的化学法,将微生物杀灭,促使有毒物质氧化或分解。

②安定化:是指为了防止废物中的有机物质腐化分解,产生臭味或衍生成有害微生物,将此类有机物质通过有效的处理方法,不再继续分解或变化。例如,以厌氧性的方法处理生活废物,使其实时产生甲烷气,使处理后的残余物完全腐化安定,不再发酵腐化分解。

③减量化:许多废物疏松膨胀,体积庞大,不但增加运输费用,而且占用堆填处置场地大。减量化废物处理是将固体废物压缩或液体废物浓缩,或将废物无害焚化处理,烧成灰烬,使其体积缩小至1/10以下,以便运输堆填。

(3)固体废物的处理。

①物理处理:包括压实浓缩、破碎、分选、脱水干燥等。这种方法可以浓缩或改变固体废物结构,但不破坏固体废物的物理性质。

②化学处理:包括氧化还原、中和、化学浸出等。这种方法能破坏固体废物中的有害成分,从而达到无害化,或将其转化成适用于进一步处理、处置的形态。

③生物处理:包括好氧处理、厌氧处理等。

④热处理:包括焚烧、热解、焙烧、烧结等。

⑤固化处理:包括水泥固化法和沥青固化法等。

⑥回收利用和循环再造:将拆建物料再作为建筑材料利用;重复使用场地围挡、模板、脚手架等物料;将可用的废金属、沥青等物料循环再利用。

模块小结

绿色建造是当代建筑业发展方向之一,学生应了解绿色建筑发展目标,熟悉绿色建造内涵;能够编制绿色建造计划,掌握绿色建造的五大类指标。

随着绿色建筑的发展,评价指标、评价方法发生了改变,原有的绿色评价也从施工图设计完成后评价变成竣工后评价,同学们应及时了解此种变化,熟悉每一项评价指标,了解分值构成。

实训训练

实训题目：

在某学校虚拟仿真实训中心装饰装修过程中，施工员小赵负责对现场产生的固体废弃物进行清理。施工现场产生的固体废弃物主要有哪些？这些固体废物怎么治理？

习 题

一、单选题

1. 节能建筑是（　　）。
   A. 低碳建筑　　　　B. 绿色建筑　　　　C. 智能建筑　　　　D. 低能耗建筑
2. 绿色建筑基于建筑必须考虑与外部环境的协调、共生，以（　　）为基本出发点。
   A. 破坏生态、污染环境　　　　　　　B. 以人为本
   C. 商业活动　　　　　　　　　　　　D. 尊重生态、尊重环境
3. 绿色建筑中"四节一环保"是指（　　）。
   A. 节能、节材、节水、节地、环境保护
   B. 节能、节油、节水、节地、环境保护
   C. 节电、节材、节水、节地、环境保护
   D. 节能、节材、节水、节源、环境保护
4. 绿色建筑评价应遵循（　　）原则。
   A. 合法合规　　　B. 因地制宜　　　C. 适应自然　　　D. 资源节约
5. 绿色建筑评价应在建筑工程（　　）后进行。
   A. 设计　　　　　B. 施工　　　　　C. 竣工　　　　　D. 立项
6. 当满足全部控制项要求时，绿色建筑等级应为（　　）。
   A. 基本级　　　　B. 一星级　　　　C. 二星级　　　　D. 三星级
7. 在健康舒适性评分项中，要求空气品质室内PM2.5年均浓度不高于（　　）$\mu g/m^3$。
   A. 10　　　　　　B. 15　　　　　　C. 20　　　　　　D. 25
8. 对生活便利性评价中，要求场地出入口到达公共交通站点的步行距离不超过（　　）m。
   A. 200　　　　　 B. 300　　　　　 C. 400　　　　　 D. 500.
9. 对生活便利性评价中，公共建筑内至少兼容（　　）种面向社会的公共服务功能。
   A. 2　　　　　　 B. 3　　　　　　 C. 4　　　　　　 D. 1
10. 对生活便利性评价中，要求建筑具有智能化服务系统，具有家电控制、照明控制、安全报警、环境监测、建筑设备控制、工作生活服务等至少（　　）种类型的服务功能。
    A. 2　　　　　　B. 3　　　　　　C. 4　　　　　　D. 1
11. 节能与能源利用评价指标，要求采取措施降低建筑能耗，建筑能耗相比现行国家有关建筑节能标准降低（　　）。
    A. 5%～10%　　　B. 5%～8%　　　C. 10%～20%　　　D. 10%～30%

12. 使用非传统水源，绿化灌溉、车库及道路冲洗、洗车用水采用非传统水源的用水量占其总用水量的比例不低于（　　）。
   A. 40%　　　　　　B. 50%　　　　　　C. 60%　　　　　　D. 30%
13. 环境宜居评价的评分项中，要求充分利用场地空间设置绿化用地。住宅建筑绿地率达到规划指标（　　）及以上，绿地向公众开放。
   A. 95%　　　　　　B. 100%　　　　　　C. 105%　　　　　　D. 110%
14. 在绿色建筑评价中，室外物理环境的要求中不包含（　　）。
   A. 场地内的环境噪声满足现行国家标准《声环境质量标准》(GB 3096—2008)的要求
   B. 建筑及照明设计避免产生光污染
   C. 场地内风环境有利于室外行走、活动舒适和建筑的自然通风
   D. 采取措施降低热岛强度
15. 凡在居民密集区进行强噪声施工作业时，要严格控制施工作业时间，每天作业时间为（　　）。
   A. 6∶00—20∶00　　B. 6∶00—22∶00　　C. 8∶00—20∶00　　D. 8∶00—22∶00

二、多选题

1. 根据建筑业发展"十三五"规划，建筑节能及绿色建筑发展目标为到2020年（　　）。
   A. 城镇绿色建筑占新建建筑比重达到60%
   B. 新开工全装修成品住宅面积达到30%
   C. 绿色建材应用比例达到40%
   D. 装配式建筑面积占新建建筑面积比例达到25%
   E. 城镇新建民用建筑全部达到节能标准要求
2. 绿色建造计划可以按照项目全过程一体化编制，也可以按照（　　）过程分别进行专项编制。
   A. 招标投标　　　　　　　　　　B. 设计
   C. 施工　　　　　　　　　　　　D. 竣工验收
   E. 试运行
3. 绿色建造指标包括（　　）。
   A. 安全耐久　　　　　　　　　　B. 健康舒适
   C. 生活便利　　　　　　　　　　D. 资源节约
   E. 环境宜居
4. 绿色建筑评价对象应以（　　）为评价对象。
   A. 单栋建筑　　　　　　　　　　B. 建筑群
   C. 临时建筑　　　　　　　　　　D. 住宅建筑
   E. 办公建筑
5. 建筑群是指（　　）的两个及以上单体建筑组成的群体。
   A. 位置毗邻　　　　　　　　　　B. 功能相同
   C. 权属相同　　　　　　　　　　D. 技术体系相同（相近）
   E. 口径一致
6. 绿色建筑划分应为（　　）。
   A. 基本级　　　　　　　　　　　B. 一星级
   C. 二星级　　　　　　　　　　　D. 三星级
   E. 四星级

7. 绿色建筑星级等级应按下列规定确定( )。
   A. 一星级、二星级、三星级 3 个等级的绿色建筑均应满足全部控制项的要求,且每类指标的评分项得分不应小于其评分项满分值的 40%
   B. 一星级、二星级、三星级 3 个等级的绿色建筑均应进行全装修,全装修工程质量、选用材料及产品质量应符合现行国家有关标准的规定
   C. 一星级总得分达到 60 分
   D. 二星级总得分达到 70 分
   E. 三星级总得分达到 85 分

8. 住宅建筑室内湿热环境,通风开口面积与房间地板面积的比例( )。
   A. 在夏热冬暖地区达到 12%
   B. 在夏热冬暖地区达到 10%
   C. 在夏热冬冷地区达到 8%
   D. 在夏热冬冷地区达到 6%
   E. 在其他地区达到 5%

9. 对生活便利性评价中,出行与无障碍指标有( )。
   A. 场地出入口到达公共交通站点的步行距离不超过 300 m
   B. 场地出入口到达公共交通站点的步行距离不超过 500 m
   C. 到达轨道交通站的步行距离不大于 600 m
   D. 到达轨道交通站的步行距离不大于 800 m
   E. 场地出入口步行距离 800 m 范围内设有不少于 3 条线路的公共交通站点

10. 对生活便利性评价中,住宅建筑场地出入口到达生活设施的距离为( )。
    A. 幼儿园的步行距离不大于 300 m
    B. 到达小学的步行距离不大于 500 m
    C. 到达中学的步行距离不大于 1 000 m
    D. 到达医院的步行距离不大于 1 000 m
    E. 到达群众文化活动设施的步行距离不大于 800 m

11. 在资源节约评价中,控制项包括( )。
    A. 综合考虑基地容积率、限高、绿化率、交通等功能因素
    B. 统筹考虑冬夏季节节能需求,优化设计体形、朝向和窗墙比
    C. 采用建筑形体和布置严重不规则的建筑结构
    D. 建筑造型要素应简约,无大量装饰性构件,住宅建筑的装饰性构件造价占建筑总造价的比例不应大于 2%;公共建筑的装饰性构件造价占建筑总造价的比例不应大于 1%
    E. 500 km 以内生产的建筑材料重量占建筑材料总重量的比例应大于 60%

12. 在资源节约评价中,停车位设置的要求是( )。
    A. 采用机械式停车设施、地下停车库或地面停车楼等方式
    B. 住宅建筑地面停车位数量与住宅总套数的比率小于 10%
    C. 住宅建筑地面停车位数量与住宅总套数的比率小于 8%
    D. 公共建筑地面停车占地面积与其总建设用地面积的比率小于 8%
    E. 公共建筑地面停车占地面积与其总建设用地面积的比率小于 6%

13. 绿化灌溉采用节水灌溉系统,微灌包括( )
    A. 滴灌   B. 微喷灌
    C. 涌流灌   D. 地下渗灌
    E. 喷灌

14. 非传统水源是指不同于传统地表水供水和地下水供水的水源，包括（   ）。
    A. 市政再生水   B. 建筑中水
    C. 饮用水   D. 雨水
    E. 海水

15. 在绿色评价中，节材与绿色建材要求（   ）。
    A. 在混凝土结构中，400MPa级及以上强度等级钢筋应用比例达到75%
    B. 在钢结构中，Q345及以上高强钢材用量占钢材总量的比例达到50%以上
    C. 建筑装修选用工业化内装部品占同类部品用量比例达到50%以上的部品种类为1、3或者5种
    D. 可再循环材料和可再利用材料用量比例，住宅建筑达到6%或10%，公共建筑达到10%或15%
    E. 绿色建材应用比例不低于30%～70%

16. 环境宜居评价的评分项中，要求利用场地空间设置绿色雨水基础设施。绿色雨水基础设施有（   ）等。
    A. 雨水花园   B. 屋顶绿化
    C. 雨水口   D. 渗透设施
    E. 调蓄池

17. 环境宜居评价的评分项中，要求（   ）。
    A. 下凹式绿地、雨水花园等有调蓄雨水功能的绿地和水体的面积之和占绿地面积的比例达到40%～60%
    B. 衔接和引导不少于70%的屋面雨水和道路雨水进入地面生态设施
    C. 衔接和引导不少于80%的屋面雨水和道路雨水进入地面生态设施
    D. 硬质铺装地面中透水铺装面积的比例达到50%
    E. 硬质铺装地面中透水铺装面积的比例达到60%

18. 能调蓄雨水的景观绿地包括（   ）等。
    A. 雨水花园   B. 下凹式绿地
    C. 植草沟   D. 树池
    E. 干塘

19. 屋面雨水和道路雨水宜合理引导其进入地面生态设施进行调蓄、下渗和利用，并采取相应截污措施。地面生态设施是指（   ）等。
    A. 雨水花园   B. 下凹式绿地
    C. 植草沟   D. 树池
    E. 干塘

20. 根据建筑业发展"十三五"规划，建筑节能及绿色建筑发展目标为到2020年（   ）。
    A. 城镇绿色建筑占新建建筑比重达到60%
    B. 新开工全装修成品住宅面积达到30%
    C. 绿色建材应用比例达到40%
    D. 装配式建筑面积占新建建筑面积比例达到25%
    E. 城镇新建民用建筑全部达到节能标准要求

模块11　单位工程施工组织设计实例

背景：这是一幢位于某市繁华街道的框架楼。某公司通过招标承揽了该建筑工程的玻璃幕墙装饰装修工程。下面即是幕墙公司的技术人员在进驻施工现场后编制的施工组织设计文件，且已通过监理工程师审批。（节选）

一、工程概况

×××大厦是由内蒙古×××有限公司投资，浙江省建设×××集团承建的高级公寓办公写字楼。位于×××市中山东路，总建筑面积为×××m^2，建筑高度为104.67 m（至24层楼顶），其中，地下2层；结构类型为钢筋混凝土框架-剪力墙结构；设计单位为×××建筑设计院。

本工程外装饰以玻璃幕墙为主，同一金色系的不同质感透露着自然典雅，为充分适应多种幕墙的细部变化，所有受力结构以框架结构体系为主。幕墙最大高度为104.67 m，幕墙工程总面积约为24 000 m^2。幕墙抗震设防烈度按8度设计。

幕墙施工过程可分为加固锚件、框架安装、板块安装、清洁收尾共4个阶段。外墙施工使用脚手架，整个外墙按上述几个施工段进行，各个施工段组织流水施工作业。

（一）关于幕墙类型说明

幕墙工程包括6T＋12A＋6T双钢化金色低反射镀膜及6T＋12A＋6T（防火）双钢化中空隐框玻璃幕墙；西、北两侧入口处10T＋1.52PVB＋10T钢化透明夹胶玻璃雨篷；各种形式分布位置详见施工图纸。

本工程所用隐框玻璃幕墙的特点：施工手段灵活，经过多个工程实践检验，工艺成熟，是目前采用较多的幕墙结构形式；主体结构适应能力强，安装顺序不受主体结构的影响；采用密封胶接缝处理，水密性、气密性好，具有较好的保温、隔声、降噪能力，具有一定的抗层间位移能力。

（二）关于幕墙性能说明（略）

（三）本工程主要材料说明（略）

二、施工部署

（一）工程项目部的人员配备和职责分工（略）

（二）质量、成本、工期和进度控制目标

1. 质量目标

本工程的设计和施工将严格执行国家和行业颁布的有关现行设计与施工规范及标准。

2. 成本控制

幕墙构件的加工均在公司加工厂内批量生产，提高了构件的加工精度，从而保证了现场的安装质量和速度，降低工程成本；公司选派了经验丰富的项目领导班子，加强现场的施工管理工作，在保证工程质量的前提下，完成对工程成本的控制。

3. 工期和进度

遵照业主和总包方对工程总体工期的要求，我公司保证在施工条件具备的情况下，于2017年5月25日进场，在2017年8月8日完工，各分项工程详见网络进度计划表（图11-1）。

（三）环保、安全、文明施工控制目标

1. 环保控制

本工程幕墙大面积采用6 mm＋12A＋6 mm中空镀膜玻璃，该玻璃具有多项优点：高节能、高采光、防结露、防紫外线、色调高雅、较高的降噪比。

2. 安全目标

确保安全达标，做到重大安全事故为零，遵守安全生产有关规定，正确使用安全防护配备设施，并服从总包方对安全的统一管理。

3. 文明施工

必须做到临时设施齐全、布置合理、场地干净；现场材料堆放整齐、标识清楚；作业现场工完场清，不遗弃垃圾废料在施工现场。

（四）与业主、监理、总包等的配合协调及交叉施工

(1)提供满足我方现场施工用的水、电、道路和办公生活设施，协助办理进场施工手续。

(2)提供经监理确认的有关结构工作面的测量报告文件和建筑结构的基准点、基准线及水平标高线。

(3)提供材料的垂直运输和幕墙安装用脚手架及其他相关工作面。

(4)在材料进场时，将进场材料报验给总包方。

(5)配合我方做好雨篷、幕墙与结构周边水泥砂浆的填塞工作和成品保护工作；

(6)幕墙工程完工后，如内装工程尚未完工，则幕墙工程将进行单项验收，由质检部门主持，土建、监理、设计等各项施工单位参加。

(7)工程总体完工后，进行总体验收时，我公司将从现场、资料等方面全力配合总包方。

(8)幕墙工程施工时将与土建外墙砌体、地面施工、窗台施工及室内吊顶装修、隔墙装修及暖通、水电的穿墙管道施工发生交叉作业。为保证工程总体进度和施工质量，交叉作业的各方均应积极配合，统筹安排。

(9)幕墙公司应与土建外墙砌体单位进行充分协商后，确认双方均可接受的进度计划安排，并按计划执行。

(10)幕墙框架在外墙主体完工后施工，以免框架材料受到污染，但框架与主体结构的连接件应在浇筑混凝土梁、柱、板时施工，故我公司可进场协助测量、放线、定位等工作，协调土建做好预埋件的安装。待土建主体完工后即可进行复测、放线、定位和框架安装。

(11)幕墙均为干作业，所有土建装修的水泥、石灰、砂浆等均应远离幕墙材料，在同一立面作业时应采取保护隔离措施。

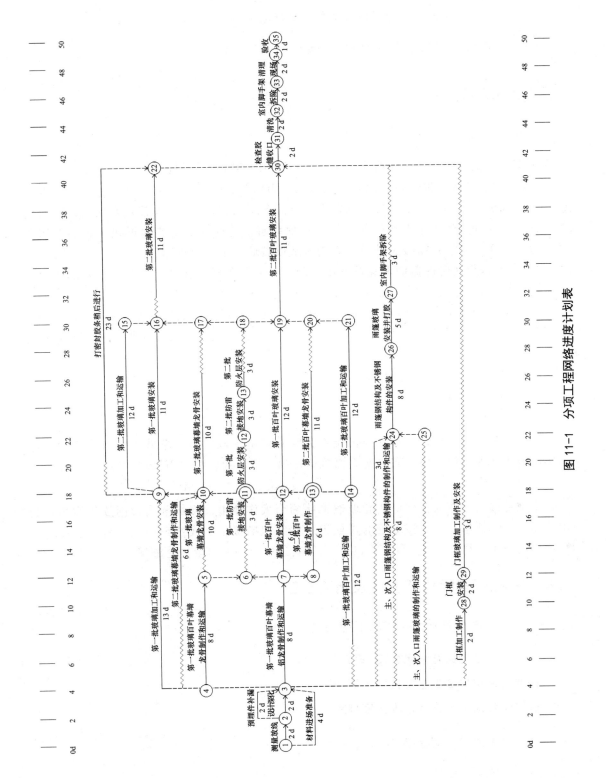

图 11-1 分项工程网络进度计划表

（12）暖通、水电或其他施工单位若有管道或其他构件伸出外墙时应在我公司施工幕墙框架前提出，以便于我公司充分考虑饰面效果及防水处理。

（五）施工现场临时用水和临时用电（略）

三、施工方案

（一）施工方法的选择

在本工程的施工中，我公司将采用多项先进技术和工艺，例如：

（1）点玻雨篷方面。位于西、北立面入口的两雨篷具有画龙点睛的作用，采用国际上最先进的螺栓式全方位独立调节爪件，同时专为其配套了最大达50°的大转角驳接头，从而使雨篷在任何方向外力的作用下产生的变形均有效缓解，这样，平面玻璃折线拼装的弧形既可达到自然过渡，又不致在接头处受外力挤压造成玻璃产生应力自爆。

（2）本幕墙框架龙骨的截面形式按等压原理设计，即在幕墙型材上预设一个外部压力进入内部的引导孔，从而使内外压力差调整平衡而达到外部水不易进入的目的。同时，在型材的外缘及下部开有排水孔，以排除进入内部的少量渗水或室内的结露水。在预设孔洞时，每支横框上设两个，孔位距离拐角100 mm左右，上、下孔之间的水平距离大于50 mm，防止空气串通。

（二）施工段划分及施工顺序

1. 施工段划分

根据本工程实际情况，将各立面幕墙作为独立的施工段，整个幕墙工程可分为两个施工段组织流水作业：第一段，东、南立面幕墙；第二段，西、北立面幕墙。

2. 施工顺序

每个施工段均可分为石材幕墙和玻璃幕墙两个大作业组；铝板幕墙及雨篷等零星项目可单独作为小作业组。各个施工段的作业组之间组织搭接施工或并列施工。各个工序之间的顺序详见施工网络进度计划图（图11-1），但在条件允许下尽量提前施工。

四、主要工程项目生产加工及施工工艺

（一）工程主要生产加工工艺及技术方案

1. 铝型材加工工艺及技术方案（略）

2. 铝型材装配加工工艺及技术方案（略）

3. 玻璃注胶加工工艺及技术方案（略）

（二）工程主要施工工艺及技术方案

1. 玻璃幕墙施工措施

玻璃幕墙施工主要施工顺序如图11-2所示。

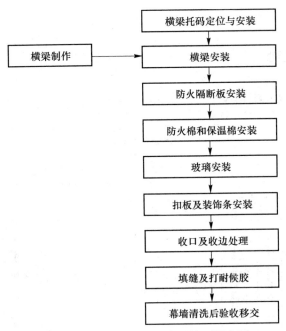

图 11-2 玻璃幕墙施工主要施工顺序图

玻璃幕墙现场安装的关键工序有连接件安装、竖梁定位放线、竖梁安装、横梁安装、玻璃板块安装。

2. 铝板幕墙施工措施

铝板幕墙的施工顺序同玻璃幕墙施工。铝板幕墙现场安装的关键工序有连接件安装、竖梁定位放线、竖梁安装、横梁安装、铝板板块安装，除铝板板块安装外，其余工序施工工艺及技术方案同玻璃幕墙施工，铝板一般随玻璃板块安装。

3. 干挂花岗石幕墙施工措施

本工程裙楼花岗石幕墙采用 12 号镀锌槽钢立柱和 U50 mm×50 mm×5 mm 镀锌槽横龙骨，主楼花岗石幕墙采用 10 号镀锌槽钢立柱和 U50 mm×50 mm×5 mm 镀锌槽横龙骨。挂件均采用铝合金。

(1) 花岗石幕墙防雷装置安装：预埋件与均压环连接；转接件与均压环连接；引下线与均压环连接；立柱与均压环连接；

(2) 花岗石幕墙防火带安装：防火带的封闭；防火带材料；防火带位置。

4. 钢结构施工措施（略）

5. 幕墙的防火措施

防火层采取隔离措施，并根据防火材料的耐火极限，保证防火层的厚度和宽度，且在楼板处形成防火带。幕墙的防火层采用经防腐处理且厚度不小于 1.5 mm 的耐热钢板。防火层的密封材料采用防火密封胶，防火密封胶有法定检测机构的防火检验报告。防火填充材料拟采用国产优质防火棉；幕墙防火除按建筑设计的防火分区外，在水平方向以每个自然楼层作为防火分区进行防火处理，具体做法是在主体结构和幕墙框架之间的缝隙内铺满底层镀锌耐火钢板，在其上铺设防火棉，然后铺上层镀锌耐火钢板，最后打防火密封胶密封所有的接缝。

6. 幕墙的防雷措施(略)

五、质量保证措施

(一)质量保证体系(图 11-3)。

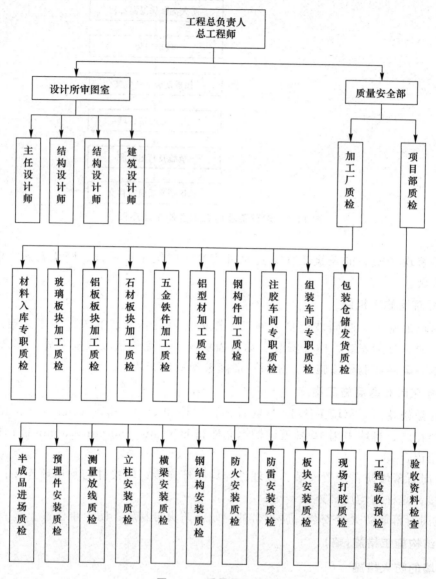

图 11-3 质量保证体系

(二)质量保证措施内容

1. 技术管理措施

(1)幕墙系统的设计、立面分格、埋件设计和幕墙构件强度计算,经设计人员和有关专家认可,甲方最终签认后,方可作为设计、备料、加工制作的依据;设计更改程序严格执行《质量管理手册》中的有关条款。

（2）复核施工合同技术要求与设计是否相符，校对施工大样图，在主材下料之前，对已经完工的建筑尺寸复测，按实测尺寸相应调整好施工图尺寸。

（3）检查后补埋件是否齐全，位置是否正确；采用后补化学螺栓时应由甲方监理认可，并由获国家承认的试验单位在现场进行抗拉拔试验，由合格专业工程师现场监督及签证；测试报告呈报甲方、监理，经甲方及监理部门认可后方能使用。

（4）为保证现场施工顺利进行，现场技术员应及时与甲方驻现场技术代表直接解决施工中的技术问题，并参加工程例会；所有协调记录、纪要均应由双方代表签字。对现场不能作出决定的问题，应向技术经理报告，及时作出答复并记录归档。

（5）本工程必须通过幕墙物理性能检测，预先提出检测方案及图纸，经甲方和检测中心审定确认后方可实施。

2. 主要材料质量管理措施

对进厂各种原材料和附件进行质量检查，是否与封样对应，有无出厂合格证和产地证书，是否符合有关技术标准，对不符合有关标准的各种材料和附件实行退货或不投入下一道工序。

材料运到施工工地之前，对铝料表面必须进行保护包装，以免在运输过程中划伤表面及安装后表面沾染具有腐蚀作用的水泥。

钢构件、钢桁架等易变形材料固定在专用转运架上吊装、运输。

货车抵达现场后，采用叉车将垛叠包逐件卸下，置于现场规定场地。卸货时，应确认货物的数量、规格及是否有运输时造成的破损。若有破损应及时与工厂或供应商联系。

3. 安装质量管理措施

对下列关键项目的施工安装，实行专项签准制度：

（1）钢支座和幕墙支撑构件的安装位置及其垂直度、水平标高、进出位置、相邻两柱的距离偏差、同层立柱的水平标高偏差均需由专检人员复查。

（2）连接件固定完毕，由专检人员复查合格签字认可，再由专检人员填报幕墙中间验收单，经质监部门、甲方和监理对隐蔽工程验收合格后可进行防腐处理。

六、工期保证措施

（1）按施工程序进行施工，保证每道工序施工质量管理，以保证施工不因质量原因返工而耽误进度计划。

（2）严格纪律，安全文明生产，按现场管理规定要求施工人员，按施工方案进度表，由计划员专人负责对整个进度计划进行合理控制，以保证施工的顺利进行，确保进度计划。

（3）为保证按期完成本工程的所有施工内容，并保证工程质量，我公司将按玻璃铝板、石材、钢材等项目考虑施工分区分段安排。

（4）为保证在规定工期内完成本工程所有施工内容，并保证工程质量，在公司幕墙加工中心生产线上完成幕墙组件的生产，能充分保证幕墙构件的加工精度，而玻璃单元板块则在从美国进口的4台注胶机上进行注胶，该车间每天可完成300 m^2的注胶工作。

七、幕墙成品保护措施及方法

作为建筑物外装修及围护结构的玻璃幕墙已经成为最终装饰成品，故其任何部位任何程度的损坏都是无法弥补的，为确保饰面质量、减少损耗、必须制订成品保护措施(具体措施略)。

八、现场安全及文明施工措施

（一）安全施工保证措施

(1)坚决执行国家有关劳动安全、卫生法规和现行行业标准《建筑施工高处作业安全技术规范》(JGJ 80—2016)。

(2)制定详细安全操作规程，获有关部门批准后方可施工；同时，建立安全管理措施责任制，施工前，应对各类施工人员进行安全技术教育与交底，工地安全工作由工地安全员专职负责。必须落实所有安全技术措施和人身防护用品，未经落实不得进行施工。

(3)进入施工现场，不准赤脚，不准穿拖鞋，必须戴安全帽；登高临空作业人员须经专业技术培训和体格检查，合格者方可上岗施工，还须配备安全带和工具袋。

(4)机械设备必须配置齐全有效的安全罩，施工电器应良好接地；现场用电，必须严格执行用电规定，接线、接地、拉线必须经总包方负责电工同意；收工时，保证电源切断；电线应套安全管，严禁使用无绝缘皮的导线；杜绝漏电、伤亡事故。

(5)电工和电焊工必须持证上岗，应严格按照操作规程及指引，并注意周围环境，清除周围杂物和易燃易爆物品；焊接时下方必须设有接火斗，旁边有水桶、灭火器等安全防火措施，并由专职安全员指定一名施工人员在现场监护。

(6)施工时如遇6级和6级以上大风、大雨、浓雾等恶劣气候，专职安全员应通知施工人员停止施工，如遇暴风还应指派人员做好机具和未完工部分的加固工作。

(7)工地所有易燃物品须有专人保管，现场堆放必须符合防火规定，并有"严禁烟火"的警告标识；施工中，应在指定地点休息、吸烟，不得随意扔烟头；严禁在施工区用明火做饭、取暖、使用电炉，避免发生火灾，造成事故，严格执行防火规定；施工作业区及库房应配备一定数量的灭火器具；进场应办理动火证。

(8)在使用施工电梯时，应注意安全，服从驾驶人员的指挥。

(9)当玻璃及钢结构安装须使用塔式起重机时，应由塔式起重机驾驶员协调动作，明确吊入位置，钩下严禁站人。

(10)凡是需要脚手架安装的，每次施工前必须检查脚手架和工作平台是否安全、牢靠，脚踏板不能少于两排，跳板与架子应用8号铁丝拧紧，防止"单头条"伤人。

(11)作业通道必须整洁通畅，专职安全员应随时检查安全防护措施是否有效，如发现问题应及时向有关主管报告，采取解决措施。

(12)每天作业完成时，施工人员应收拾现场并清除废弃物料。特殊工种应持有市、县劳动部门核发的上岗证，上岗证按规定年检。

(13)若须使用吊篮安装时，项目经理须亲自带班，并认真检查，消除隐患，确保按技术安装、定位；配重铁的放置和具体数量要经过计算。为防止发生意外，支撑架根部的配重铁相互之间用铁缆连接。

(14)每部吊篮规定最多不能超过3人操作，所载货物和人员质量不能超过额定荷载。

(15)工作钢缆和安全钢缆如发现磨损、断丝和电气焊烧断的(断丝5%)应立即更换。

(16)吊篮安全保险器是保证吊篮安全、不快速下滑的关键部位，保险器不能人为地随意提位，做好防水、防撞措施。

(17)架空焊接时,地面应设专人防护,配备焊渣护罩,要备好消防器材和充足的消防用水,有条件的工地可向有关部门申请使用消火栓;焊接结束 30 min 后查看现场,无任何隐患,方可撤离现场。

(二)现场文明施工措施

(1)坚决贯彻执行业主、监理和总包方制定的有关现场文明施工的各项规章制度,创建文明工地。

(2)加强现场项目经理部的思想建设,从根本上认识文明生产的重要性,抵制只抓生产,不抓形象的落后思想,并遵循公司企业文化建设规章制度。

(3)完善项目经理部组织建设,现场项目经理部设置专人负责安全文明生产并建立班组文明生产责任制。

(4)加强项目经理部制度建设,制定文明生产制度,定期进行检查,内容包括保卫消防管理,现场形象管理,现场料具管理及仓库管理,现场环境管理及防噪声管理,现场卫生管理,现场食堂管理及厨师体检管理,现场职工宿舍管理,项目经理部办公室标准化管理,加强职工教育和职工培训,包括管理现代化知识培训,岗位职务培训,技术培训。

附图:学院立德楼虚拟仿真实训中心预算及施工图

参 考 文 献

[1] 危道军. 建筑装饰施工组织与管理[M]. 2版. 北京：化学工业出版社，2016.
[2] 田永复. 怎样编制施工组织设计[M]. 北京：中国建筑工业出版社，1999.
[3] 赵铁生. 全国监理工程师执业资格考试题库与案例[M]. 天津：天津大学出版社，2002.
[4] 《建筑工程管理与实务复习题集》编写委员会. 建筑工程管理与实务复习题集[M]. 北京：中国建筑工业出版社，2008.
[5] 彭纪俊. 装饰工程施工组织设计实例应用手册[M]. 北京：中国建筑工业出版社，2001.
[6] 王国诚. 建筑装饰装修工程项目管理[M]. 北京：化学工业出版社，2006.
[7] 毛桂平，周任. 建筑装饰工程施工项目管理[M]. 2版. 北京：电子工业出版社，2010.